国家"双高计划"建筑钢结构工程技术专业群成果教材

高等职业教育土建类"十四五"系列教材

钢结构设计

GANGJIEGOU
SHEJI

U0193766

主　编◎张　扬　於重任

副主编◎王书南　朱丰博

　　　　李　澍　刘永娟

电子课件
（仅限教师）

华中科技大学出版社

http://press.hust.edu.cn

中国·武汉

内 容 简 介

本书按现行钢结构设计相关规范、标准进行编写,包括《钢结构通用规范》(GB 55006—2021)、《钢结构设计标准》(GB 50017—2017)等,及时将行业标准引入课程教学当。

全书共分 6 个模块。模块 1 介绍了钢结构的发展和现状、钢结构设计的基本理念、钢结构设计的学习方法等。模块 2 结合现行《建筑结构荷载规范》介绍了钢结构设计前期需要进行的荷载取值与计算。模块 3 结合现行《钢结构设计标准》介绍了钢结构构件的设计要求。模块 4 结合现行《钢结构设计标准》介绍了钢结构连接的设计要求。模块 5、6 分别以门式刚架结构、框架结构为载体,结合现行钢结构设计规范,采用 PKPM 软件引导钢结构设计学习任务。

图书在版编目(CIP)数据

钢结构设计/张扬,於重任主编.—武汉:华中科技大学出版社,2023.11
ISBN 978-7-5680-9956-1

Ⅰ.①钢⋯ Ⅱ.①张⋯ ②於⋯ Ⅲ.①钢结构-结构设计-教材 Ⅳ.①TU391.04

中国国家版本馆 CIP 数据核字(2023)第 221083 号

钢结构设计
Gangjiegou Sheji

张　扬　於重任　主编

策划编辑:康　序
责任编辑:李曜男
封面设计:孢　子
责任监印:周治超
出版发行:华中科技大学出版社(中国·武汉)　　　电话:(027)81321913
　　　　　武汉市东湖新技术开发区华工科技园　　　邮编:430223
录　　排:武汉正风天下文化发展有限公司
印　　刷:武汉市洪林印务有限公司
开　　本:787mm×1092mm　1/16
印　　张:17
字　　数:424 千字
版　　次:2023 年 11 月第 1 版第 1 次印刷
定　　价:55.00 元

随着我国钢铁产量和人民群众生活水平的不断提高，钢结构应用于民用建筑的情况越来越多。随着钢结构的快速发展，钢结构技术技能人员短缺成了制约钢结构发展的关键因素，尤其是钢结构设计人员更为短缺，钢结构实用设计的相关书籍也较为缺乏。

钢结构设计是高等职业院校建筑钢结构工程技术专业的一门重要的专业课程，是在钢结构识图、钢结构材料、理论力学、材料力学、结构力学、钢结构设计基础等课程的基础上，进一步学习、训练钢结构设计具体技能的课程。课程以门式刚架结构和框架结构为载体，引导学习者按照了解钢结构设计理念、荷载计算、构件设计、连接设计、软件建模、结构分析的步骤逐步掌握钢结构设计技能。本书按现行钢结构设计相关规范、标准进行编写，包括《钢结构通用规范》（GB 55006—2021）、《钢结构设计标准》（GB 50017—2017）等，及时将行业标准引入课程教学。

全书共分 6 个模块。模块 1 介绍了钢结构的发展和现状、钢结构设计的基本理念、钢结构设计的学习方法等。模块 2 结合现行《建筑结构荷载规范》（GB 50009—2012）介绍了钢结构设计前期需要进行的荷载取值与计算。模块 3 结合现行《钢结构设计标准》（GB 50017—2017）介绍了钢结构构件的设计要求。模块 4 结合现行《钢结构设计标准》（GB 50017—2017）介绍了钢结构连接的设计要求。模块 5、6 分别以门式刚架结构、框架结构为载体，结合现行钢结构设计规范，采用 PKPM 软件引导钢结构设计学习任务。

本书由黄冈职业技术学院和湖北城市建设职业技术学院共同编写。参加本书编写的有於重任（编写模块 1、2）、王书南（编写模块 3）、李澍（编写模块 4）、张扬（编写模块 5、6）、刘永娟，朱丰博对全书进行了校对。此外，本书的编写得到了北京构力科技有限公司的大力支持。

为了方便教学,本书还配有电子课件等资料,任课教师可以发邮件至 husttujian@163.com 索取。

由于编者水平有限、时间仓促,对书中可能存在的错误、疏漏和不当之处,敬请读者提出宝贵意见。

目 录 Contents

模块 1

钢结构设计概述

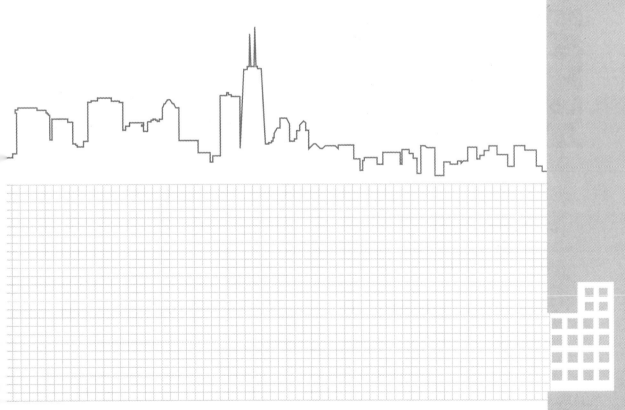

任务 1.1　钢结构建筑的特点

　　建筑结构是指在房屋建筑中,由各种构件(屋架、梁、板、柱等)组成的能够承受各种作用的体系。我们通常也可将建筑结构简单理解为组成建筑物的骨架。一般情况下,我们将整栋单体建筑物的骨架称为主体结构,将骨架的一部分称为结构,如屋面结构、楼梯结构、围护结构等。

　　根据建筑结构体系的材料不同,我们可将建筑结构分为木结构、混凝土结构、砖结构、钢结构、膜结构等。当建筑结构采用了两种或两种以上的材料时,我们将其称为混合结构,如砖混结构由砖、混凝土和钢筋组成,钢混结构由型钢、混凝土、钢筋等组成。

钢结构建筑的特点

　　20 世纪中期,我国钢铁产量较低,建筑中常常采用砖或混凝土建造墙体和柱子,仅在大跨度屋面中采用全钢结构。20 世纪 80 年代以来,我国钢产量迅速增长,2019 年,我国钢材产量为 120 477.4 万吨,连续 12 年位居世界第一。随着我国钢铁产能持续增长,大规模建造更先进的钢结构建筑已经具备了充足的物质基础,目前,体育馆(见图 1-1-1)、工业厂房、机场(见图 1-1-2)、高铁站、装配式住宅等全钢主体结构的建筑比比皆是。

图 1-1-1　中国国家体育场

图 1-1-2　北京大兴机场

一、钢结构的优点

与混凝土结构、砖混结构、木结构等常见结构相比,钢结构具有以下优点。

1. 轻质高强

与木材、砖、混凝土等材料相比,钢材强度更高。从表 1-1-1 可以看出,虽然钢材的密度略大于其他材料,但钢材的强度却远大于其他材料。

表 1-1-1　各种结构材料强度、密度比较表

	常用型号	抗压强度/(N/mm^2)	抗拉强度/(N/mm^2)	密度/$(10^3 kg/m^3)$	强重比(抗拉)	强重比(抗压)
木材	TC15	12	9	5	1.80	2.40

续表

	常用型号	抗压强度/ (N/mm²)	抗拉强度/ (N/mm²)	密度/ (10³ kg/m³)	强重比 (抗拉)	强重比 (抗压)
砖	MU20	2	0.2	18	0.01	0.1
混凝土	C30	14.3	1.43	20	0.07	0.7
钢材	Q345	310	310	78	3.97	3.97

　　在建造大跨度、超高层建筑时,由于其自重极大,结构材料的质量轻和强度高是主要考量的指标,从强重比指标来看,钢材远远优于混凝土和砖。因此,钢结构更适合建造大跨度和超高层建筑。

　　2. 质量可靠、各向同性

　　与木材、砖、混凝土等材料相比,钢材经过千锤百炼,其性能更加优良;钢材出厂前经过严格的检测,其质量可靠性更高。

　　钢材冶炼需要经过烧结、高炉、转炉、连铸和连轧等过程。其化学成分控制得尤为精准,内部缺陷极少。相比之下,由于分岔、阳关偏射、各年份气候不一致等原因,木材的性能差异性极大,可靠性差。因为组分和工艺的原因,砖和混凝土的质量可靠性差。

　　经过各方向的轧制,钢材各个方向上的力学性能基本相同。相比之下,木材的顺纹和横纹力学性能相差则极大,砖和混凝土的抗拉性能远小于抗压性能。

　　由于钢材的质量可靠、各向同性,钢结构工程的设计更符合力学假定,可靠度更高。

　　3. 抗震性能好

　　钢材属于弹塑性材料。当钢材受力较小,即钢材应力小于屈服强度时,钢材几乎等同于完全弹性材料,其所有受力变形会在外力撤出后恢复。当钢材受力较大,即钢材应力约等于屈服强度时,钢材进入屈服阶段,变形持续增加但钢材不断裂。只有当钢材受力极大,即钢材应力等于抗拉强度时,钢材才会在发生明显的伸长和颈缩后断裂。钢材的应力-应变曲线如图 1-1-3 所示。

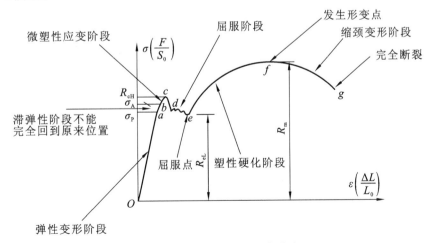

图 1-1-3　钢材的应力-应变曲线

　　通常,我们将这种发生较大变形后才产生的破坏,称为延性破坏。在发生大地震(罕遇地震)时,钢结构由于本身的材料优势,更有利于实现"大震不倒"的抗震目标。

4. 施工速度快

钢结构的连接方式主要为焊接和螺栓连接,速度均远快于水泥凝固速度,因此钢结构的施工速度远超砖混结构和混凝土结构。

中国远大集团有限责任公司建造的新方舟宾馆,是一栋 15 层的钢结构建筑,位于湖南省长沙市,其建造仅用了 6 天;位于湘阴县的 T30A 塔式酒店(见图 1-1-4),高达 30 层,也仅用了 15 天建造成功。

2020 年,采用钢结构建造的火神山医院(见图 1-1-5)的总建筑面积为 3.39 万平方米,设 1000 张床位,从方案设计到建成交付仅用 10 天,被誉为中国速度。

图 1-1-4　T30A 塔式酒店

图 1-1-5　火神山医院

5. 回收率高

与混凝土结构和砖混结构不同,钢结构建筑报废回收时,其建筑材料的回收率为 90% 以上。混凝土的回收率为 0,混凝土结构中的钢筋的回收率也难以达到 50%。

随着"碳中和""碳达峰"目标的确定,绿色建筑进一步成为建筑业的主流思路,钢结构建筑报废后的建筑材料回收,对改善城市污染、促进节能减排有着积极的意义。

我国是钢铁制造大国,但冶炼钢铁所用的矿石主要依赖进口。众所周知,钢铁资源不仅与建筑经济相关,也与工业、军事等密不可分。大规模建造钢结构建筑,有利于"藏富于民""藏铁于民",以备不时之需。

二、钢结构的缺点

混凝土结构是当前我国的主流建筑结构,钢结构与其相比也存在以下缺点。

1. 耐腐蚀性差

钢材处于潮湿、露天、腐蚀性环境中时,会迅速腐蚀从而失去承载能力。因此,钢结构表面需要涂刷防腐涂料,以增强其耐腐蚀性能。

2. 耐火性能差

钢结构耐热性能良好,150 ℃ 以下时,钢结构强度几乎无变化,也不会因为热胀冷缩而开裂,但温度超过 200 ℃ 时,钢材强度便明显降低,到 600 ℃ 时钢材强度几乎降为 0。

重防腐涂料防护技术

2001 年 9 月 11 日,位于美国纽约的摩天大楼美国纽约世界贸易中心

（简称美国世贸中心）被恐怖分子劫持客机重撞，飞机上的燃油引燃大火，温度逐渐升高到1100 ℃，2 小时后，美国世贸中心轰然倒塌，如图 1-1-6 和图 1-1-7 所示。

根据"9·11"事件后美国土木工程师协会对世贸中心倒塌事件的调查报告，"飞机直接撞击多个楼层，立即造成严重的结构破坏，撞击产生的巨大火球瞬间消耗了部分燃油，其余燃油顺着楼层流向电梯井和管道井，导致整个大楼上半部分起火，随着火势蔓延，主体钢结构的承载能力逐渐减弱，最终导致大楼整体倒塌"。

涂装劣化

3.低温脆性

钢材不仅在高温时承载力降低，在较低温度时，也会呈现出低温脆性，即钢材的强度升高但韧性下降，在承受交变荷载作用时极易发生脆断。

提高钢材的质量等级，可以提高其低温韧性。一般北方采用质量等级较高的钢材，而南方采用质量等级一般的钢材。但在 2008 年，我国南方发生特大雪灾，较多 B 级质量等级的输电塔架在低温和高荷载的共同作用下发生倒塌，值得深思。

图 1-1-6　倒塌前的美国世贸中心

图 1-1-7　倒塌时的美国世贸中心

4.造价较高

虽然钢材的强度较高，但在钢结构中，也不能一味采用轻薄的构件，因为过于轻薄的构件容易造成整体失稳和局部失稳。因此，钢结构的用钢量一般较大。

同时，由于我国的钢结构主要用于大跨度的场馆、桥梁、高层建筑，其每平方米造价也远高于小跨度的混凝土结构。再者，我国计算建筑成本时，一般仅考虑直接费和间接费，未考虑建筑残值和社会成本，也是当前钢结构建筑造价偏高的原因之一。

任务 1.2　钢结构的发展与现状

一、中国古铁塔

人类采用钢铁建造房屋的历史较久，中国是世界上最早建造钢铁房屋的国家。广东省广州市市区西北部的光孝寺的两座铁塔（见图 1-2-1），

钢结构的发展与现状

建于公元 963 年和公元 967 年,是中国现存最早的铁塔,比建于 1887 年的法国埃菲尔铁塔早近千年。

图 1-2-1　光孝寺的两座铁塔

山东省济宁市任城区古槐路的崇觉寺,又名铁塔寺,以寺内的 11 层铁塔(见图 1-2-2)闻名。该铁塔于北宋崇宁四年(1105 年)建成 7 层,明万历九年(1581 年)增加 2 层,连同塔座和铜质鎏金塔刹,共 11 层,通高 23.8 m,塔身精巧,美轮美奂,是我国最高、最完整的宋代铁塔。

图 1-2-2　崇觉寺铁塔

陕西省咸阳市北杜街道的千佛铁塔(见图 1-2-3),筹建于明万历十八年(公元 1590 年),由南书房行走太监杜茂筹建。该塔由纯铁铸成,平面为方形,十层,高 33 m,边宽 3 m,层层有窗,门为南向,中空,有梯可攀登,四角柱铸成金刚力士像,顶立层楼,各层环周铸铁佛多尊,是中国现存最高的铁塔。

图 1-2-3　千佛铁塔

二、近代钢结构

1856 年,英国人 H. Bessemer 发明了酸性底吹转炉炼钢法。1865 年,法国人发明了平炉炼钢法,解决了大规模生产液态钢的问题,奠定了近代炼钢工艺方法的基础。在 20 世纪 50 年代氧气顶吹转炉炼钢法发明前,平炉炼钢法是世界上最主要的炼钢法。

1870 年,成功轧制出工字钢之后,形成了工业化大批量生产钢材的能力,强度高且韧性好的钢材开始在建筑领域逐渐取代锻铁材料,在 1890 年后成为金属结构的主要材料。20 世纪初焊接技术的出现,以及 1934 年高强度螺栓的发明,使现代钢结构逐渐进入快速发展时期。

19 世纪,钢结构主要用于桥梁、塔架、铁路等基础设施。1874 年,世界上第一座采用了钢铁拱形结构的桥梁——伊兹桥(见图 1-2-4),建造于美国密苏里州圣路易斯市,横跨密西西比河,连接了密苏里州圣路易斯市与伊利诺伊州的东圣路易斯地区。

图 1-2-4　伊兹桥

举世闻名的法国埃菲尔铁塔（见图 1-2-5）建成于 1889 年，建成时高度为 312 m，之后由于增加各种设备，高度增加至现在的 330 m。从广场到二楼有五部电梯，从二楼到顶层有两部双人电梯。

图 1-2-5　埃菲尔铁塔

1851 年，英国首届万国工业博览会召开，其主要展示馆是一座名为水晶宫（见图 1-2-6）的钢结构民用建筑，它以钢结构和玻璃建造的透明屋顶在当时引起了极大的轰动。可以说水晶宫是英国首届万国工业博览会最大、最引人注目的展品，可惜的是，该建筑在 1936 年被烧毁。

图 1-2-6　水晶宫复原图

1909 年，由我国著名铁路工程专家詹天佑主持修建的京张铁路建成，它连接了北京和张家口，全长约 200 km，是中国首条自行投资、自行设计、自行运营的铁路。该铁路采用之字形布线（见图 1-2-7）、竖井开掘隧道（见图 1-2-8）、拱桥等创造性技术。

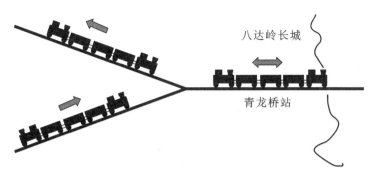

图 1-2-7　京张铁路之字形布线

詹天佑在最短的时间内,用最低的造价,完成了京张铁路的全线贯通任务,体现了中国劳动人民的无穷智慧。

图 1-2-8　京张铁路石佛寺隧道口

三、现代钢结构

20 世纪中后期,钢结构开始用于建造民用建筑。1977 年,法国蓬皮杜国家艺术和文化中心(见图 1-2-9)建成,它是由时任法国总统乔治·蓬皮杜为纪念戴高乐总统,倡议兴建的现代艺术馆,位于法国首都巴黎,占地 7500 m^2,建筑面积共 10 万平方米,南北长 168 m,宽 60 m,高 42 m,分为 6 层。大厦的支架由两排间距为 48 m 的钢管柱构成,楼板可上下移动,楼梯及所有设备完全暴露。蓬皮杜中心建筑物最大的特色,就是外露的钢骨结构以及复杂的管线。尽管这种建筑特色受到很多的争议,但实际上它通过展现钢结构本身的形态,向人们展示了钢铁的力量,也极大影响了后续的建筑形态。

1990 年,随着我国经济的快速发展,国内第一座钢结构超高层建筑——深圳发展中心大厦(见图 1-2-10)落成,高度为 146 m,是当时的地标性建筑。21 世纪之后,钢结构建筑在我国进入快速发展的阶段,2009 年开工建设的深圳平安金融中心(见图 1-2-11)高达 592.5 m,是深圳发展中心大厦 4 倍多,高出美国帝国大厦 100 多米。

图 1-2-9　法国蓬皮杜国家艺术和文化中心

图 1-2-10　深圳发展中心大厦

图 1-2-11　深圳平安金融中心

2010 年,位于阿联酋迪拜的哈利法塔(见图 1-2-12,又称迪拜塔)落成。哈利法塔高 828 m,楼层总数为 162 层,是世界第一高楼,由钢结构和混凝土结构混合组成,其土建施工工作由中国江苏南通六建建设集团有限公司完成。

到 2022 年,我国国内最高建筑物是上海中心大厦(见图 1-2-13),高度为 632 m,是世界第二高楼。上海中心大厦的建筑方案由美国 Gensler 建筑设计事务所提供的"龙型"方案中标,具体的建筑设计和结构设计由同济大学建筑设计研究院完成,施工工作由上海建工集团完成。

建筑钢结构发展如火如荼,世界各地对于"世界第一高"的名称你争我夺,异常热闹。

21 世纪以来,我国除了在超高层建筑钢结构方面取得了极大的成绩,在场馆类钢结构的建造方面更是处于世界领先地位。"鸟巢"(见图 1-2-14)、中央电视台(见图 1-2-15)、中国馆(见图 1-2-16)、大兴机场(见图 1-2-17)项目均受到全世界的瞩目。

图 1-2-12　迪拜塔

图 1-2-13　上海中心大厦

图 1-2-14　"鸟巢"国家体育场

图 1-2-15　中央电视台

图 1-2-16　中国馆

图 1-2-17　大兴机场

任务 1.3　钢结构的设计理念与方法

　　建筑结构设计是建筑工程的重要活动之一。建筑结构设计主要考虑建筑物的安全性（建筑物不能发生倒塌等严重的质量事故），也要考虑建筑物正常使用状况下的舒适性和耐久性。对于不同用途的建筑，其舒适性的评价各有不同，因此我国制定了一些规范，来对各类建筑结构的舒适性、耐久性做出具体的规定。从本任务开始，本书将引入较多规范、标准，以帮助读者开展规范化学习、规范化设计。

　　建筑结构设计宜采用以概率理论为基础、以分项系数表达的极限状态设计方法。当缺乏统计资料时，建筑结构设计可根据可靠的工程经验或必要的试验研究进行，也可采用容许应力或单一安全系数等经验方法进行。

钢结构建筑的设计理念

一、建筑结构的功能要求

　　根据规范要求，我们将建筑结构的功能性分为安全性、适用性和耐久性三个方面。根据我国《建筑结构可靠性设计统一标准》（GB 50068—2018）的规定，结构的设计、施工和维护应使结构在规定的设计使用年限内以规定的可靠度满足规定的各项功能要求，包括以下内容：

　　① 能承受在施工和使用期间可能出现的各种作用；

　　② 保持良好的使用性能；

　　③ 具有足够的耐久性能；

　　④ 当发生火灾时，在规定的时间内可保持足够的承载力；

　　⑤ 当发生爆炸、撞击、人为错误等偶然事件时，结构能保持必要的整体稳固性，不出现与起因不相称的破坏后果，防止出现结构的连续倒塌。

二、建筑结构的极限状态

　　为兼顾建筑结构的经济性和功能性，我们采用极限状态设计方法进行建筑结构设计，使建筑结构略低于极限状态,做到既不丧失功能,也不过度增加工程造价。极限状态可分为承载能力极限状态、正常使用极限状态和耐久性极限状态。极限状态应符合下列规定。

(1)当结构或结构构件出现下列状态之一时,应认定为超过了承载能力极限状态:

① 结构构件或连接因超过材料强度而破坏或因过度变形而不适合继续承载;

② 整个结构或其一部分作为刚体失去平衡;

③ 结构转变为机动体系;

④ 结构或结构构件丧失稳定;

⑤ 结构因局部破坏而发生连续倒塌;

⑥ 地基丧失承载力而破坏;

⑦ 结构或结构构件的疲劳破坏。

钢结构设计图

(2)当结构或结构构件出现下列状态之一时,应认定为超过了正常使用极限状态:

① 影响正常使用或外观的变形;

② 影响正常使用的局部损坏;

③ 影响正常使用的振动;

④ 影响正常使用的其他特定状态。

(3)当结构或结构构件出现下列状态之一时,应认定为超过了耐久性极限状态:

① 影响承载能力和正常使用的材料性能劣化;

② 影响耐久性能的裂缝、变形、缺口、外观、材料削弱等;

③ 影响耐久性能的其他特定状态。

三、建筑结构的安全等级

不同的建筑发生安全事故所造成的损失也是不一样的,如某些可能发生爆炸、有害物质泄漏、洪水等灾害的建筑,又如某些发生事故后人员难以逃生的建筑。某些建筑即使在发生诸如地震等重大灾害后仍不能丧失其使用功能,我们有必要将这些建筑设计得更加牢固。为区分对待,我们用安全等级来描述这种区别。

建筑结构设计时,应当根据结构破坏可能产生的后果,即危及人的生命、造成经济损失、对社会或环境产生影响等的严重性,采用不同的安全等级。

(1)安全等级一级:破坏后果很严重,对人的生命、经济、社会或环境的影响很大;

(2)安全等级二级:破坏后果严重,对人的生命、经济、社会或环境的影响较大;

(3)安全等级三级:破坏后果不严重,对人的生命、经济、社会或环境的影响较小。

建筑结构中各类结构构件的安全等级,宜与结构的安全等级相同,可对其中部分结构构件的安全等级进行调整,但不得低于三级。

四、建筑结构的可靠度水平和可靠指标

如前所述,建筑结构设计采用的是以概率理论为基础、以分项系数表达的极限状态设计方法,因此建筑结构功能的可靠性是用可靠度指标来衡量的。

可靠度水平根据结构构件的安全等级、失效模式和经济因素等设置。对结构的安全性、

适用性和耐久性可采用不同的可靠度水平。当有充分的统计数据时,结构构件的可靠度采用可靠指标 β 度量。结构构件设计时采用的可靠指标,可根据对现有结构构件的可靠度分析,并结合使用经验和经济因素等确定。结构构件持久设计状况承载能力极限状态设计的可靠指标,不应小于表 1-3-1 规定的值。

表 1-3-1　结构构件的可靠指标 β

破坏类型	安全等级		
	一级	二级	三级
延性破坏	3.7	3.2	2.7
脆性破坏	4.2	3.7	3.2

结构构件持久设计状况正常使用极限状态设计的可靠指标,宜根据其可逆程度取 0～1.5。结构构件持久设计状况耐久性极限状态设计的可靠指标,宜根据其可逆程度取 1.0～2.0。

五、分项系数

结构中所取用的荷载在特定情况下有可能被超越,如本来设计 $2.0\ \text{kN/m}^2$ 的教室楼面荷载,是考虑大多数教室使用时不可能超过每平方 200 kg 的质量,但某些教室在某些特殊时刻(如某教室举办班级晚会,同学们将桌椅和书本都挪到教室后方,同学们有的坐在桌子下面,有的坐在桌子上面),实际荷载有可能大于设计荷载或者局部位置的实际荷载有可能大于设计荷载。鉴于这种考虑,单纯增大设计荷载会使造价增加,不增大设计荷载会产生承载力不足的问题。

现行结构设计的主要方法:承载力极限状态设计阶段将荷载乘以一个大于 1 的分项系数,以保证特殊时刻的安全性;正常使用极限状态设计阶段将荷载乘以 1 的分项系数,以验算结构在长期使用时的变形。在某些情况下,如悬挑结构的配重的配重荷载对结构的安全起到有利作用,其分项系数也应当小于 1,以确保安全性。

《建筑结构可靠性设计统一标准》(GB 50068—2018)规定:结构构件极限状态设计表达式中包含的各种分项系数,宜根据有关基本变量的概率分布类型和统计参数及规定的可靠指标,通过计算分析,并结合工程经验,经优化确定。当缺乏统计数据时,可根据传统的或经验的设计方法,由有关标准规定各种分项系数。

在大多数结构设计中,分项系数往往根据《建筑结构可靠性设计统一标准》(GB 50068—2018)、《建筑结构荷载规范》(GB 50009—2012)所列的分项系数进行采用,如表 1-3-2 所示。

表 1-3-2　建筑结构的作用分项系数

作用分项系数	适用情况	
	当作用效应对承载力不利时	当作用效应对承载力有利时
永久作用分项系数	1.3	≤1.0
预应力作用分项系数	1.3	≤1.0
可变作用分项系数	1.5	0

《建筑抗震设计规范》(GB 50011—2010)(2016 年版)规定了偶然作用中的地震作用分项系数,如表 1-3-3 所示。

表 1-3-3 偶然作用中的地震作用分项系数

地震作用	水平地震分项系数	竖向地震分项系数
仅计算水平地震作用	1.3	0
仅计算竖向地震作用	0	1.3
同时计算水平与竖向地震作用(水平地震为主)	1.3	0.5
同时计算水平与竖向地震作用(竖向地震为主)	0.5	1.3

六、结构重要性系数

按照《建筑结构荷载规范》(GB 50009—2012)的 3.2.2 条、《建筑结构可靠性设计统一标准》(GB 50068—2018)的 8.2.8 条等条文的规定,荷载效应应当根据结构破坏后果来放大,放大系数为结构重要性系数 γ_0,如表 1-3-4 所示。

表 1-3-4 结构重要性系数

结构重要性系数	对持久设计状况和短暂设计状况			对偶然设计状况和地震设计状况
	安全等级			
	一级	二级	三级	
γ_0	1.1	1.0	0.9	1.0

七、建筑结构的耐久性

在我国,大多数建筑结构的设计使用年限是 50 年。因此我国建筑结构的设计基准期为 50 年,设计基准期为 50 年的意义是我国几乎所有现行规范、标准、图集所列的数据均以 50 年使用年限进行取值,如自然条件下的风、雪荷载,建筑材料的强度取值。

当设计使用年限不是 50 年时,我们仍然可以在规范、标准上取值,但所取的值需要乘以相应的系数,一般情况下只对荷载进行调整,不对材料性能进行调整,如表 1-3-5 和表 1-3-6 所示。

表 1-3-5 建筑结构的设计使用年限

类别	设计使用年限/年	举例
临时性建筑结构	5	临时支撑
易于替换的结构构件	25	钢结构雨棚
普通房屋和构筑物	50	教学楼
标志性建筑和特别重要的建筑结构	100	人民大会堂

表 1-3-6 建筑结构考虑结构使用年限的荷载调整系数 γ_1

结构的设计使用年限/年	γ_1
5	0.9
25	按各材料结构设计标准取值
50	1.0

续表

结构的设计使用年限/年	γ_1
100	1.1

建筑结构设计时应对环境影响进行评估,当结构所处的环境对其耐久性有较大影响时,应根据不同的环境类别采用相应的结构材料、设计构造、防护措施、施工质量要求等,并应制订结构在使用期间的定期检修和维护制度,使结构在设计使用年限内不致因材料的劣化而影响其安全或正常使用。

八、设计状况

建筑结构设计应区分下列设计状况,依次进行设计:
① 持久设计状况,适用于结构使用时的正常情况;
② 短暂设计状况,适用于结构出现的临时情况,包括结构施工和维修时的情况等;
③ 偶然设计状况,适用于结构出现的异常情况,包括结构遭受火灾、爆炸、撞击时的情况等;
④ 地震设计状况,适用于结构遭受地震时的情况。
对不同的设计状况,应采用相应的结构体系、可靠度水平、基本变量和作用组合等进行建筑结构可靠性设计。

九、结语

我国钢结构设计的基本理念是以人民生命财产安全为基础,结合我国经济发展阶段性现状,合理设置安全系数,随着技术经济发展,逐步提高安全性、适用性和耐久性。

任务 1.4　钢结构建筑的适用范围及结构类型

钢结构有轻质高强、造价偏高的特点,主要适用于大跨度、大高度的建筑。尽管钢结构建筑的结构主材都是钢材,但根据结构构件的截面形状不同、结构构件的空间组成不同、结构构件之间的连接方式不同,我们将钢结构分为门式刚架结构、网架结构、平面桁架结构、曲面桥架结构、壳体结构、框架结构和框架-支撑结构等多种结构形式。

钢结构建筑的适用
范围及结构类型

一、门式刚架结构

门式刚架结构是工业厂房采用的主要结构形式(见图 1-4-1 和图 1-4-2),其主要跨度方向采用梁柱刚接形成大跨度刚架,刚架承受竖向荷载和对应方向的水平荷载作用,另一方向则采用小跨度连系梁与柱铰接,辅以竖向支撑承担该方向的水平荷载作用。

采用门式刚架结构建造单层工业厂房的造价较低,单位面积造价为混凝土框架结构的 1/3～1/2,并且跨度远大于混凝土结构,是当前工业厂房结构选型的主要方向。

轻型门式刚架结构受力特点

图 1-4-1 门式刚架结构厂房外观

图 1-4-2 门式刚架结构厂房骨架

门式刚架结构用于厂房时,跨度一般为 15～45 m,最优跨度约为 30 m,可做成单跨,也可做成多跨。柱子上也可以设计牛腿用于固定吊车梁,并在厂房中增加吊车。厂房内部也可增加部分夹层,做成局部多层结构。屋面可增加天窗架或气楼,用于屋面空气流通。总而言之,门式刚架结构不仅可以营造大空间,也可通过适当组合和变形更适合工业生产。

典型门式刚架结构的组成

门式刚架结构除了用于厂房和仓库,也可用于其他中小跨度的体育馆、展览厅等,还可用于一些跨度不大的火车站台、候车厅等。绝大部分跨度不超过 30 m 的单层建筑,是门式刚架结构的适用范围。

二、网架结构

网架结构是指多根杆件按照一定的网格形式通过节点连接而成的空间结构,所有杆件只承受轴向力,材料力学性能利用充分。

网架结构适合建造大跨度屋面,其质量轻、支点少,常用于看台(见图 1-4-3)、加油站顶棚(见图 1-4-4)、小型体育馆屋面、展览馆屋面、大型会议室屋面、候车厅屋面等,最优跨度为 18～24 m。

图 1-4-3 架结构看台

图 1-4-4 网架结构加油站顶棚

桥梁箱梁铺设方法

经过多年的应用和改进,网架结构的杆件组合已经发展得丰富多样,如四角锥体系网架、三角锥体系网架、平面桁架系网架等。杆件之间的连接一般通过螺栓球过渡,杆件与螺栓球可采用焊接连接,也可采用螺栓连接。为保证良好的排水性能,网架结构自身可以起拱,也可通过在网架球上方设置不同长度的小立柱实现屋面坡度。

三、平面桁架结构

平面桁架结构是钢结构桥梁的主要结构类型。著名的武汉长江大桥(见图 1-4-5)采用的就是平面桁架结构,其跨度达 128 m,按 6 车道设计,载重量不小于 50 t,是其他结构类型无法实现的。

拖拉施工法

图 1-4-5　武汉长江大桥

顶推施工法

平面桁架结构在其平面内,即竖向平面中,各杆件仅承受轴向力作用。在杆件整体稳定性满足要求的条件下,杆件承受轴力的能力远远大于承受弯矩和剪力的能力,因此能极大节约钢材、降低造价。值得注意的是,根据当下的理论研究,我们也可以认为平面桁架受力特性近似于挖掉一部分腹板的蜂窝梁(见图 1-4-6)。

图 1-4-6　蜂窝梁

风嘴部分制造

在水平平面中,我们可以通过组建水平桁架增强桥梁整体的水平抗弯能力,预防桥梁的失稳和侧向荷载作用下的水平晃动。

四、曲面桁架结构

对于跨度更大的结构,我们可以结合桁架和拱的跨度优势,将钢结构做成曲面桁架结构(见图 1-4-7),其跨度非常可观,造价也得到一定的控制。

图 1-4-7 曲面桁架结构

由于曲面桁架结构跨度太大,其平面外稳定性难以保证,容易发生左右方向的晃动,晃动变形严重时可能导致结构整体失效,危害极其严重。因此,曲面桁架结构常常具有 3 根或 4 根弦杆,以提高桁架整体的截面尺寸,增强其稳定性。

五、壳体结构

与拱的受力特征相似,壳也具有将外部荷载转化为轴力的功能。古代没有能够承受拉力的钢筋,在建造大跨度建筑时,常常采用拱式屋顶(见图 1-4-8)或壳式屋顶(见图 1-4-9),屋顶用砖块建造,砖块之间只有压力,没有弯矩,正常使用状况下不会发生开裂,甚至断裂现象。位于英国伦敦的圣保罗大教堂大型穹顶的跨度达到 34 m,就算是当前的普通钢筋混凝土梁也难以达到这种跨度,由此可以看出,壳式屋顶具有极优良的受力性能。

图 1-4-8 无梁殿　　　　　　　　　　图 1-4-9 圣保罗大教堂

当壳式屋顶的材料由强度低的砖改为强度高的钢材时,其跨度更为可观。近年来,我国建筑钢结构得到了快速、长足的发展,壳体结构层出不穷。著名的国家大剧院(见图1-4-10)是新"北京十六景"之一的地标性建筑,位于北京市中心天安门广场西,人民大会堂西侧,外观呈半椭球形,东西方向长轴长度为212.20 m,南北方向短轴长度为143.64 m,建筑物高度为46.285 m。

图1-4-10   国家大剧院外观

国家大剧院壳体结构(见图1-4-11)由一根根弧形钢梁组成,外表面由18 000多块钛金属板拼接而成,面积超过30 000 m²。18 000多块钛金属板中,只有4块形状完全一样。钛金属板经过特殊氧化处理,其表面金属光泽极具质感,且15年不变颜色。中部为渐开式玻璃幕墙,由1200多块超白玻璃巧妙拼接而成。

图1-4-11   国家大剧院壳体结构

六、框架结构和框架-支撑结构

框架结构(见图1-4-12)是由许多梁和柱共同组成的框架来承受房屋全部荷载的结构,其中的柱和梁既可以采用钢筋混凝土结构,也可以采用钢结构。钢框架结构相比于上述几种结构,结构布置更加直观、简单,各层的布置和构造基本一致,适合标准化建造。

图 1-4-12 框架结构

框架结构受力

任务 1.5 钢结构设计的学习方法

大多数建筑结构设计初学者往往不知从何入手。该项专业技能难以通过自学来入门，本书介绍以下几点，供读者参考。

一、学好专业基础知识

钢结构设计是一门岗位技能课程，该课程可以作为钢结构设计师的入门课程。在建筑钢结构工程技术专业课程体系（见图 1-5-1）中，要想学好本课程，首先需要掌握本专业的专业平台课程，如建筑钢结构识图与绘图、建筑 CAD、建筑材料与检测、建筑力学与结构、建筑钢结构施工测量、钢结构设计基础等。

钢结构设计的
学习方法

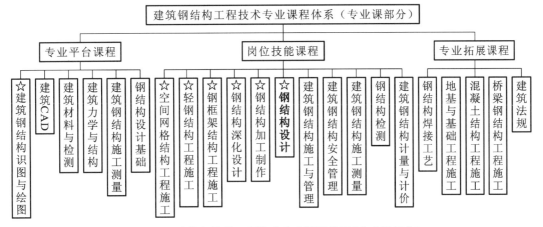

图 1-5-1 建筑钢结构工程技术专业课程体系（专业课部分）

二、了解结构组成

钢结构的主要建筑结构材料是钢材。在钢结构这个类别中,结构构件的连接方式和空间位置不同,形成框架结构、框架-支撑结构、门式刚架结构、网架结构、桁架结构等不同结构类型。

不同结构类型的组成有很大差别,仅凭肉眼就可以看出它们的区别,虽然钢结构的复杂程度远远大于混凝土结构,但大多数钢结构构件以及节点都是裸露在外的。我们日常生活中,尽量观察身边的钢结构建筑,如火车站、体育馆等,它们的结构组成方式、节点构造方式都值得我们参考、借鉴。

三、提高人文素养

建筑结构设计属于建筑设计的组成部分,建筑设计的"以人为本"的思想也应当渗透到建筑结构设计中,如结构中容许肉眼可见的变形、采用细长的杆件等不符合常规思维的设计,即使通过计算能够符合规范要求,也应当予以优化调整,使建筑结构更加符合绝大多数人的心理承受能力。

我国规范的制定,贯彻了"以人为本"的思想,充分深入人民大众,有利于强化对规范的理解。

四、掌握设计软件的操作方法和算法原理

目前,常用的结构设计软件有 PKPM(STS 模块)、3D3S、SAP 等。学习者首先需要掌握这些软件的操作方法,确保自己能够顺利建模、设置参数和计算,然后需要学习如何分析计算结果,最终需要结合建筑结构的基本知识来掌握软件计算的方法、参数设置的意义,必要时可以用多个软件同时计算,并通过分析来决定如何采用软件计算的结果。我们要成为软件的主人,而不是成为软件的奴隶。

五、学习规范条文

建筑结构的设计质量直接影响到人民的生命和财产安全,"以人为本"是胡锦涛同志提出的科学发展观的核心,体现了中国共产党全心全意为人民服务的根本宗旨。因此,我国建立了相当完善的建筑结构设计规范体系,所有建筑结构必须按照规范体系进行设计、校对、审核、施工、验收,任何一个环节都有权依据规范条文拒绝建筑结构进入下一个环节。因此学习规范,理解规范条文编制的意义,熟练掌握重要条文,了解大多数条文,才能在建筑结构设计、校对、审核、施工、验收等各个环节中得心应手。

在网络上获得
规范资源

六、参考优秀建筑结构设计

与混凝土结构不同,由于天然具有装配式的特征,钢结构的组装方式非常灵活,斜杆、桁架、吊杆等都是常用的钢结构受力构件,尽量使钢构件处于受压或受拉状态,能够增大跨度、减少造价。但值得注意的是,由于强度高,钢结构构件截面往往较小,其在压力或自重弯曲的作用下,极易发生弯曲,进而引起失稳,严重时会使整个结构发生坍塌。

我们在厂房、体育馆、音乐厅、天桥、飞机场、火车站等常见的钢结构建筑中,应当随时留意,甚至拍照,分析身边的钢结构是如何受力的,这对我们的结构设计有很大的帮助。

七、通过资深专家对图纸的校对审核来查漏补缺,提高设计水平

钢结构施工图设计、绘制完成后,一般需要由本单位的同事进行校对,然后交给总工程师或注册工程师进行审核,最终还需要送到专门的施工图审查公司进行审查。在这些校对、审核、审查过程中,资深工程师们的意见和建议往往更有针对性,这些意见和建议会帮助我们更加快速地提高设计水平。

八、参考图纸会审中的意见,使设计与施工结合更加紧密

钢结构施工图设计完成并通过审查备案后,并不能直接投入使用,还需要参与建设的各方,特别是施工单位提出会审意见。图纸会审是指建设单位、施工单位、监理单位、勘察单位和设计单位共同对施工图中的问题进行探讨和分析,很多设计上的笔误和疏忽会在此时被提出来,一些施工难以实现的问题也能通过图纸会审来解决。

钢结构工程最终能否建成并投入使用的重点是施工,很多工程结构设计、节点做法尽管理论上可行,甚至在国内外也有过相应的工程案例,但并不代表其适用于所有情况,很多施工单位的工程经验也值得设计人员参考。在钢结构工程中,很多问题往往是详图设计人员提出的,他们往往会直接从制作人员那里了解相关知识,进而反馈给设计人员,而制作人员的很多问题也有可能是安装人员提出的,因此对于钢结构工程,施工图设计人员、详图设计人员、制作人员、安装人员共同参与的图纸会审能够帮助我们了解平时较少接触的制作、安装问题,正确对待图纸会审阶段,能够帮助我们提高设计水平。

九、参加各类技术培训

随着国家对技术培训的重视,社会上经常会开展各种培训,有软件公司组织的,也有勘察设计协会组织的,还有建筑教育协会组织的,经常留意上述单位的网站,会找到相关培训信息。

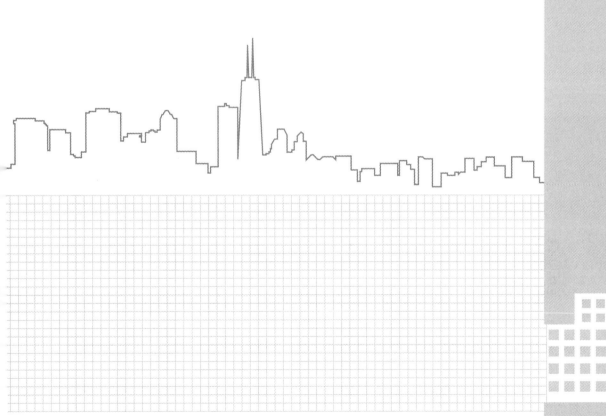

模块 2

建筑结构荷载

任务 2.1　认识建筑结构荷载

我们学习钢结构设计，是因为建筑结构有可能在各种作用下发生破坏，为实现安全性、适用性、耐久性和经济性的统一，我们需要通过计算来决定构件的布置、尺寸和连接方法。

一、建筑结构上的作用

（1）按随时间的变化，建筑结构上的作用可以分为以下几种：
① 永久作用；
② 可变作用；
③ 偶然作用。
（2）按随空间的变化，建筑结构上的作用可以分为以下几种：
① 固定作用；
② 自由作用。
（3）按结构的反应特点，建筑结构上的作用可以分为以下几种：
① 静态作用；
② 动态作用。
（4）按是否有限值，建筑结构上的作用可以分为以下几种：
① 有界作用；
② 无界作用。

二、建筑结构荷载

结构上的作用随时间变化的规律，宜采用随机过程的概率模型进行描述，对不同的作用可采用不同的方法进行简化，并应符合下列规定。

建筑结构荷载

（1）永久作用（永久荷载）：在设计使用年限内始终存在且其量值变化与平均值相比可以忽略不计的作用，或其变化是单调的并趋于某个限值的作用，比较常见的是建筑结构的自重。永久作用可采用随机变量的概率模型。

（2）可变作用（可变荷载）：在设计使用年限内其量值随时间变化且其变化与平均值相比不可忽略不计的作用，比较常见的是楼面荷载，楼面荷载包含楼面上可以移动的家具和人等移动物体的重量，在作用组合中可采用简化的随机过程概率模型。在确定可变作用的代表值时可采用将设计基准期内最大值作为随机变量的概率模型。

（3）偶然作用（偶然荷载）：在设计使用年限内不一定出现，出现时量值很大且持续期很短的作用。常见的偶然作用是地震作用。地震作用的标准值应根据地震作用的重现期确定。地震作用的重现期根据建筑抗震设防目标，按有关标准的专门规定确定。

三、建筑结构荷载代表值

《建筑结构荷载规范》(GB 50009—2012)规定,建筑结构设计时,对不同荷载采用不同的代表值:

① 对永久荷载应采用标准值作为代表值;

② 对可变荷载应根据设计要求采用标准值、组合值、频遇值或准永久值作为代表值;

③ 对偶然荷载应按建筑结构使用的特点确定其代表值。

承载能力极限状态设计或正常使用极限状态按标准组合设计时,对可变荷载应按规定的荷载组合采用荷载的组合值或标准值作为其荷载代表值。可变荷载的组合值,应为可变荷载的标准值乘以荷载组合值系数。正常使用极限状态按频遇组合设计时,应采用可变荷载的频遇值或准永久值作为其荷载代表值;按准永久组合设计时,应采用可变荷载的准永久值作为其荷载代表值。可变荷载的频遇值,应为可变荷载标准值乘以频遇值系数。可变荷载准永久值,应为可变荷载标准值乘以准永久值系数。

四、常见建筑结构荷载

在建筑结构设计时,经常用到的荷载主要有以下几类。

(1)结构自重荷载:建筑结构构件自身的重量,手工设计时一般用其体积乘以容重,采用软件设计时一般可以自由选择是否可由软件自动计算。

(2)恒荷载:建筑结构构件以外的固定物,如填充墙、楼面装修、屋面保温防水等,在设计使用年限内重量及位置不发生变化的建筑构件的重量,一般用其体积乘以容重来计算。值得注意的是,一栋房屋即使重新装修,只要其装修的重量不超过设计重量,该装修仍被认为恒荷载。

(3)活荷载:建筑物中经常发生变化的重量,如人、家具等的重量,在设计使用年限内重量或位置会发生变化。活荷载由国家专门机构进行统计和发布,除个别特殊用途的房间以外,大部分楼面、屋面的活荷载应当按照《建筑结构荷载规范》(GB 50009—2012)取值。

风荷载

(4)风荷载。在设计使用年限内,建筑结构一定会受到风力的作用,风作用在建筑结构上,可能是压力,也可能是吸力,风力的大小不仅与当地的气候有关,与建筑物周围的地形地貌、建筑物本身的形状及高度也有一定的关系。

雪荷载

(5)雪荷载。我国绝大部分地区都有降雪的记录,被雪压塌的建筑物也不少见。《建筑结构荷载规范》(GB 50009—2012)规定,我国仅广东、广西、四川、云南、海南的部分地区可以不考虑雪荷载的作用,其他地区均应当考虑雪的压力作用。

(6)吊车荷载。在大多数工业厂房中,吊车(桁车)(见图 2-1-1)是必不可少的机械之一,其起重量为 1~50 t,自重也可能达到数十吨,有的厂房还可能有多台桁车同时运行,因此,我们有必要掌握桁车的荷载取值方法。

**集中荷载与
均布荷载**

(7)等效均布荷载。在有些工程中,楼面上可能会有一些局部集中荷

图 2-1-1　吊车（桁车）

载，如不固定位置的隔墙、质量比较大的机械等，为方便计算，我们需要将其转化为均布荷载，该荷载称为等效均布荷载。

（8）土压力。在地下室、挡土墙设计中，我们还需要考虑土对建筑结构的压力，该压力既可能是自上而下的，也可能是水平的，还可能是倾斜的。由于其压力较大，不能忽略不计，土压力的计算方法可以参考《土力学》或《建筑地基基础设计规范》（GB 50007—2011）。

（9）水压力。某些埋深较大的地下室、水池等结构，可能会受到地下水的浮力作用，屋顶游泳池也存在水压力作用。

（10）其他。除了上述建筑结构荷载之外，不均匀地基沉降、热胀冷缩、地震等都可能在建筑结构中产生力的作用，我们常常将其称为沉降荷载、温度荷载、地震荷载。

名词解释

容重（bulk density）：容重也称为重度，指单位体积物体的重量，如单位体积土体的重量，常用单位是 kN/m^3。

永久荷载（permanent load）：在结构使用期间，其值不随时间变化、其变化与平均值相比可以忽略不计或其变化是单调的并能趋于限值的荷载。

可变荷载（variable load）：在结构使用期间，其值随时间变化且其变化与平均值相比不可以忽略不计的荷载。

偶然荷载（accidental load）：在结构设计使用年限内不一定出现，出现时量值很大且持续时间很短的荷载。

荷载代表值（representative values of a load）：设计中用以验算极限状态所采用的荷载量值，如标准值、组合值、频遇值和准永久值。

设计基准期（design reference period）：为确定可变荷载代表值而选用的时间参数，我国民用建筑设计基准期为 50 年。

标准值（characteristic value/nominal value）：荷载的基本代表值，为设计基准期内最大荷载统计分布的特征值（如均值、众值、中值或某个分位值）。

荷载效应（load effect）：由荷载引起结构或结构构件的反应，如内力、变形和裂缝等。

任务 2.2　恒荷载取值

永久荷载,简称恒荷载,是指在设计使用年限内,其值不随时间变化,或者其变化与平均值相比不可忽略的荷载。建筑钢结构设计中,恒荷载主要包含结构自重荷载和非结构构件自重荷载。

恒荷载取值

一、恒荷载的单位

无论是结构自重荷载还是非结构构件自重荷载,其取值均为构件尺寸乘以构件容重,构件尺寸由设计者自行决定。

容重的常用单位为 kN/m^3,恒荷载的单位既可以是 kN,也可以是 kN/m,还可以是 kN/m^2。

对于柱这类平面投影尺寸近似于点的构件,恒荷载在其上面的作用主要是集中荷载,采用 kN 为单位;对于梁、墙这类平面投影尺寸近似于线的构件,恒荷载在其上面的作用主要是线荷载,采用 kN/m 为单位;对于板这类平面投影尺寸近似于面的构件,恒荷载在其上面的作用主要是面荷载,采用 kN/m^2 为单位。

二、常用建筑材料的容重

结构自重荷载、装饰材料自重荷载的计算,都需要用到其单位体积重量或单位面积重量。常用材料的自重见《建筑结构荷载规范》(GB 50009—2012)的附录 A,本书仅列出常见建筑材料和常用构件的自重,以供查询使用,如表 2-2-1 和表 2-2-2 所示。

表 2-2-1　常用建筑材料自重表

名称	自重/(kN/m^3)	备注
杉木	4.0	随含水率而不同
锯末	2.5	加防腐剂时可达 3.0 kN/m^3
木丝板	5.0	
刨花板	6.0	
铁矿渣	27.6	
锻铁	77.5	
赤铁矿	25.0~30.0	
钢	78.5	
黄铜、青铜	85.0	

名称	自重/(kN/m³)	备注
铝	27.0	
铝合金	28.0	
石棉	10.0	压实
石棉	4.0	松散,含水量不大于15%
石膏	13.0～14.5	
黏土	13.5～20.0	以岩土工程勘察报告为准
砂土	12.2～20.0	以岩土工程勘察报告为准
卵石	16.0～18.0	以岩土工程勘察报告为准
黏土夹卵石	17.0～18.0	以岩土工程勘察报告为准
砂夹卵石	15.0～19.2	以岩土工程勘察报告为准
花岗岩、大理石	28	
普通砖	18.0	240 mm×115 mm×53 mm
耐火砖	19.0～22.0	230 mm×110 mm×65 mm
灰砂砖	18.0	砂:白灰=92:8
蒸压粉煤灰砖	14.0～16.0	干重度
陶粒空心砌块	5.0～6.0	
加气混凝土砌块	5.5	
石灰砂浆、混合砂浆	17.0	
灰土	17.5	石灰:土=3:7,夯实
水泥砂浆	20.0	
素混凝土	22.0～24.0	振捣或不振捣
泡沫混凝土	4.0～6.0	
加气混凝土	5.5～7.5	单块
钢筋混凝土	24.0～25.0	
普通玻璃	25.6	
钢丝玻璃	26.0	
玻璃棉	0.5～1.0	
岩棉	0.5～2.5	钢结构一般取 1.5 kN/m³
矿渣棉	1.2～1.5	松散,导热系数为 0.031～0.044 W/(m·K)
矿渣棉制品(板、砖)	3.5～4.0	松散,导热系数为 0.047～0.07 W/(m·K)
膨胀珍珠岩粉料	0.8～2.5	干,松散,导热系数为 0.052～0.076 W/(m·K)
水泥珍珠岩制品、憎水珍珠岩制品	3.5～4.0	强度为 1 N/m²,导热系数为 0.058～0.081 W/(m·K)

续表

名称	自重/(kN/m³)	备注
膨胀蛭石	0.8～2.0	导热系数为 0.052～0.07 W/(m·K)
沥青蛭石制品	3.5～4.5	导热系数为 0.081～0.105 W/(m·K)
水	10.0	
冰	8.96	
稻谷	6.0	$\varphi=35°$
大米	8.5	散放
豆类	7.5～8.0	$\varphi=20°$
小麦	8.0	$\varphi=25°$
玉米	7.8	$\varphi=28°$
盐	8.6	细粒散放
浆砌细方石	22.4～26.4	
干砌毛石	17.6～20.8	
浆砌机砖	19.0	

表 2-2-2　常用构件自重表

名称	自重/(kN/m²)	备注
胶合三夹板(杨木)	0.019	
胶合三夹板(水曲柳)	0.028	
胶合五夹板(杨木)	0.030	
胶合五夹板(水曲柳)	0.040	
双面抹灰板条隔墙	0.9	每面抹灰厚 16～24 mm
单面抹灰板条隔墙	0.5	灰厚 16～24 mm
C 形轻钢龙骨隔墙	0.27	两层 12 mm 纸面石膏板,无保温层
贴瓷砖墙面	0.50	包括水泥砂浆打底,共厚 25 mm
水泥粉刷墙面	0.36	20 mm 厚,水泥粗砂
木框玻璃窗	0.20～0.30	
钢框玻璃窗	0.40～0.45	
木门	0.10～0.20	
钢铁门	0.40～0.45	
水泥平瓦屋面	0.50～0.55	
彩色钢板波形瓦	0.12～0.13	0.6 mm 厚彩色钢板
V 形轻钢龙骨吊顶	0.12	一层 9 mm 纸面石膏板,无保温层
V 形轻钢龙骨吊顶	0.17	一层 9 mm 纸面石膏板,50 mm 厚岩棉板保温层

续表

名称	自重/(kN/m²)	备注
V形轻钢龙骨吊顶	0.20	两层9 mm纸面石膏板,无保温层
V形轻钢龙骨吊顶	0.25	两层9 mm纸面石膏板,50 mm厚岩棉板保温层
V形轻钢龙骨及铝合金龙骨吊顶	0.10~0.12	一层矿棉吸声板厚15 mm,无保温层
地板格栅	0.2	
硬木地板	0.2	不包含格栅
小瓷砖地面	0.55	包括水泥粗砂打底
水磨石地面	0.65	10 mm厚面层,20 mm厚水泥砂浆打底

三、常用建筑构件自重计算

常用建筑构件自重计算,需要考虑该构件的形状,以及作用在结构上的荷载形式。

1. 砌块墙的自重计算

对于墙、墙面板等构件,其自重一般均匀作用在梁上,且沿梁的长度方向,墙的自重无变化或基本无变化,可以按线荷载计算,其单位为 kN/m。

如图 2-2-1 所示,计算支撑于框架上的填充墙的自重。对于框架梁的永久作用(永久荷载、恒荷载),首先需要按照图 2-2-2,根据墙厚和墙的容重计算出该墙的每平方米自重,假设该墙为 200 厚混合砂浆砌筑的加气混凝土砌块,单块加气混凝土砌块高 300 mm,厚 200 mm,长 600 mm,砂浆灰缝宽度为 10 mm,则可以计算出每平方米范围内加气混凝土砌块的面积为

$$\frac{600}{610} \times \frac{300}{310} \text{ m}^2 = 0.95 \text{ m}^2$$

每平方米范围内砂浆的面积为 0.05 m²,砂浆和加气混凝土砌块的厚度均为 200 mm,查表得混合砂浆的容重为 17 kN/m³,加气混凝土砌块的容重为 5.5 kN/m³,则在该 1 m² 范围内的 0.2 m 厚墙体内,加气混凝土砌块的自重为

$$5.5 \frac{\text{kN}}{\text{m}^3} \times 0.95 \text{ m}^2 \times 0.2 \text{ m} = 1.045 \text{ kN}$$

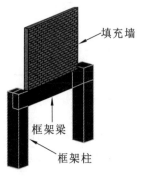

图 2-2-1 框架上的填充墙

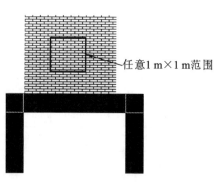

图 2-2-2 计算填充墙的自重(每平方米)

砂浆的自重为

$$17 \frac{kN}{m^3} \times 0.05 \ m^2 \times 0.2 \ m = 0.17 \ kN$$

合计总重量为

$$1.045 \ kN + 0.17 \ kN = 1.215 \ kN$$

因此,我们可以说该加气混凝土砌块墙每平方米的自重为 1.215 kN,也可以写成加气混凝土砌块墙的自重为 1.215 kN/m²。

如图 2-2-1 所示,假设该墙总高度为 3 m,则其作用在梁上的荷载为

$$1.215 \frac{kN}{m^2} \times 3 \ m = 3.645 \ kN/m$$

该荷载在梁上呈线性分布,且基本均匀无变化,故该墙自重作用在梁上的恒荷载为 3.645 kN/m 的线荷载,四舍五入,可按 4 kN/m 计算。

值得提出的是,上述计算仅包含砌块和砂浆的重量,未包含墙体两侧的抹灰、涂料的重量,若计算墙体两侧均有 15 mm 厚的混合砂浆抹灰,那么该墙体自重作用在梁上的线荷载为多少呢?

2. 保温墙面板自重计算

在上述砌块墙的计算中,我们发现对于厚度、材质均匀的片状构件,我们可以采用其容重乘以厚度来计算其每平方米自重,为简化计算,我们采用该方法计算保温墙面板的自重。

在钢结构设计中,复合墙面板、屋面板是常用构件,复合墙面板一般由两层薄压型钢板夹一层保温材料制成,薄压型钢板的厚度、形式不同,保温材料的材料、厚度不同,市面上的成品节能墙板样式较多,因此墙面板、屋面板的自重需要自行计算。

例 2-2-1 某保温墙面板如图 2-2-3 所示,面板采用 0.6 mm 厚彩钢板,中间保温层采用 100 mm 厚岩棉,内衬板采用 0.5 mm 厚彩钢板,墙高 5 m,请计算该墙每米自重荷载。

图 2-2-3 某保温墙面板

解 (1)面板每平方米自重(厚度乘以钢材容重)为

$$0.6 \times 10^{-3} \ m \times 78.5 \ kN/m^3 = 0.047 \ kN/m^2$$

(2)保温层自重(厚度乘以岩棉容重)为

$$0.1 \ m \times 1.5 \ kN/m^3 = 0.15 \ kN/m^2$$

（3）内衬板每平方米自重（厚度乘以钢材容重）为

$$0.5\times10^{-3}\ \text{m}\times78.5\ \text{kN/m}^3=0.039\ \text{kN/m}^2$$

（4）保温墙面板合计每平方米重量为

$$0.047\ \text{kN/m}^2+0.15\ \text{kN/m}^2+0.039\ \text{kN/m}^2=0.236\ \text{kN/m}^2$$

（5）每米墙长重量（保温墙面板每平方米重量乘以墙高）为

$$0.236\ \text{kN/m}^2\times5\ \text{m}=1.18\ \text{kN/m}$$

按 1.2 kN/m 计算。

3. 屋面檩条自重计算

在钢结构设计中，屋面、墙面荷载除屋面板和墙面板之外，往往还有檩条、拉条、隅撑等构件，它们一般数量多、零散布置，为设计方便，通常也换算成每平方米的重量来进行计算或输入模型。

例 2-2-2　某屋面采用 C160×60×20×2.5 檩条，间距为 1.5 m，屋面坡度为 1∶10，请计算其平面投影荷载。

解　（1）将单根 C 形檩条展开，计算其 1 m 长度的展开面积。

$$(0.16\ \text{m}+0.06\ \text{m}\times2+0.02\ \text{m}\times2)\times1\ \text{m}=0.32\ \text{m}^2$$

（2）计算单根檩条 1 m 长度的体积。

$$0.32\ \text{m}^2\times2.5\times10^{-3}\ \text{m}=0.000\ 8\ \text{m}^3$$

（3）计算单根檩条 1 m 长度的重量。

$$0.000\ 8\ \text{m}^3\times78.5\ \text{kN/m}^3\div1\ \text{m}=0.062\ 8\ \text{kN/m}$$

（4）计算 1 m² 范围内檩条的数量。

$$1\div1.5\ \text{m}=0.666\ 67\ \text{m}^{-1}$$

（5）计算 1 m² 范围内檩条的重量。

$$0.062\ 8\ \text{kN/m}\times0.666\ 67\ \text{m}^{-1}=0.041\ 9\ \text{kN/m}^2$$

按 0.04 kN/m² 计算。

四、恒荷载计算需要注意的问题

1. 适度简化和保守

很多时候，我们为了计算简便，可以偏于保守，忽略荷载的不均匀性，如上文所述的檩条荷载，尽管檩条是一根根支撑于梁上，并非连续均匀的，但为了计算简便，我们可以将其按均匀的面荷载考虑。

在大跨度平屋面中，屋面的找坡层厚度差异很大，无论是用较厚的位置还是平均位置的厚度来表达其自重，均不合适。对于此类问题，我们最好是分区域取平均厚度计算其自重。

2. 合适的荷载表达形式

恒荷载计算时，明确需要计算或输入的荷载表达形式（点荷载、线荷载、面荷载）。

在结构计算模型中，我们常用杆件来代表梁、柱等构件，用片（或壳体）来代表墙、板等构件。恒荷载计算时，需要采用合适的荷载表达形式，荷载表达形式与荷载的特点有关，也与结构构件的特点有关。找平层、面层等楼面装修荷载均匀作用在片状楼面上,因此可按照面荷载计算,其单位是 kN/m²。

上文所述的砌块墙均匀作用在杆件状的框架梁上,因此可按照线荷载计算,其单位是 kN/m。

名词解释

彩钢板(**color steel plate**):彩钢板是指彩涂钢板,是一种带有有机涂层的钢板,具有耐蚀性好、色彩鲜艳、外观美观、加工成型方便、具有钢板原有的强度、成本较低等特点。

压型钢板(**profiled steel plate**):将涂层板或镀层板经辊压冷弯,沿板宽方向形成波形截面的成型钢板。

檩条(**purlin**):檩条亦称檩子、桁条,垂直于屋架或椽子的水平屋顶梁,用以支撑椽子或屋面材料;檩条是横向受弯(通常是双向弯曲)构件,一般设计成单跨简支檩条。

任务2.3 活荷载取值

活荷载属于可变荷载的一种,活荷载是指荷载作用位置不固定的一种荷载,它主要包含楼面活荷载和屋面活荷载。

一、活荷载代表值

活荷载的取值,既要保证建筑结构设计的安全可靠,又要兼顾经济合理,因此取值既不能太小,又不宜太大。

活荷载取值

教室中的学生重量,是教室活荷载的主要组成部分,但是由于班级人数的不一致,不同课堂中,学生的重量不一致,分布位置也不一致,这给活荷载的准确取值带来了极大的难度。不同的教室,实训实验设备的重量也不一致,学生的分布位置也有其独特的规律,如何采用活荷载来客观、简便、有效地描述人员、家具、设备的重量分布,是值得深入探讨的。

我国的《建筑结构荷载规范》(GB 50009—2012)规定了民用建筑楼面、屋面均布活荷载的标准值及其组合值系数、频遇值系数和准永久值系数,这些数值是设计值应当遵循的最低要求,即最小值。实际设计中,设计者可以根据建筑物的情况,适当提高以上取值。

1.活荷载标准值

活荷载标准值是指在结构的使用期间可能出现的最大荷载值,是通过分析大量的统计数据而得出的。由于荷载本身的随机性,使用期间的最大荷载是随机变量,可用它的统计分布来描述。

活荷载标准值统一由设计基准期最大荷载概率分布的某个分位值来确定,设计基准期统一规定为 50 年,目前,我国规范对该分位值的百分位未做统一规定,而是直接对不同用途的房间给出活荷载标准值。

2. 活荷载组合值

活荷载组合值等于标准值乘以组合值系数。当两个或两个以上的可变荷载同时作用在某结构或结构构件上时,两个可变荷载同时达到最大的概率是极其微小的。因此,将影响较大的活荷载作为主要活荷载,采用活荷载标准值作为代表值,将其他活荷载作为次要活荷载,采用活荷载组合值作为代表值。

与实际工程相结合的解释:某幢房屋,当其遭遇 50 年一遇的罕见大雪时,不可能同时遭遇 50 年一遇的大风,也不可能房间内刚好站满了人并达到 50 年内的人数最多值。因此,我们需要将风荷载和活荷载进行折减。组合值系数一般为 0.7,表示该荷载达到了最大值的 70%。

3. 活荷载频遇值

活荷载频遇值等于标准值乘以频遇值系数,表示某些极限状态在一个较短的持续时间内被超过,或在总体上不长的时间内被超过,如描述室内装修时,楼面上的装修工具和材料。

4. 活荷载准永久值

活荷载准永久值等于标准值乘以准永久值系数,表示结构上经常作用的活荷载,这些活荷载给结构带来了长期的裂缝和弯曲,影响了结构的耐久性和适用性,如某教室 95% 以上的课堂中的人数统计所计算出来的荷载。

按严格的统计定义来确定频遇值和准永久值还比较困难,我国规范提供的频遇值系数、准永久值系数,大部分还是根据工程经验并参考国外标准的相关内容确定的。

二、民用建筑楼面活荷载取值

一般使用条件下的民用建筑楼面均布活荷载标准值及其组合值系数、频遇值系数和准永久值系数的取值,不应小于表 2-3-1 的规定。当使用荷载较大、情况特殊或有专门要求时,应按实际情况采用。

表 2-3-1　民用建筑楼面均布活荷载标准值及其组合值、频遇值和准永久值系数

项次	类别	标准值/ (kN/m²)	组合值 系数 ψ_c	频遇值 系数 ψ_f	准永久值 系数 ψ_q
1	(1) 住宅、宿舍、旅馆、办公楼、医院病房、托儿所、幼儿园	2.0	0.7	0.5	0.4
	(2) 试验室、阅览室、会议室、医院门诊室	2.0	0.7	0.6	0.5
2	教室、食堂、餐厅、一般资料档案室	2.5	0.7	0.6	0.5
3	礼堂、剧场、影院、有固定座位的看台	3.0	0.7	0.5	0.3
	公共洗衣房	3.0	0.7	0.6	0.5

项次	类别		标准值/(kN/m²)	组合值系数 ψ_c	频遇值系数 ψ_f	准永久值系数 ψ_q
4	（1）商店、展览厅、车站、港口、机场大厅及其旅客等候室		3.5	0.7	0.6	0.5
	（2）无固定座位的看台		3.5	0.7	0.5	0.3
5	（1）健身房、演出舞台		4.0	0.7	0.6	0.5
	（2）运动场、舞厅		4.0	0.7	0.6	0.3
6	（1）书库、档案库、储藏室（书架高度不超过 2.5 m）		5.0	0.9	0.9	0.8
	（2）密集柜书库（书架高度不超过 2.5 m）		12.0	0.9	0.9	0.8
7	通风机房、电梯机房		7.0	0.9	0.9	0.8
8	厨房	（1）餐厅	4.0	0.7	0.7	0.7
		（2）其他	2.0	0.7	0.6	0.5
9	浴室、卫生间、盥洗室		2.5	0.7	0.6	0.5
10	走廊、门厅	（1）宿舍、旅馆、医院病房、托儿所、幼儿园、住宅	2.0	0.7	0.5	0.4
		（2）办公楼、餐厅、医院门诊部	2.5	0.7	0.6	0.5
		（3）教学楼及其他可能出现人员密集的情况	3.5	0.7	0.5	0.3
11	楼梯	（1）多层住宅	2.0	0.7	0.5	0.4
		（2）其他	3.5	0.7	0.5	0.3
12	阳台	（1）可能出现人员密集的情况	3.5	0.7	0.6	0.5
		（2）其他	2.5	0.7	0.6	0.5

当采用楼面等效均布活荷载方法设计楼面梁时,折减系数取值应符合下列规定。

① 表 2-3-1 的第 1(1) 项中,楼面梁从属面积不超过 25 m²（含）时,不应折减;超过 25 m²时,荷载折减系数不应小于 0.9。

② 表 2-3-1 的第 1(2)～7 项中,楼面梁从属面积不超过 50 m²（含）时,不应折减;超过 50 m² 时,荷载折减系数不应小于 0.9。

③ 表 2-3-1 的第 8～12 项应采用与所属房屋类别相同的折减系数。

当采用楼面等效均布活荷载方法设计墙、柱和基础时,折减系数取值应符合下列规定。

① 表 2-3-1 的第 1(1) 项的单层建筑楼面梁的从属面积超过 25 m² 时,折减系数不应小于 0.9,其他情况应按表 2-3-2 的规定采用。

② 表 2-3-1 的第 1(2)～7 项应采用与其楼面梁相同的折减系数。

③ 表 2-3-1 的第 8～12 项应采用与所属房屋类别相同的折减系数。

表 2-3-2　活荷载按楼层的折减系数

墙、柱、基础计算截面以上的层数	1	2～3	4～5	6～8	9～20	＞20
计算截面以上各楼层活荷载总和的折减系数	1.00 (0.90)	0.85	0.70	0.65	0.60	0.55

三、汽车活荷载取值

汽车通道、客车停车库、消防车道、消防登高场地的楼面均布活荷载标准值及其组合值系数、频遇值系数和准永久值系数的取值,不应小于表 2-3-3 中的规定值。当应用条件不符合要求时,应按效应等效原则,将车轮的局部荷载换算为等效均布荷载。

表 2-3-3　汽车通道、客车停车库、消防车道、消防登高场地的楼面均布活荷载标准值
及其组合值、频遇值、准永久值系数

类别		标准值/(kN/m²)	组合值系数 ψ_c	频遇值系数 ψ_f	准永久值系数 ψ_q
单向板楼盖 (2 m≤板跨 L)	定员不超过 9 人的小型客车	4.0	0.7	0.7	0.6
	满载总重不大于 300 kN 的消防车	35.0	0.7	0.5	0
双向板楼盖 (3 m≤板跨短边 L＜6 m)	定员不超过 9 人的小型客车	(0.5～5.5)L	0.7	0.7	0.6
	满载总重不大于 300 kN 的消防车	(5.0～50.0)L	0.7	0.5	0
双向板楼盖 (6 m≤板跨短边 L) 和无梁楼盖 (柱网不小于 6 m×6 m)	定员不超过 9 人的小型客车	2.5	0.7	0.7	0.6
	满载总重不大于 300 kN 的消防车	20.0	0.7	0.5	0

当采用楼面等效均布活荷载方法设计楼面梁时,折减系数取值应符合下列规定:对单向板楼盖的次梁和槽形板的纵肋,折减系数不应小于 0.8;对单向板楼盖的主梁,折减系数不应小于 0.6;对双向板楼盖的梁,折减系数不应小于 0.8。

当采用楼面等效均布活荷载方法设计墙、柱和基础时,折减系数取值应符合下列规定:应根据实际情况决定是否折减表中的消防车荷载;对于表中的客车,对单向板楼盖,折减系数不应小于 0.5,对双向板楼盖和无梁楼盖,折减系数不应小于 0.8。

四、工业建筑楼面活荷载取值

工业建筑楼面均布活荷载标准值及其组合值系数、频遇值系数和准永久值系数的取值,

不应小于表 2-3-4 中的规定值。

表 2-3-4　工业建筑楼面均布活荷载标准值及其组合值、频遇值、准永久值系数

项次	类别	标准值/ （kN/m²）	组合值 系数 ψ_c	频遇值 系数 ψ_f	准永久值 系数 ψ_q
1	电子产品加工	4.0	0.8	0.6	0.5
2	轻型机械加工	8.0	0.8	0.6	0.5
3	重型机械加工	12.0	0.8	0.6	0.5

五、屋面活荷载取值

在钢结构设计时，对支承轻屋面的构件或结构，当仅有一个可变荷载且受荷水平投影面积超过 60 m² 时，屋面均布活荷载标准值可取为 0.3 kN/m²。其他房屋建筑的屋面，其水平投影面上的屋面均布活荷载标准值及其组合值系数、频遇值系数和准永久值系数的取值，不应小于表 2-3-5 中的规定值。

屋面荷载传递

表 2-3-5　屋面均布活荷载标准值及其组合值、频遇值、准永久值系数

项次	类别	标准值/ （kN/m²）	组合值 系数 ψ_c	频遇值 系数 ψ_f	准永久值 系数 ψ_q
1	不上人的屋面	0.5	0.7	0.5	0
2	上人的屋面	2.0	0.7	0.5	0.4
3	屋顶花园	3.0	0.7	0.6	0.5
4	屋顶运动场地	3.0	0.7	0.6	0.4

不上人的屋面活荷载主要指一般性施工和维修荷载，当施工或维修荷载较大时，应按实际情况采用；上人屋面荷载主要指屋面作为消防疏散通道时的荷载，当上人屋面兼作其他用途（如网球场等）时，应按相应楼面活荷载采用；屋顶花园活荷载不包括花圃土石等材料自重。

屋面活荷载与雪荷载不进行组合，即结构计算时，要么考虑屋面活荷载与其他荷载的共同作用，要么考虑雪荷载与其他荷载的共同作用。在钢结构设计时，当屋面构件的荷载从属面积大于 60 m² 时，屋面活荷载可取 0.3 kN/m²。

名词解释

荷载从属面积（load dependent area）：计算梁柱等构件时，计算构件负荷的楼面、屋面、墙面面积，一般由楼面、屋面、墙面的剪力零线划分，实际应用时可适当简化。对于单向板，梁的从属面积为梁两侧各延伸二分之一梁间距范围内的面积；对于钢结构屋面檩条，其从属面积为檩条两侧各延伸二分之一檩条间距范围内的面积。

任务 2.4 风荷载取值

在建筑物设计使用年限内,建筑物一定会受到风的作用。风荷载指风对建筑物整体或建筑物构件的作用,它与建筑物的外部形状、地理位置、高度等相关。一些刚度小、面积大的建筑,如轻型钢结构,受风荷载的影响更加显著,因此风荷载的取值与结构体系也存在一定的关系。

一、基本风压

我国是一个幅员辽阔、地理环境多样的大国,全国各地的气候差异极大,沿海、沙漠地区风力较大,内陆、山地风力较小。我国《建筑结构荷载规范》(GB 50009—2012)、《工程结构通用规范》(GB 55001—2021)对全国各地的风力进行了统计。在钢结构设计时,基本风压的取值主要有两种方法:①根据《建筑结构荷载规范》(GB 50009—2012)取值;②对于风速明显较大的沿海、沙漠、草原地区,可通过查询当地过去 50 年的风速记录,计算其基本风压。

二、地面粗糙度类别

建筑物周围的地形对风速有一定的影响,因此我们采用 A、B、C、D 四个等级来描述建筑物周围的地形:A 类指近海海面和海岛、海岸、湖岸及沙漠地区;B 类指田野、乡村、丛林、丘陵以及房屋比较稀疏的乡镇;C 类指有密集建筑群的城市市区;D 类指有密集建筑群且房屋较高的城市市区。

三、风压高度变化系数

众所周知,"高处不胜寒",越高的地方,风速越快,风荷载越大,钢结构设计用"风压高度变化系数 μ_z"来衡量高度和地面粗糙度对风荷载的影响,如表 2-4-1 所示。

表 2-4-1 风压高度变化系数 μ_z

离地面或海平面高度/m	地面粗糙度类别			
	A	B	C	D
5	1.09	1.00	0.65	0.51
10	1.28	1.00	0.65	0.51
15	1.42	1.13	0.65	0.51
20	1.52	1.23	0.74	0.51

续表

离地面或海平面高度/m	地面粗糙度类别			
	A	B	C	D
30	1.67	1.39	0.88	0.51
40	1.79	1.52	1.00	0.60
50	1.89	1.62	1.10	0.69
60	1.97	1.71	1.20	0.77
70	2.05	1.79	1.28	0.84
80	2.12	1.87	1.36	0.91
90	2.18	1.93	1.43	0.98
100	2.23	2.00	1.50	1.04

四、风荷载体型系数

如前所述,建筑物的形状与其对风的阻挡效应有较大的关系,因此风荷载的计算应考虑建筑物的体型(外部立体形状),风荷载体型系数可查附录B。需要注意的是,迎风面墙体受到风的压力,风荷载体型系数为正;背风面墙体受到风的吸力,风荷载体型系数为负;较为平缓的屋面受到风的吸力,风荷载体型系数为负。

风荷载取值

五、风振系数

由于风并非连续作用在建筑上,建筑物有可能随风摇摆,即产生共振。

《建筑结构荷载规范》(GB 50009—2012)规定:对于高度大于 30 m 且高宽比大于 1.5 的房屋,以及基本自振周期 T_1 大于 0.25 s 的各种高耸结构,应考虑风压脉动对结构产生顺风向风振的影响。顺风向风振响应计算应按结构随机振动理论进行。一般竖向悬臂型结构,如高层建筑和构架、塔架、烟囱等高耸结构,均可仅考虑结构第一振型的影响。

需要注意的是,《工程结构通用规范》(GB 55001—2021)规定,当采用风荷载放大系数的方法考虑风荷载脉动的增大效应时,风荷载放大系数应按下列规定采用:主要受力结构的风荷载放大系数应根据地形特征、脉动风特性、结构周期、阻尼比等因素确定,其值不应小于1.2。

(1)z 高度处的风振系数 β_z 可按下式计算,可采用风振系数法计算其顺风向风荷载。

$$\beta_z = 1 + 2g I_{10} B_z \sqrt{1+R^2} \tag{2-4-1}$$

式中:g——峰值因子,可取 2.5;

I_{10}——10 m 高度名义湍流强度,对应 A、B、C 和 D 类地面粗糙度,可分别取 0.12、0.14、0.23 和 0.39;

R——脉动风荷载的共振分量因子;

B_z——脉动风荷载的背景分量因子。

（2）脉动风荷载的共振分量因子可按下列公式计算：

$$R = \sqrt{\frac{\pi}{6\zeta_1} \frac{x_1^2}{(1+x_1^2)^{4/3}}} \qquad (2\text{-}4\text{-}2)$$

$$x_1 = \frac{30f_1}{\sqrt{k_w \omega_0}}, x_1 > 5 \qquad (2\text{-}4\text{-}3)$$

式中：f_1——结构第 1 阶自振频率，Hz；

　　k_w——地面粗糙度修正系数，对 A 类、B 类、C 类和 D 类地面粗糙度分别取 1.28、1.00、0.54 和 0.26；

　　ζ_1——结构阻尼比，对钢结构可取 0.01，对有填充墙的钢结构房屋可取 0.02，对钢筋混凝土及砌体结构可取 0.05，对其他结构可根据工程经验确定。

（3）脉动风荷载的背景分量因子可按下列规定确定。

① 对体型和质量沿高度均匀分布的高层建筑和高耸结构，可按下式计算：

$$B_z = kH^{a_1} \rho_x \rho_z \frac{\phi_1(z)}{\mu_z} \qquad (2\text{-}4\text{-}4)$$

式中：$\phi_1(z)$——结构第 1 阶振型系数；

　　H——结构总高度，m，对 A、B、C 和 D 类地面粗糙度，H 的取值分别不应大于 300 m、350 m、450 m 和 550 m；

　　ρ_x——脉动风荷载水平方向相关系数；

　　ρ_z——脉动风荷载竖直方向相关系数；

　　k、a_1——系数，按表 2-4-2 取值。

表 2-4-2　系数 k 和 a_1

粗糙度类别		A	B	C	D
高层建筑	k	0.944	0.670	0.295	0.112
	a_1	0.155	0.187	0.261	0.346
高耸结构	k	1.276	0.910	0.404	0.155
	a_1	0.186	0.218	0.292	0.376

② 对迎风面和侧风面的宽度沿高度按直线或接近直线变化，而质量沿高度按连续规律变化的高耸结构，式(2-4-4)计算的背景分量因子 B_z 应乘以修正系数 θ_B 和 θ_v。θ_B 为构筑物在 z 高度处的迎风面宽度 $B(z)$ 与底部宽度 $B(0)$ 的比值；θ_v 可按表 2-4-3 确定。

表 2-4-3　修正系数 θ_v

$B(z)/B(0)$	1	0.9	0.8	0.7	0.6	0.5	0.4	0.3	0.2	$\leqslant 0.1$
θ_v	1.00	1.10	1.20	1.32	1.50	1.75	2.08	2.53	3.30	5.60

（4）脉动风荷载的空间相关系数可按下列规定确定。

① 竖直方向的相关系数可按下式计算：

$$\rho_z = \frac{10\sqrt{H + 60e^{-H/60} - 60}}{H} \qquad (2\text{-}4\text{-}5)$$

式中:H——结构总高度,m,对 A、B、C 和 D 类地面粗糙度,H 的取值分别不应大于 300 m、350 m、450 m 和 550 m。

② 水平方向相关系数可按下式计算:

$$\rho_{x}=\frac{10\sqrt{B+50\mathrm{e}^{-B/50}-50}}{B} \quad (2\text{-}4\text{-}6)$$

式中:B——结构迎风面宽度,m,$B \leqslant 2H$。

③ 对迎风面宽度较小的高耸结构,水平方向相关系数可取 $\rho_{x}=1$。

六、结构整体风荷载计算

对于钢结构整体计算,风荷载应按下式计算。

$$w_{k}=\beta_{z}\mu_{s}\mu_{z}w_{0} \quad (2\text{-}4\text{-}7)$$

式中:w_{k}——风荷载标准值,kN/m²;

β_{z}——高度 z 处的风振系数,按式(2-4-1)计算;

μ_{s}——风荷载体型系数,查附录 B;

μ_{z}——风压高度变化系数,查表 2-4-1;

w_{0}——基本风压,kN/m²。

七、围护结构风荷载计算

《建筑结构荷载规范》(GB 50009—2012)规定,对于钢结构围护结构构件,如檩条、拉条、雨棚等,风荷载应按下式计算。

$$w_{k}=\beta_{gz}\mu_{sl}\mu_{z}w_{0} \quad (2\text{-}4\text{-}8)$$

式中:β_{gz}——高度 z 处的阵风系数;

μ_{sl}——风荷载局部体型系数。

计算围护构件及其连接的风荷载时,可按下列规定采用局部体型系数 μ_{sl}。

(1)封闭式矩形平面房屋的墙面及屋面可按附录 C 的规定采用。

(2)檐口、雨棚、遮阳板、边棱处的装饰条等突出构件,取 -2.0。

(3)其他房屋和构筑物可按规定体型系数的 1.25 倍取值。

计算非直接承受风荷载的围护构件风荷载时,局部体型系数 μ_{sl} 可按构件的从属面积折减,折减系数按下列规定采用。

(1)当从属面积不大于 1 m² 时,折减系数取 1.0。

(2)当从属面积大于或等于 25 m² 时,对墙面折减系数取 0.8,对局部体型系数绝对值大于 1.0 的屋面区域折减系数取 0.6,对其他屋面区域折减系数取 1.0。

(3)当从属面积大于 1 m² 且小于 25 m² 时,墙面和绝对值大于 1.0 的屋面局部体型系数可采用对数插值,即按下式计算局部体型系数:

$$\mu_{sl}(A)=\mu_{sl}(1)+[\mu_{sl}(25)-\mu_{sl}(1)]\lg A/1.4 \quad (2\text{-}4\text{-}9)$$

计算围护构件风荷载时,建筑物内部压力的局部体型系数可按下列规定采用。

(1)封闭式建筑物,按其外表面风压的正负情况取 -0.2 或 0.2。

（2）仅一面墙有主导洞口的建筑物，按下列规定采用：

① 当开洞率大于 0.02 且小于或等于 0.10 时，取 $0.4\mu_{sl}$；

② 当开洞率大于 0.10 且小于或等于 0.30 时，取 $0.6\mu_{sl}$；

③ 当开洞率大于 0.30 时，取 $0.8\mu_{sl}$。

（3）其他情况，应按开放式建筑物的 μ_{sl} 取值。

主导洞口的开洞率是指单个主导洞口面积与该墙面全部面积之比；μ_{sl} 应取主导洞口对应位置的值。

八、横风向和扭转风振

对于横风向风振作用效应明显的高层建筑以及细长圆形截面构筑物，宜考虑横风向风振的影响。

（1）对于平面或立面体型较复杂的高层建筑和高耸结构，横风向风振的等效风荷载宜通过风洞试验确定，也可比照有关资料确定。

（2）对于圆形截面高层建筑及构筑物，其由跨临界强风共振（旋涡脱落）引起的横风向风振等效风荷载按《建筑结构荷载规范》（GB 50009—2012）确定。

（3）对于矩形截面及凹角或削角矩形截面的高层建筑，其横风向风振等效风荷载按《建筑结构荷载规范》（GB 50009—2012）确定。

（4）对圆形截面的结构，尚应对不同雷诺数的情况进行横风向风振（旋涡脱落）的校核。

对于扭转风振作用效应明显的高层建筑及高耸结构，宜考虑扭转风振的影响。

顺风向风振、横风向风振、扭转风振应按风荷载组合工况采用，如表 2-4-4 所示。

表 2-4-4　风荷载组合工况

工况	顺风向风荷载	横风向风振等效风荷载	扭转风振等效风荷载
1	F_{Dk}		
2	$0.6F_{Dk}$	F_{Lk}	
3			F_{Tk}

名词解释

竖向悬臂型结构（vertical cantilever structure）：基础或下部结构嵌固在地基中，上部结构耸立在空中的结构。当承受水平荷载，如风荷载、地震荷载时，该结构可看作固定在大地上的悬臂结构。

重现期（return period）：在一定年代的雨量（雪量）记录资料统计期间内，大于或等于某暴雨（暴雪）强度的降雨出现一次的平均间隔时间，为该暴雨（暴雪）发生频率的倒数。

任务 2.5 雪荷载取值

雪荷载属于可变荷载的一种,是轻型钢结构设计中的重要荷载。大雪、特大雪压垮钢结构房屋的案例比比皆是。影响雪荷载的主要因素为地理环境和屋面形状。

雪荷载取值

一、基本雪压

根据建筑物所处的地理位置不同,《建筑结构荷载规范》(GB 50009—2012)、《工程结构通用规范》(GB 55001—2021)等规范规定:基本雪压 s_0 应采用按本规范规定的方法确定的 50 年重现期的雪压;对雪荷载敏感的结构,应采用 100 年重现期的雪压。门式刚架结构,就属于典型的对雪荷载敏感的结构。

全国各城市的基本雪压值应按附录 A 中重现期 R 为 50 年的值采用。当城市或建设地点的基本雪压没有给出时,可根据附近地区规定的基本雪压或长期资料,通过气象和地形条件的对比分析确定,也可比照全国基本雪压分布图近似确定。

值得注意的是,对于积雪局部变异特别大的地区,以及高原地形的山区,应予以专门调查和特殊处理。雪荷载不包含冰凌荷载。

二、屋面积雪分布系数

屋面积雪分布系数应根据不同类别的屋面形式,按附录 D 采用。

例 2-5-1 某门式刚架结构,屋面跨度为 30 m,采用单跨双坡屋面,屋脊比屋檐高 1.5 m,计算其屋面积雪分布系数。

根据附录 D 第 2 项,采用单跨双坡屋面时,屋面积雪有一种均匀分布情况、两种不均匀分布情况。

均匀分布情况时,μ_r 按附录 D 第 1 项规定取值,$\tan\alpha = 1.5$ m/15 m $= 0.1$,用计算器得出 $\alpha \approx 6°$,$\alpha \leqslant 25°$,取 $\mu_r = 1.0$。

第 1 种不均匀分布情况:左坡 $0.75\mu_r = 0.75$,右坡 $1.25\mu_r = 1.25$。第 2 种不均匀分布情况:左坡 $1.25\mu_r = 1.25$,右坡 $0.75\mu_r = 0.75$。

三、雪荷载计算

屋面水平投影面上的雪荷载标准值应按下式计算:

$$s_k = \mu_r s_0 \tag{2-5-1}$$

式中：s_k——雪荷载标准值，kN/m^2；

μ_r——屋面积雪分布系数；

s_0——基本雪压，kN/m^2。

四、雪荷载不利分布的几种常见情况

对于跨度较大的单跨多坡结构或连续多跨结构，由于雪的滑落、堆积等各方面的原因，可能导致以下几种不利情况，需要分别考虑。

（1）多坡屋面结构中，各坡积雪厚度不一致，雪荷载不一致，如图 2-5-1 所示。

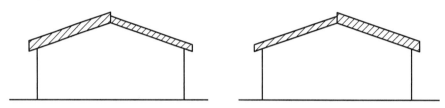

图 2-5-1　多坡屋面结构各坡积雪厚度不一致

（2）多坡屋面结构中，仅部分坡有积雪，雪荷载不一致，如图 2-5-2 所示。

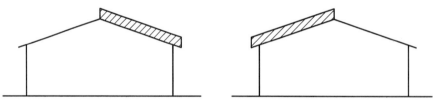

图 2-5-2　多坡屋面结构仅部分坡有积雪

（3）对于有中间檐沟的多坡结构，中间檐沟处积雪深度较厚，如图 2-5-3 所示。

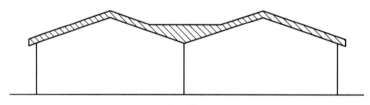

图 2-5-3　有中间檐沟的多坡结构

（4）对于有女儿墙的屋面结构，女儿墙附近积雪深度较厚，如图 2-5-4 所示。

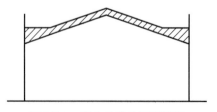

图 2-5-4　有女儿墙的屋面结构

本书仅列出几种常见雪荷载不均匀分布的情况，设计者应当根据实际情况全面分析，对于无法直接看出包络关系的两种不利情况,应当分别验算。

五、不同结构构件的雪荷载计算

《建筑结构荷载规范》(GB 50009—2012)7.2.2 条规定,设计建筑结构及屋面的承重构件时,应按下列规定采用积雪的分布情况:

① 屋面板和檩条按积雪不均匀分布的最不利情况采用;

② 屋架和拱壳应分别按全跨积雪的均匀分布、不均匀分布和半跨积雪的均匀分布按最不利情况采用;

③ 框架和柱可按全跨积雪的均匀分布情况采用。

名词解释

轻型钢结构(light steel structure):轻型钢结构主要用在不承受大载荷的承重建筑。采用轻型 H 型钢(焊接或轧制,变截面或等截面)做成门形刚架支承、C 型、Z 型冷弯薄壁型钢作为檩条和墙梁,压型钢板或轻质夹心板作为屋面、墙面围护结构,采用高强度螺栓、普通螺栓及自攻螺丝等连接件和密封材料组装起来的低层和多层预制装配式钢结构房屋体系。

任务 2.6　吊车荷载取值

吊车(起重机、桁车)是工业建筑中常见的机械设备。在钢结构厂房设计时,必须准确考虑吊车对结构的影响,该影响包含自重、大车启动和刹车、小车启动和刹车等。有多台吊车的厂房,还需要考虑多台吊车同时运行对结构的影响。

吊车荷载包括竖向荷载、水平横向荷载、水平纵向荷载。

吊车荷载取值

一、认识吊车

吊车是起重机的俗称,类似的名称还有桁车、天车等。它是工业上主要的起重设备,小型吊车的最大起重量为几百千克,大型吊车的起重量可达数百吨。用于厂房内部的吊车主要有桥式吊车、单梁桥式吊车、悬挂式吊车。

桥式吊车(见图 2-6-1)主要由桥架、大车运行机构、小车运行机构、起升机构和相应电气设备组成。桥架一般为 2 根梁,梁端支撑在吊车梁上,吊车梁则固定在柱子的牛腿之上,吊车梁和牛腿属于钢结构设计的范畴。

桥式吊车

大车运行机构负责桥式吊车沿厂房纵向运动,小车运行机构负责桥式吊车的吊钩沿厂房横向运动,起升机构负责吊钩竖向运动。桥式吊车一般都有两个吊车钩,较大的吊车钩称为主钩,较小的吊车钩称为副钩,图中吊车上"160/50T"的意思是该吊车主钩最大起重量为 160 t,副钩最大起重量为 50 t。主钩起重量大但提升速度慢,使用频率低;副钩起重量小但提升速度快,使用频率高。有些吊车通过位于梁下的操作间控制,有些吊车则利用遥控器控制。采用操作间控制时,操作员视线清晰、安全性高,一般起吊大型构件时主要采用这种方式。

图 2-6-1　桥式吊车

单梁桥式吊车也叫单梁式吊车(见图 2-6-2),其桥架仅由 1 根梁构成,其余组成与桥式吊车基本一致。单梁式吊车起重量一般不超过 20 t,主要使用在轻型钢结构厂房中。

单梁式吊车

悬挂式吊车(见图 2-6-3)一般起重量较小,最大起重量一般不超过 2 t,其主要组成部分也是桥架、大车运行机构、小车运行机构、起升机构和相应电气设备。悬挂式吊车的桥架悬挂在吊车梁上,吊车梁可固定在屋面、楼面梁上,无须单独设置牛腿,其安装方便、使用灵活,常用于轻型加工车间。

图 2-6-2　单梁式吊车

二、吊车主要节点构造

（1）吊车轨道（见图 2-6-4）。吊车轮子在轨道上运行，轨道高度一般为 100～200 mm，轨道固定在吊车梁上。

图 2-6-3　悬挂式吊车　　　　　　　　　　　图 2-6-4　轨道及吊车梁

（2）吊车梁（见图 2-6-5）。吊车梁一般为简支梁，两端固定在牛腿之上。吊车梁跨度较小时（不大于 9 m），可采用实腹式工字钢；吊车梁跨度较大时（大于 9 m），可采用格构式梁。

（3）牛腿（见图 2-6-6）。钢结构牛腿固定在钢柱之上，根据计算需要和施工方便多种因素综合考虑，牛腿可以做成等截面实腹式工字截面，也可做成根部高、端部矮的变截面实腹式工字截面。

图 2-6-5　吊车梁安装　　　　　　　　　　　图 2-6-6　牛腿

（4）吊车车挡。吊车沿厂房纵向行走至端部时，为防止其继续向前运行，需要在吊车梁上布置车挡，如图 2-6-7 所示。

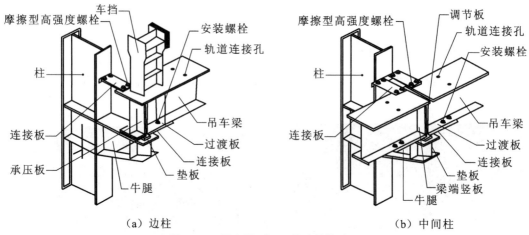

图 2-6-7　吊车梁、牛腿、柱连接构造图

三、吊车型号及主要参数

设计者应当事先确定吊车型号,联系吊车生产厂家,取得吊车各项参数。确实无法在设计阶段准确确定吊车型号的,至少应协同建设单位确定吊车的跨度和最大起重量,再根据常用吊车型号进行设计,并在施工图中明确规定吊车的工作制等级、跨度、最大轮压和最小轮压、小车重、一侧轮子数量、轮距、吊车宽度、轨道型号及高度等,以便将来在工程中实际选用吊车时进行对照参考。

目前常用的设计软件中,大多嵌入了常规吊车的设计参数,设计者可直接选用。

四、吊车竖向荷载

吊车竖向荷载标准值,应采用吊车的最大轮压或最小轮压。

五、吊车水平荷载

吊车纵向和横向水平荷载,应按下列规定采用。

(1)吊车纵向水平荷载标准值,应按作用在一边轨道上所有刹车轮的最大轮压之和的10%采用;该项荷载的作用点位于刹车轮与轨道的接触点,其方向与轨道方向一致。

(2)吊车横向水平荷载标准值,应取横行小车重量与额定起重量之和的百分数,并应乘以重力加速度,吊车横向水平荷载标准值的百分数应按表 2-6-1 采用。

表 2-6-1　吊车横向水平荷载标准值的百分数

吊车类型	额定起重量/t	百分数/(%)
软钩吊车	≤10	12
	16~50	10
	≥75	8
硬钩吊车		20

（3）吊车横向水平荷载应等分于桥架的两端，分别由轨道上的车轮平均传至轨道，其方向与轨道垂直，并应考虑正反两个方向的刹车情况。

（4）悬挂吊车的水平荷载应由支撑系统承受；设计该支撑系统时，尚应考虑风荷载与悬挂吊车水平荷载的组合。

（5）手动吊车（见图2-6-8）及电动葫芦（见图2-6-9）可不考虑水平荷载。

 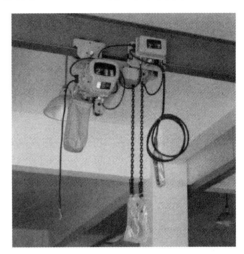

图 2-6-8　手动吊车　　　　　　　　图 2-6-9　电动葫芦

六、多台吊车荷载组合

当多台吊车在同一厂房中工作时，吊车梁、牛腿、钢柱可能同时受到多台吊车的共同作用。根据实际观察，在同一跨度内，2台吊车以临界距离运行的情况还是常见的，但3台吊车相邻运行却很罕见，即使发生，由于柱距所限，能产生影响的也只是2台。

因此，计算排架考虑多台吊车竖向荷载时，对单层吊车的单跨厂房的每个排架，参与组合的吊车台数不宜多于2台，如图2-6-10所示；对单层吊车的多跨厂房的每个排架，不宜多于4台，如图2-6-11所示；对双层吊车的单跨厂房宜按上层和下层吊车分别不多于2台进行组合；对双层吊车的多跨厂房宜按上层和下层吊车分别不多于4台进行组合，且当下层吊车满载时，上层吊车应按空载计算，上层吊车满载时，下层吊车不应计入。考虑多台吊车水平荷载时，对单跨或多跨厂房的每个排架，参与组合的吊车不应多于2台。

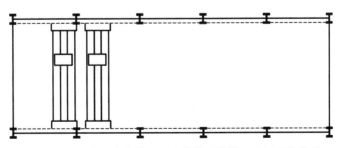

图 2-6-10　2台吊车在单跨厂房中按照临界距离运行的状况

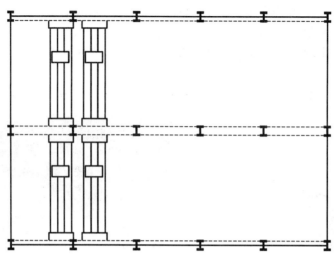

图 2-6-11   4 台吊车在多跨厂房中按照临界距离运行的状况

多台吊车共同作用时,应根据影响线原理来计算吊车梁、牛腿、柱的受力情况,但多吊车的竖向荷载和水平荷载的标准值,应乘以表 2-6-2 规定的折减系数。

表 2-6-2   多台吊车的荷载折减系数

参与组合的吊车数量/台	吊车工作级别	
	A1～A5	A6～A8
2	0.90	0.95
3	0.85	0.90
4	0.80	0.85

七、吊车工作制等级

吊车根据其最大起重量的适用频繁程度,分为 A1～A8 8 个等级,如表 2-6-3 所示。工作制等级与工作级别的对应关系:A1～A3 为轻级,如安装、维修用的电动梁式吊车,手动梁式吊车等;A4～A5 为中级,如机械加工车间用的软钩桥式吊车;A6～A7 为重级,如繁重工作车间用的软钩桥式吊车;A8 为超重级,如冶金用桥式吊车,连续工作的电磁,抓斗桥式吊车。

表 2-6-3   吊车工作制等级

工作级别	工作制等级	吊车种类举例
A1～A3	轻级	安装、维修用的电动梁式吊车
		手动梁式吊车
		电站用软钩桥式吊车
A4～A5	中级	生产用的电动梁式吊车
		机械加工、锻造、冲压、钣焊、装配、铸工(砂箱库、制芯、清理、粗加工)车间用的软钩桥式吊车

续表

工作级别	工作制等级	吊车种类举例
A6~A7	重级	繁重工作车间、仓库用的软钩桥式吊车
		机械铸工(造型、浇注、合箱、落砂)车间用的软钩桥式吊车
		冶金用普通软钩桥式吊车
		间断工作的电磁、抓斗桥式吊车
A8	特重级	冶金专用(如脱锭、夹钳、料耙、锻造、淬火等)桥式吊车
		连续工作的电磁、抓斗桥式吊车

注:有关吊车的工作级别和工作制的详细说明见《起重机设计规范》(GB/T 3811—2008)。

八、吊车动力系数

当计算吊车梁及其连接的承载力时,吊车竖向荷载应乘以动力系数。对悬挂吊车(包括电动葫芦)及工作级别 A1~A5 的软钩吊车,动力系数可取 1.05;对工作级别为 A6~A8 的软钩吊车、硬钩吊车和其他特种吊车,动力系数可取 1.1。

九、吊车荷载的组合值、频遇值及准永久值

厂房排架设计时,在荷载准永久组合中可不考虑吊车荷载;在吊车梁按正常使用极限状态设计时,宜采用吊车荷载的准永久值。吊车荷载的组合值、频遇值及准永久值系数如表 2-6-4 所示。

表 2-6-4 吊车荷载的组合值、频遇值及准永久值系数

吊车工作级别		组合值系数 ψ_c	频遇值系数 ψ_f	准永久值系数 ψ_q
软钩吊车	工作级别 A1~A3	0.70	0.60	0.50
	工作级别 A4、A5	0.70	0.70	0.60
	工作级别 A6、A7	0.70	0.70	0.70
硬钩吊车及工作级别 A8 的软钩吊车		0.95	0.95	0.95

名词解释

排架结构(bent structure):排架结构是建筑物或构筑物下部有两排柱子,上面为屋架,在这两排柱子上面和屋架之间放上一个板子形成的空间连续的结构。顾名思义,排架结构为一排一排的。排架结构主要用于单层厂房,由屋架、柱子和基础构成横向平面排架,是厂房的主要承重体系,再通过屋面板、吊车梁、支撑等纵向构件将平面排架联结起来,构成整体的空间结构。

任务 2.7　荷载组合

　　建筑结构施工过程中，永久荷载、可变荷载、偶然荷载可能会同时作用在结构上，但其同时达到最大值的可能性又极低。如前所述，建筑结构设计采用的是以概率理论为基础、以分项系数表达的极限状态设计方法。因此，在保证其可靠度的前提下，各种荷载同时作用时，可以将次要荷载乘以小于 1 的组合值系数。

一、荷载组合

荷载组合

　　在持久设计状况下，进行承载力极限状态设计时，为保证结构具有较高的安全性，应当将永久荷载乘以分项系数作为其荷载代表值，将主要的可变荷载乘以分项系数作为其荷载代表值，将次要的可变荷载乘以分项系数和组合值系数作为其代表值，以体现各种可变荷载同时出现最大值的概率极低。

　　在持久设计状况下，进行正常使用极限状态设计时，为保证结构不至于在荷载作用下开裂或变形（如弯曲），应当将永久荷载标准值作为其荷载代表值，将可变荷载标准值分别乘以组合值系数、频遇值系数、准永久值系数作为其荷载代表值，以验算结构在短期、长期、可逆、不可逆状态下的使用状态。

　　荷载组合的基本原理是确保可靠度指标符合《建筑结构可靠性设计统一标准》（GB 50068—2018）的要求。结构构件持久设计状况承载能力极限状态设计的可靠指标，不应小于表 1-3-1 中的规定值。

　　按照我国《建筑结构可靠性设计统一标准》的规定，可靠指标 β 与失效概率运算值 P_f 的关系如表 2-7-1 所示。

表 2-7-1　可靠指标 β 与失效概率运算值 P_f 的关系

β	2.7	3.2	3.7	4.2
P_f	3.5×10^{-3}	6.9×10^{-4}	1.1×10^{-4}	1.3×10^{-5}

二、荷载组合

　　无论是承载力极限状态，还是正常使用极限状态，同时作用在建筑结构上的荷载往往都包含永久荷载和可变荷载，有时还需要考虑偶然荷载。建筑结构设计应根据使用过程中在结构上可能同时出现的荷载，按承载能力极限状态和正常使用极限状态分别进行荷载组合，并应取各自的最不利的组合进行设计。

1. 基本组合

基本组合主要用于验算持久设计状况下构件是否断裂、倾覆等严重影响安全性的极限状态问题。

$$S_d = S\left(\sum_{i \geqslant 1} \gamma_{G_i} G_{ik} + \gamma_P P + \gamma_{Q_1} \gamma_{L_1} Q_{1k} + \sum_{j>1} \gamma_{Q_j} \psi_{cj} \gamma_{L_j} Q_{jk} \right) \qquad (2-7-1)$$

式中:G——永久荷载;

$\quad Q$——可变荷载;

$\quad P$——预应力荷载;

$\quad i$、j——各种荷载的顺序号;

$\quad$k——标准值;

$\quad L$——设计年限调整;

$\quad \gamma_{G_i}$——第 i 个永久荷载的分项系数,应按本书任务 1.3 表 1-3-2 采用;

$\quad \gamma_P$——预应力分项系数,应按本书任务 1.3 表 1-3-2 采用;

$\quad \gamma_{Q_j}$——第 j 个可变荷载的分项系数,其中 γ_{Q_1} 为主导可变荷载 Q_1 的分项系数,应按本书任务 1.3 表 1-3-2 采用;

$\quad \gamma_{L_j}$——第 j 个可变荷载考虑设计使用年限的调整系数,其中 γ_{L_1} 为主导可变荷载 Q_1 考虑设计使用年限的调整系数;

$\quad \psi_{cj}$——第 j 个可变作用的组合值系数。

2. 标准组合

标准组合即短期效应组合,主要用于验算持久设计状况下构件的挠度、裂缝等使用极限状态问题。在组合中,永久荷载采用标准值,主要可变荷载(最大可变荷载)采用标准值,即超越概率为 5% 的上分位值,其他可变荷载乘以组合值系数,以表示其不太可能与主要荷载同时达到超越概率为 5% 的上分位值。

$$S_d = S\left(\sum_{i \geqslant 1} G_{ik} + P + Q_{1k} + \sum_{j>1} \psi_{cj} Q_{jk} \right) \qquad (2-7-2)$$

式中:ψ_{cj}——第 j 个可变作用的组合值系数。

3. 频遇组合

$$S_d = S\left(\sum_{i \geqslant 1} G_{ik} + P + \psi_{f1} Q_{1k} + \sum_{j>1} \psi_{qj} Q_{jk} \right) \qquad (2-7-3)$$

式中:ψ_{f1}——第 1 个可变作用 Q_1 的频遇值系数;

$\quad \psi_{qj}$——第 j 个可变荷载 Q_j 的准永久值系数。

4. 准永久组合

$$S_d = S\left(\sum_{i \geqslant 1} G_{ik} + P + \sum_{j \geqslant 1} \psi_{qj} Q_{jk} \right) \qquad (2-7-4)$$

式中:ψ_{qj}——第 j 个可变荷载 Q_j 的准永久值系数。

三、荷载组合的应用

(1) 结构设计应区分下列设计状况:

① 持久设计状况,适用于结构正常使用时的情况;

② 短暂设计状况,适用于结构施工和维修等临时情况;

③ 偶然设计状况,适用于结构遭受火灾、爆炸、非正常撞击等罕见情况;

④ 地震设计状况,适用于结构遭受地震时的情况。

(2) 结构设计时选定的设计状况,应涵盖正常施工和使用过程中的各种不利情况。各种设计状况均应进行承载能力极限状态设计,持久设计状况尚应进行正常使用极限状态设计。对每种设计状况,均应考虑各种不同的作用组合,以确定作用控制工况和最不利的效应设计值。

(3) 进行承载能力极限状态设计时采用的作用组合,应符合下列规定:

① 持久设计状况和短暂设计状况应采用作用的基本组合;

② 偶然设计状况应采用作用的偶然组合;

③ 地震设计状况应采用作用的地震组合;

④ 作用组合应为可能同时出现的作用的组合;

⑤ 每个作用组合中应包括一个主导可变作用、一个偶然作用或一个地震作用;

⑥ 当静力平衡等极限状态设计对永久作用的位置和大小很敏感时,该永久作用的有利部分和不利部分应作为单独作用分别考虑;

⑦ 当一种作用产生的几种效应非完全相关时,应降低有利效应的分项系数取值。

(4) 进行正常使用极限状态设计时采用的作用组合,应符合下列规定:

① 标准组合,用于不可逆正常使用极限状态设计;

② 频遇组合,用于可逆正常使用极限状态设计;

③ 准永久组合,用于长期效应是决定性因素的正常使用极限状态设计。

四、荷载组合举例

1. 荷载形式及分布相同

当所有永久荷载和可变荷载都为均布荷载或都为作用在同一点上的集中荷载时,可以先将荷载组合,再计算内力。

例如,某梁跨度为 8 m,均布永久荷载标准值为 4.0 kN/m²,均布可变荷载标准值为 2.0 kN/m²,则其只有 1 个永久荷载,1 个可变荷载。

(1) 计算其承载力极限状态时的荷载组合值应当为

$$q = (1.3 \times 4.0 + 1.5 \times 2.0) \ kN/m^2 = 8.2 \ kN/m^2$$

(2) 计算其承载力极限状态时的跨中弯矩组合值应当为

$$M = \frac{1}{8} q l^2 = \frac{1}{8} \times 8.2 \times 8^2 \ kN \cdot m = 65.6 \ kN \cdot m$$

2. 荷载形式或分布不同

当所有永久荷载和可变荷载为不同形式时,应当先分别绘制出永久荷载内力图和可变荷载内力图,再按上式组合成新的内力图,并找出最不利位置的内力。

例如,某梁跨度为 8 m,均布永久荷载标准值为 4.0 kN/m²,集中可变荷载标准值为 2.0 kN,作用在跨中点,其只有 1 个永久荷载,1 个可变荷载,计算其承载力极限状态时的内力组合值如下。

（1）恒荷载引起的跨中弯矩为

$$M_G = \frac{1}{8}ql^2 = \frac{1}{8} \times 4 \times 8^2 \text{ kN} \cdot \text{m} = 32 \text{ kN} \cdot \text{m}$$

（2）活荷载引起的跨中弯矩为

$$M_Q = \frac{Pab}{l} = \frac{2 \times 4 \times 4}{8} \text{ kN} \cdot \text{m} = 4 \text{ kN} \cdot \text{m}$$

（3）计算其承载力极限状态时的跨中弯矩组合值应当为

$$M = M_G \times 1.3 + M_Q \times 1.5 = (32 \times 1.3 + 4 \times 1.5) \text{ kN} \cdot \text{m} = 47.6 \text{ kN} \cdot \text{m}$$

名词解释

组合值（combination value）：对可变荷载，使组合后的荷载效应在设计基准期内的超越概率，能与该荷载单独出现时的相应概率趋于一致的荷载值或使组合后的结构具有统一规定的可靠指标的荷载值。

频遇值（frequent value）：对可变荷载，在设计基准期内，其超越的总时间为规定的较小比率或超越频率为规定频率的荷载值。

准永久值（quasi-permanent value）：对可变荷载，在设计基准期内，其超越的总时间约为设计基准期一半的荷载值。

荷载设计值（design value of a load）：荷载代表值与荷载分项系数的乘积。

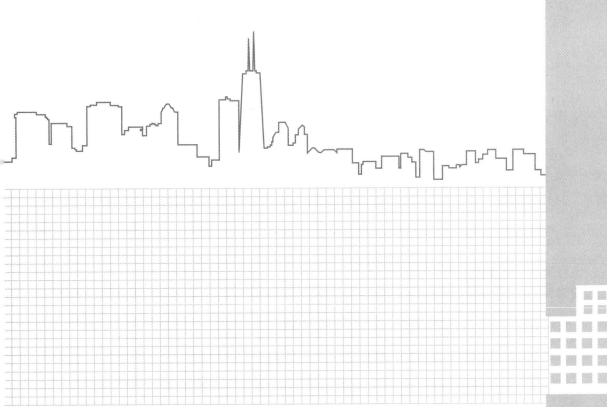

模块 3

钢结构构件设计

任务 3.1　钢材选用要求及设计指标

工欲善其事，必先利其器。合格的钢结构必须选用合格的钢材，我国《钢结构设计标准》（GB 50017—2017）、《碳素结构钢》（GB/T 700—2006）、《低合金高强度结构钢》（GB/T 1591—2018）、《建筑结构用钢板》（GB/T 19879—2015）等规范、标准均对钢结构所采用的钢材提出了明确的要求。

一、钢材选用要求

钢结构工程宜采用 Q235、Q345、Q390、Q420、Q460 和 Q345GJ 钢，其质量应分别符合现行国家标准《碳素结构钢》（GB/T 700—2006）、《低合金高强度结构钢》（GB/T 1591—2018）和《建筑结构用钢板》（GB/T 19879—2015）的规定。结构用钢板、热轧工字钢、槽钢、角钢、H型钢和钢管等型材产品的规格、外形、重量及允许偏差应符合国家现行相关标准的规定。

放样和号料

《建筑结构用钢板》（GB/T 19879—2015）中的 Q345GJ 钢与《低合金高强度结构钢》（GB/T 1591—2018）中的 Q345 钢的力学性能指标相近，二者在各厚度组别的强度设计值十分接近。因此一般情况下采用 Q345 钢比较经济，但 Q345GJ 钢中微合金元素含量得到了控制，塑性性能较好，屈服强度变化范围小，有冷加工成型要求（如方矩管）或抗震要求的构件宜优先采用。符合现行国家标准《建筑结构用钢板》（GB/T 19879—2015）的 GJ 系列钢材的各项指标均优于普通钢材的同级别产品，如采用 GJ 钢代替普通钢材，对于设计而言可靠度更高。

建筑钢材的种类和选用

结构用钢板、型钢等产品的尺寸规格、外形、重量和允许偏差应符合相关的现行国家标准的规定，但当前钢结构材料市场的产品厚度负偏差现象普遍，调研发现在厚度小于 16 mm 时尤其严重。因此必要时设计可附加要求，限定厚度负偏差［现行国家标准《建筑结构用钢板》（GB/T 19879—2015）规定不得超过 0.3 mm］。

焊接承重结构为防止钢材的层状撕裂而采用 Z 向钢时，其质量应符合现行国家标准《厚度方向性能钢板》（GB/T 5313—2010）的规定。在钢结构制造中，由于钢材质量和焊接构造等原因，当构件沿厚度方向产生较大应变时，厚板容易出现层状撕裂，对沿厚度方向受拉的接头更为不利。因此，需要时应采用厚度方向性能钢板。防止板材产生层状撕裂的节点、选材和工艺措施可参照现行国家标准《钢结构焊接规范》（GB 50661—2011）。

处于外露环境，且对耐腐蚀有特殊要求或处于侵蚀性介质环境中的承重结构，可采用 Q235NH、Q355NH 和 Q415NH 牌号的耐候结构钢，其质量应符合现行国家标准《耐候结构钢》（GB/T 4171—2008）的规定。通过添加少量合金元素 Cu、P、Cr、Ni 等，使其在金属基体表面形成保护层，以提高耐大气腐蚀性能的钢称为耐候结构钢。耐候结构钢分为高耐候结构钢和焊接耐候钢两类,高耐候结构钢具有较好的耐大气腐蚀性能,而焊接耐候钢具有较好的焊接性能。耐候结构钢的耐大气腐蚀性能为普通钢的2～8倍。因此,当有技术经济依据时,将耐候钢用于外露大气环境或有中度侵蚀性介质环境中的重要钢结构,可取得较好的效果。

承重结构所用的钢材应具有屈服强度,抗拉强度,断后伸长率,硫、磷含量的合格保证,对焊接结构尚应具有碳当量的合格保证。焊接承重结构以及重要的非焊接承重结构采用的钢材应具有冷弯试验的合格保证;直接承受动力荷载或需验算疲劳的构件所用钢材尚应具有冲击韧性的合格保证。

1. 钢材质量等级

钢材质量等级的选用应符合下列规定。

(1) A级钢仅可用于结构工作温度高于0 ℃的不需要验算疲劳的结构,且Q235A钢不宜用于焊接结构。

钢材切割下料

(2) 需验算疲劳的焊接结构(如吊车梁)用钢材应符合下列规定:

① 当工作温度高于0 ℃时其质量等级不应低于B级;

② 当工作温度不高于0 ℃但高于－20 ℃时,Q235、Q345钢不应低于C级,Q390、Q420及Q460钢不应低于D级;

③ 当工作温度不高于－20 ℃时,Q235钢和Q345钢不应低于D级,Q390钢、Q420钢、Q460钢应选用E级。

(3) 需验算疲劳的非焊接结构,其钢材质量等级要求可较上述焊接结构降低一级但不应低于B级。吊车起重量不小于50 t的中级工作制吊车梁,其质量等级要求应与需要验算疲劳的构件相同。

(4) 工作温度不高于－20 ℃的受拉构件及承重构件的受拉板材应符合下列规定:

① 所用钢材厚度或直径不宜大于40 mm,质量等级不宜低于C级;

② 当钢材厚度或直径不小于40 mm时,其质量等级不宜低于D级;

③ 重要承重结构的受拉板材宜满足现行国家标准《建筑结构用钢板》(GB/T 19879—2015)的要求。

2. 钢材Z向性能

(1) 在T形、十字形和角形焊接的连接节点中,当其板件厚度不小于40 mm且沿板厚方向有较高撕裂拉力作用,包括较高约束拉应力作用时,该部位板件钢材宜具有厚度方向抗撕裂性能(Z向性能)的合格保证,其沿板厚方向断面收缩率不小于按现行国家标准《厚度方向性能钢板》(GB/T 5313—2010)规定的Z15级允许限值。钢板厚度方向承载性能等级应根据节点形式、板厚、熔深或焊缝尺寸、焊接时节点拘束度以及预热、后热情况等综合确定。

(2) 钢管结构中的无加劲直接焊接相贯节点,其管材的屈强比不宜大于0.8;与受拉构件焊接连接的钢管,当管壁厚度大于25 mm且沿厚度方向承受较大拉应力时,应采取措施防止层状撕裂。

3. 采用塑性设计时选用的钢材

采用塑性设计的结构及进行弯矩调幅的构件采用的钢材应符合下列规定:

① 屈强比不应大于0.85;

② 钢材应有明显的屈服台阶且伸长率不应小于20%。

4. 常用的钢材标准

常用的钢材标准有以下几种:

①《碳素结构钢》(GB/T 700—2006);

②《焊接结构用铸钢件》(GB/T 7659—2010);

③《低合金高强度结构钢》(GB/T 1591—2018);

④《钢拉杆》(GB/T 20934—2016);

⑤《建筑结构用钢板》(GB/T 19879—2015);

⑥《热轧型钢》(GB/T 706—2016);

⑦《厚度方向性能钢板》(GB/T 5313—2010);

⑧《热轧 H 型钢和剖分 T 型钢》(GB/T 11263—2017);

⑨《结构用无缝钢管》(GB/T 8162—2018);

⑩《焊接 H 型钢》(GB/T 33814—2017);

⑪《建筑结构用冷成型焊接圆钢管》(JG/T 381—2012);

⑫《重要用途钢丝绳》(GB 8918—2006);

⑬《建筑结构用冷弯矩形钢管》(JG/T 178—2005);

⑭《预应力混凝土用钢绞线》(GB/T 5224—2023);

⑮《耐候结构钢》(GB/T 4171—2008);

⑯《高强度低松弛预应力热镀锌钢绞线》(YB/T 152—1999);

⑰《一般工程用铸造碳钢件》(GB/T 11352—2009)。

二、钢材设计指标

1. 钢材设计指标

钢材的设计用强度指标,应根据钢材牌号、厚度或直径按表 3-1-1 采用。

表 3-1-1　钢材的设计用强度指标

钢材牌号		钢材厚度或直径/mm	强度设计值/(N/mm²)			屈服强度 f_y /(N/mm²)	抗拉强度 f_u /(N/mm²)
			抗拉、抗压、抗弯 f	抗剪 f_v	端面承压(刨平顶紧)f_{ce}		
碳素结构钢	Q235	≤16	215	125	320	235	370
		>16,≤40	205	120		225	
		>40,≤100	200	115		215	
低合金高强度结构钢	Q345	≤16	305	175	400	345	470
		>16,≤40	295	170		335	
		>40,≤63	290	165		325	
		>63,≤80	280	160		315	
		>80,≤100	270	155		305	
	Q390	≤16	345	200	415	390	490
		>16,≤40	330	190		370	
		>40,≤63	310	180		350	
		>63,≤100	295	170		330	

钢材牌号		钢材厚度或直径/mm	强度设计值/(N/mm²)			屈服强度 f_y /(N/mm²)	抗拉强度 f_u /(N/mm²)
			抗拉、抗压、抗弯 f	抗剪 f_v	端面承压(刨平顶紧) f_{ce}		
低合金高强度结构钢	Q420	≤16	375	215	440	420	520
		>16,≤40	355	205		400	
		>40,≤63	320	185		380	
		>63,≤100	305	175		360	
	Q460	≤16	410	235	470	460	550
		>16,≤40	390	225		440	
		>40,≤63	355	205		420	
		>63,≤100	340	195		400	

2.建筑结构用钢板设计指标

建筑结构用钢板的设计用强度指标,可根据钢材牌号、厚度或直径按表3-1-2采用。

表 3-1-2 建筑结构用钢板的设计用强度指标

建筑结构用钢板	钢材厚度或直径/mm	强度设计值/(N/mm²)			屈服强度 f_y /(N/mm²)	抗拉强度 f_u /(N/mm²)
		抗拉、抗压、抗弯 f	抗剪 f_v	端面承压(刨平顶紧) f_{ce}		
Q345GJ	>16,≤50	325	190	415	345	490
	>50,≤100	300	175		335	

3.物理性能指标

钢材和铸钢件的物理性能指标如表3-1-3所示。

表 3-1-3 钢材和铸钢件的物理性能指标

弹性模量 E/ (N/mm²)	剪变模量 G/ (N/mm²)	线膨胀系数 α (以每℃计)	质量密度 ρ/ (kg/m³)
206×10^3	79×10^3	12×10^{-6}	7850

任务 3.2 钢结构抗震性能化设计

近年来,随着国家经济形势的变化,钢结构的应用急剧增加,结构形式日益丰富。不同结构体系和截面特性的钢结构,彼此间结构延性差异较大,为贯彻国家提出的"鼓励用钢、合理用钢"的经济政策,根据现行国家标准《建筑抗震设计规范》(GB 50011—2010)(2016 年版)及《构筑物抗震设计规范》(GB 50191—2012)规定的抗震设计原则,针对钢结构特点,我们增加了钢结构构件和节点的抗震性能化设计内容。根据性能化设计的钢结构的抗震设计准则如下:验算本地区抗震设防烈度的多遇地震作用的构件承载力和结构弹性变形(小震不坏)、根据其延性验算设防地震作用的承载力(中震可修)、验算其罕遇地震作用的弹塑性变形(大震不倒)。

一、钢结构抗震性能等级

本书所提到的钢结构抗震性能化设计所有规定均针对结构体系中承受地震作用的结构部分。虽然结构真正的设防目标为设防地震,但由于结构具有一定的延性,无须采用中震弹性的设计。在满足一定强度要求的前提下,让结构在设防地震强度最强的时段到来之前,结构部分构件先行屈服,削减刚度,增大结构的周期,使结构的周期与地震波强度最大时段的特征周期避开,从而使结构对地震具有一定程度的免疫功能。这种利用某些构件的塑性变形削减地震输入的抗震设计方法可降低假想弹性结构的受震承载力要求。基于这样的观点,结构的抗震设计均允许结构在地震过程中发生一定程度的塑性变形,但塑性变形必须控制在对结构整体危害较小的部位。梁端形成塑性铰是可以接受的,因为轴力较小,塑性转动能力很强,能够适应较大的塑性变形,因此结构的延性较好;当柱子截面内出现塑性变形时,后果就不易预料,因为柱子内出现塑性铰后,需要抵抗随后伴随侧移增加而出现的新增弯矩,而柱子内的轴力由竖向重力荷载产生的部分无法卸载,这样结构整体内将会发生较难把握的内力重分配。因此抗震设防的钢结构除应满足基本性能目标的承载力要求外,尚应采用能力设计法进行塑性机构控制,无法达成预想的破坏机构时,应采取补偿措施。

另外,对于很多结构,地震作用并不是结构设计的主要控制因素,其构件实际具有的受震承载力很高,因此抗震构造可适当降低,从而降低能耗,节省造价。

众所周知,抗震设计的本质是控制地震施加给建筑物的能量,弹性变形与塑性变形(延性)均可消耗能量。在能量输入相同的条件下,结构延性越好,弹性承载力要求越低,反之,结构延性差,则弹性承载力要求高,称为"高延性-低承载力"和"低延性-高承载力"两种抗震设计思路,均可达成大致相同的设防目标。结构根据预先设定的延性等级确定对应的地震作用的设计方法,称为"性能化设计方法"。采用低延性-高承载力思路设计的钢结构,在本书中特指在规定的设防类别下延性要求最低的钢结构。

我国是一个多地震国家,性能化设计的适用面广,只要提出合适的性能目标,基本可适用于所有的结构,由于目前相关设计经验不多,《钢结构设计标准》的适用范围为抗震设防烈度不高于 8 度($0.20g$)、结构高度不高于 100 m 的框架结构、支撑结构和框架-支撑结构的构件和节点的抗震性能化设计。在有可靠的设计经验和理论依据后,适用范围可放宽。

1. 抗震承载性能等级和目标

钢结构构件的抗震性能化设计应根据建筑的抗震设防类别、设防烈度、场地条件、结构类型和不规则性,结构构件在整个结构中的作用、使用功能和附属设施功能的要求、投资大小、震后损失和修复难易程度等,经综合分析比较选定其抗震性能目标。

构件塑性耗能区的抗震承载性能等级和目标如表 3-2-1 所示。

表 3-2-1   构件塑性耗能区的抗震承载性能等级和目标

承载性能等级	地震动水准		
	多遇地震	设防地震	罕遇地震
性能 1	完好	完好	基本完好
性能 2	完好	基本完好	基本完好～轻微变形
性能 3	完好	实际承载力满足高性能系数的要求	轻微变形
性能 4	完好	实际承载力满足较高性能系数的要求	轻微变形～中等变形
性能 5	完好	实际承载力满足中性能系数的要求	中等变形
性能 6	基本完好	实际承载力满足低性能系数的要求	中等变形～显著变形
性能 7	基本完好	实际承载力满足最低性能系数的要求	显著变形

2. 塑性耗能区承载性能等级

按现行国家标准《建筑抗震设计规范》(GB 50011—2010)(2016 年版)的规定进行多遇地震作用验算,结构承载力及侧移应满足其规定,位于塑性耗能区的构件进行承载力计算时,可考虑将该构件刚度折减形成等效弹性模型。抗震设防类别为标准设防类(丙类)的建筑,可按表 3-2-2 初步选择塑性耗能区承载性能等级。

表 3-2-2   塑性耗能区承载性能等级参考选用表

设防烈度	单层	$H\leqslant 50$ m	50 m$<H\leqslant$100 m
6 度(0.05g)	性能 3～7	性能 4～7	性能 5～7
7 度(0.10g)	性能 3～7	性能 5～7	性能 6～7
7 度(0.15g)	性能 4～7	性能 5～7	性能 6～7
8 度(0.20g)	性能 4～7	性能 6～7	性能 7

注:H 为钢结构房屋的高度,即室外地面到主要屋面板板顶的高度(不包括局部突出屋面的部分)。

3. 结构构件延性等级

在其他要求一致的情况下,相对于标准设防类钢结构,重点设防类钢结构拟采用承载性能等级保持不变、延性等级提高一级或延性等级保持不变、承载性能等级提高一级的设计手法,特殊设防类钢结构采用承载性能等级保持不变、延性等级提高两级或延性等级保持不变、承载性能等级提高两级的设计手法。在延性等级保持不变的情况下,重点设防类钢结构承载力约提高 25%,特殊设防类钢结构承载力约提高 55%。

构件和节点的延性等级应根据设防类别及塑性耗能区最低承载性能等级按表 3-2-3 确定。

表 3-2-3   结构构件最低延性等级

设防类别	塑性耗能区最低承载性能等级						
	性能 1	性能 2	性能 3	性能 4	性能 5	性能 6	性能 7
适度设防类(丁类)				V 级	IV 级	III 级	II 级
标准设防类(丙类)			V 级	IV 级	III 级	II 级	I 级

设防类别	塑性耗能区最低承载性能等级						
	性能 1	性能 2	性能 3	性能 4	性能 5	性能 6	性能 7
重点设防类（乙类）		V 级	Ⅳ 级	Ⅲ 级	Ⅱ 级	Ⅰ 级	
特殊设防类（甲类）	V 级	Ⅳ 级	Ⅲ 级	Ⅱ 级	Ⅰ 级		

注：Ⅰ级至Ⅴ级，结构构件延性等级依次降低。

二、钢结构构件的性能化设计

1. 多遇地震下的"小震不坏"抗震性能化设计

（1）进行多遇地震作用验算，结构承载力及侧移应满足《建筑抗震设计规范》（GB 50011—2010）（2016 年版）的规定。其中位于塑性耗能区的构件进行承载力计算时，可考虑将该构件刚度折减形成等效弹性模型。

（2）初步选择塑性耗能区承载性能等级。

2. 设防地震下的"中震可修"抗震性能化设计

按抗震性能化要求进行设防地震下的承载力抗震验算，方法如下。

（1）建立合适的结构计算模型进行结构分析。

（2）设定塑性耗能区的性能系数、选择塑性耗能区截面，使其实际承载性能等级与设定的性能系数尽量接近。

（3）其他构件承载力标准值应进行计入性能系数的内力组合效应验算，当结构构件承载力满足延性等级为Ⅴ级的内力组合效应验算时，可忽略机构控制验算。

（4）必要时可调整截面或重新设定塑性耗能区的性能系数。

3. 罕遇地震下的"大震不倒"抗震性能化设计

（1）确定构件和节点的延性等级并采取相应抗震措施。

（2）当塑性耗能区最低承载性能等级为性能 5、性能 6 或性能 7 时，通过罕遇地震下结构的弹塑性分析或按构件工作状态形成新的结构等效弹性分析模型，进行竖向构件的弹塑性层间位移角验算，应满足现行国家标准《建筑抗震设计规范》（GB 50011—2010）（2016 年版）的弹塑性层间位移角限值；当所有构造要求均满足结构构件延性等级为Ⅰ级的要求时，弹塑性层间位移角限值可增加 25%。

4. 材料的延性保证

为保证钢结构在罕遇地震时不会发生脆性破坏，采用抗震性能化设计钢结构所采用的材料应满足以下要求。

（1）钢材的质量等级应符合下列规定：

① 当工作温度高于 0 ℃时，其质量等级不应低于 B 级；

② 当工作温度不高于 0 ℃但高于 −20 ℃时，Q235、Q345 钢不应低于 B 级，Q390、Q420 及 Q460 钢不应低于 C 级；

③ 当工作温度不高于 −20 ℃时，Q235、Q345 钢不应低于 C 级，Q390、Q420 及 Q460 钢不应低于 D 级。

（2）构件塑性耗能区采用的钢材尚应符合下列规定：

① 钢材的屈服强度实测值与抗拉强度实测值的比值不应大于 0.85；

② 钢材应有明显的屈服台阶，且伸长率不应小于 20％；

③ 钢材应满足屈服强度实测值不高于上一级钢材屈服强度规定值的条件；

④ 钢材工作温度时夏比冲击韧性不宜低于 27 J。

（3）钢结构构件关键性焊缝的填充金属应检验 V 形切口的冲击韧性，其工作温度时夏比冲击韧性不应低于 27 J。

三、钢结构构件的性能系数

1. 钢结构构件的性能系数计算

（1）钢结构构件的性能系数应按下式计算：

$$\Omega_i \geqslant \beta_e \Omega_{i,\min}^a \tag{3-2-1}$$

（2）塑性耗能区的性能系数应符合下列规定。

① 对框架结构、中心支撑结构、框架-支撑结构，规则结构塑性耗能区不同承载性能等级对应的性能系数最小值宜符合表 3-2-4 的规定。

表 3-2-4　规则结构塑性耗能区不同承载性能等级对应的性能系数最小值

承载性能等级	性能 1	性能 2	性能 3	性能 4	性能 5	性能 6	性能 7
性能系数最小值	1.1	0.9	0.7	0.55	0.45	0.35	0.28

② 不规则结构塑性耗能区的构件性能系数最小值，宜比规则结构增加 15％～50％。

（3）本书的重点倾向于概念设计和软件参数设置，其他性能系数相关计算公式和计算方法请参考《建筑抗震设计规范》(GB 50011—2010)(2016 年版)相关条文。

2. 钢结构构件的性能系数设置

钢结构构件的性能系数应符合下列规定：

（1）整个结构中不同部位的构件、同一部位的水平构件和竖向构件，可有不同的性能系数；塑性耗能区及其连接的承载力应符合强节点弱杆件的要求；

（2）对框架结构，同层框架柱的性能系数宜高于框架梁；

（3）对支撑结构和框架-中心支撑结构的支撑系统，同层框架柱的性能系数宜高于框架梁，框架梁的性能系数宜高于支撑；

（4）框架-偏心支撑结构的支撑系统，同层框架柱的性能系数宜高于支撑，支撑的性能系数宜高于框架梁，框架梁的性能系数应高于消能梁段；

（5）关键构件的性能系数不应低于一般构件。

3. 钢结构构件的性能系数与承载力的关系

钢结构构件的承载力应按下列公式验算：

$$S_{E2} = S_{GE} + \Omega_i S_{Ehk2} + 0.4 S_{Evk2} \tag{3-2-2}$$

$$S_{E2} \leqslant R_k \tag{3-2-3}$$

式中：S_{E2}——构件设防地震内力性能组合值，N；

S_{GE}——构件重力荷载代表值（见表 3-2-5）产生的效应，N；

S_{Ehk2}、S_{Evk2}——按弹性或等效弹性计算的构件水平设防地震作用标准值效应、8 度且高度大于 50 m 时按弹性或等效弹性计算的构件竖向设防地震作用标准值效应;

R_k——按屈服强度计算的构件实际截面承载力标准值,N/mm^2。

表 3-2-5　重力荷载代表值的组合值系数

可变荷载种类		组合值系数
雪荷载		0.5
屋面积灰荷载		0.5
屋面活荷载		不计入
按实际情况计算的楼面活荷载		1.0
按等效均布荷载计算的楼面活荷载	藏书库、档案库	0.8
	其他民用建筑	0.5
起重机悬吊物重力	硬钩吊车	0.3
	软钩吊车	不计入

四、内力调整抗震措施

为保证结构破坏前能够发生一定的变形,消耗地震能量,并且不会发生连续倒塌,应对结构构件的内力进行调整,调整的方法如下:

① 重要构件的破坏时机后于次要构件,如"强柱弱梁",将柱构件的承载力增大;

② 节点的破坏时机后于构件,如"强节点弱构件",将节点的承载力增大;

③ 剪切破坏的时机后于弯曲破坏,如"强剪弱弯";

④ 非耗能区破坏的时机后于耗能区。

1. 框架结构"强剪弱弯"性能调整

框架结构中框架梁进行受剪计算时,务必确保梁剪切破坏后于弯曲破坏。

$$剪力 = 梁在重力荷载代表值作用下截面的剪力值 \qquad (3\text{-}2\text{-}4)$$
$$+ \frac{梁左端抗弯承载力 + 梁右端抗弯承载力}{梁净跨}$$

$$抗剪承载力 \geqslant 剪力 \qquad (3\text{-}2\text{-}5)$$

2. 框架-支撑结构"强梁柱弱支撑"性能调整

支撑斜杆应在支撑与梁柱连接节点失效、支撑系统梁柱屈服或屈曲前发生屈服。

(1) 框架-偏心支撑结构中非消能梁段的框架梁,应按压弯构件计算;计算弯矩及轴力效应时,其非塑性耗能区内力调整系数宜按 η 采用。

η 为受压支撑剩余承载力系数,与支撑的最小长细比 λ_{br} 有关,支撑的最小长细比越大,剩余承载力系数越低。

(2) 交叉支撑系统中的框架梁,应按压弯构件计算,轴力应根据支撑实际抗压(拉)承载力调整值推导,并乘以受压支撑剩余承载力系数。

（3）人字形、V 形支撑系统中的框架梁在支撑连接处应保持连续，并按压弯构件计算，轴力应根据支撑实际抗压（拉）承载力调整值推导，并乘以受压支撑剩余承载力系数。

人字支撑连接节点

3."强柱弱梁"性能调整

框架柱应在框架梁破坏之前破坏。

（1）框架梁柱节点附近，框架柱端部应满足以下要求。

节点上下框架柱抗弯承载力之和≥节点左右框架梁抗弯承载力之和×钢材超强系数

（3-2-6）

节点上下框架柱抗弯承载力之和≥节点前后框架梁抗弯承载力之和×钢材超强系数

（3-2-7）

注意，当框架梁与框架柱斜交时，应换算成正交方向的分力参与统计。

（2）符合下列情况之一的框架柱可不按式（3-2-6）和式（3-2-7）的要求验算：

① 单层框架和框架顶层柱；

② 规则框架，本层的受剪承载力比相邻上一层的受剪承载力高出 25％；

③ 不满足"强柱弱梁"要求的柱子提供的受剪承载力之和，不超过总受剪承载力的 20％；

④ 与支撑斜杆相连的框架柱；

⑤ 框架柱轴压比（Np/Ny）不超过 0.4 且柱的截面板件宽厚比等级满足 S3 级要求；

⑥ 柱满足构件延性等级为 V 级时的承载力要求。

4."强节点弱构件"性能调整

（1）与塑性耗能区连接的极限承载力应大于与其连接构件的屈服承载力；

（2）当框架结构的梁柱采用刚性连接时，H 形和箱形截面柱的节点域抗震承载力应符合下列规定。

① 当与梁翼缘平齐的柱横向加劲肋的厚度不小于梁翼缘厚度时，H 形和箱形截面柱的节点域抗震承载力应按"节点域抗弯大于构件实际抗弯"的原则进行调整。

② 当节点域的计算不满足①的规定时，应按规定采取加厚柱腹板或贴焊补强板的构造措施。补强板的厚度及其焊接应按传递补强板所分担剪力的要求设计。

（3）当同层同一竖向平面内有两个支撑斜杆汇交于一个柱子时，该节点的极限承载力不宜小于左右支撑屈服和屈曲产生的不平衡力的 η_j 倍。

η_j 为连接系数，可按表 3-2-6 取值。

表 3-2-6　连接系数

母材牌号	梁柱连接		支撑连接、构件拼接		柱脚	
	焊接	螺栓连接	焊接	螺栓连接		
Q235	1.4	1.45	1.25	1.3	埋入式	1.2
Q345	1.3	1.35	1.2	1.25	外包式	1.2
Q345GJ	1.25	1.3	1.15	1.2	外露式	1.2

（4）柱脚的承载力验算应符合下列规定。

① 支撑系统的立柱柱脚的极限承载力，不宜小于与其相连斜撑的 1.2 倍屈服拉力产生的剪力和组合拉力。

② 柱脚进行受剪承载力验算时,剪力性能系数不宜小于1.0。

格构柱

③ 对于框架结构或框架承担总水平地震剪力50%以上的双重抗侧力结构中框架部分的框架柱柱脚,采用外露式柱脚时,锚栓宜符合下列规定:

a. 实腹柱刚接柱脚,按锚栓毛截面屈服计算的受弯承载力不宜小于钢柱全截面塑性受弯承载力的50%;

b. 格构柱分离式柱脚,受拉肢的锚栓毛截面受拉承载力标准值不宜小于钢柱分肢受拉承载力标准值的50%;

实腹柱加牛腿

c. 实腹柱铰接柱脚,锚栓毛截面受拉承载力标准值不宜小于钢柱最薄弱截面受拉承载力标准值的50%。

5. 耗能区和非耗能区性能调整

(1)偏心支撑结构中支撑的非塑性耗能区内力调整系数应取$1.1\eta_y$。

(2)框架柱应按压弯构件计算,计算弯矩效应和轴力效应时,其非塑性耗能区内力调整系数不宜小于$1.1\eta_y$。

η_y为钢材超强系数,可取构件塑性耗能区实际性能系数。

(3)支撑斜杆应在支撑与梁柱连接节点失效、支撑系统梁柱屈服或屈曲前发生屈服。

五、抗震性能化设计的抗震构造措施

1. 一般规定

钢结构截面板件宽厚比等级分为5级,可用S1、S2、S3、S4、S5表示,对应表3-2-3中的结构构件延性等级Ⅰ、Ⅱ、Ⅲ、Ⅳ、Ⅴ级。

(1)抗震设防的钢结构节点连接应符合《钢结构焊接规范》(GB 50661—2011)5.7节的规定,结构高度大于50 m或地震烈度高于7度的多高层钢结构截面板件宽厚比等级不宜采用S5级;截面板件宽厚比等级采用S5级的构件,其板件经$\sqrt{\sigma_{max}/f_y}$修正后宜满足S4级截面要求。

(2)构件塑性耗能区应符合下列规定:塑性耗能区板件间的连接应采用完全焊透的对接焊缝;位于塑性耗能区的梁或支撑宜采用整根材料,当热轧型钢超过材料最大长度规格时,可进行等强拼接;位于塑性耗能区的支撑不宜进行现场拼接。

(3)在支撑系统之间,直接与支撑系统构件相连的刚接钢梁,当其在受压斜杆屈曲前屈服时,应按框架结构的框架梁设计,非塑性耗能区内力调整系数可取1.0,截面板件宽厚比等级宜满足受弯构件S1级要求。

2. 框架结构抗震构造措施

(1)结构构件延性等级对应的塑性耗能区(梁端)截面板件宽厚比等级和设防地震性能组合下的最大轴力N_{E2}、计算的剪力V_{pb}应符合表3-2-7的要求。

表3-2-7   结构构件延性等级对应的塑性耗能区(梁端)截面板件宽厚比等级和轴力、剪力限值

结构构件延性等级	Ⅴ级	Ⅳ级	Ⅲ级	Ⅱ级	Ⅰ级
截面板件宽厚比最低等级	S5	S4	S3	S2	S1
N_{E2}		$\leqslant 0.15Af$		$\leqslant 0.15Af_y$	
V_{pb}(未设置纵向加劲肋)		$\leqslant 0.5h_w t_w f_v$		$\leqslant 0.5h_w t_w f_{vy}$	

（2）当梁端塑性耗能区为工字形截面时，尚应符合下列要求之一：

① 工字形梁上翼缘有楼板且布置间距不大于 2 倍梁高的加劲肋；

② 工字形梁受弯正则化长细比 $\lambda_{n,b}$ 限值符合表 3-2-8 的要求；

③ 上、下翼缘均设置侧向支承。

表 3-2-8　结构构件工字形梁受弯正则化长细比限值

结构构件延性等级	Ⅰ级、Ⅱ级	Ⅲ级	Ⅳ级	Ⅴ级
上翼缘有楼板	0.25	0.40	0.55	0.80

（3）框架柱长细比宜符合表 3-2-9 的要求。

表 3-2-9　框架柱长细比要求

结构构件延性等级	Ⅴ级	Ⅳ级	Ⅰ级、Ⅱ级、Ⅲ级
$N_p/(Af_y)\leqslant0.15$	180	150	$120\varepsilon_k$
$N_p/(Af_y)>0.15$		$125[1-N_p/(Af_y)]\varepsilon_k$	

3. 支撑结构及框架-支撑结构抗震构造措施

（1）框架-中心支撑结构的框架部分，即不传递支撑内力的梁柱构件，其抗震构造应根据表 3-2-3 确定的延性等级按框架结构采用。

（2）支撑长细比、截面板件宽厚比等级应根据其结构构件延性等级符合表 3-2-10 的要求，其中支撑截面板件宽厚比应按表 3-2-11 对应的构件板件宽厚比等级的限值采用。

交叉支撑连接节点

屈曲约束支撑连接节点（斜撑型）

屈曲约束支撑连接节点（人字撑型）

表 3-2-10　支撑长细比、截面板件宽厚比等级

抗侧力构件	结构构件延性等级			支撑长细比	支撑截面板件宽厚比最低等级	备注
	支撑结构	框架-中心支撑结构	框架-偏心支撑结构			
交叉中心支撑或对称设置的单斜杆支撑	Ⅴ级	Ⅴ级		符合《钢结构设计标准》(GB 50017—2017)7.4.6 条的规定，当内力计算时不计入压杆作用按只受拉斜杆计算时，符合《钢结构设计标准》(GB 50017—2017)7.4.7 条的规定	符合《钢结构设计标准》(GB 50017—2017)7.3.1 条的规定	
	Ⅳ级	Ⅲ级		$65\varepsilon_k<\lambda\leqslant130$	BS3	

续表

抗侧力构件	结构构件延性等级			支撑长细比	支撑截面板件宽厚比最低等级	备注
	支撑结构	框架-中心支撑结构	框架-偏心支撑结构			
交叉中心支撑或对称设置的单斜杆支撑	Ⅲ级	Ⅱ级		$33\varepsilon_k < \lambda \leq 65\varepsilon_k$	BS2	
				$130 < \lambda \leq 180$	BS2	
	Ⅱ级	Ⅰ级		$\lambda \leq 33\varepsilon_k$	BS1	
人字形或V形中心支撑	V级	V级		符合《钢结构设计标准》(GB 50017—2017)7.4.6条的规定	符合《钢结构设计标准》(GB 50017—2017)7.3.1条的规定	
	Ⅳ级	Ⅲ级		$65\varepsilon_k < \lambda \leq 130$	BS3	与支撑相连的梁截面板件宽厚比等级不低于S3级
	Ⅲ级	Ⅱ级		$33\varepsilon_k < \lambda \leq 65\varepsilon_k$	BS2	与支撑相连的梁截面板件宽厚比等级不低于S2级
	Ⅲ级	Ⅱ级		$130 < \lambda \leq 180$	BS2	框架承担50%以上总水平地震剪力;与支撑相连的梁截面板件宽厚比等级不低于S1级
	Ⅱ级	Ⅰ级		$\lambda \leq 33\varepsilon_k$	BS1	与支撑相连的梁截面板件宽厚比等级不低于S1级
				采用屈曲约束支撑		
偏心支撑			Ⅰ级	$\lambda \leq 120\varepsilon_k$	符合《钢结构设计标准》(GB 50017—2017)7.3.1条的规定	消能梁段截面板件宽厚比要求应符合现行国家标准《建筑抗震设计规范》(GB 50011—2010)(2016年版)的有关规定

表 3-2-11　支撑截面板件宽厚比等级及限值

截面板件宽厚比等级		BS1 级	BS2 级	BS3 级
H 形截面	翼缘 b/t	$8\varepsilon_k$	$9\varepsilon_k$	$10\varepsilon_k$
	腹板 h_0/t_w	$30\varepsilon_k$	$35\varepsilon_k$	$42\varepsilon_k$
箱形截面	壁板间翼缘 b_0/t	$25\varepsilon_k$	$28\varepsilon_k$	$32\varepsilon_k$

续表

截面板件宽厚比等级		BS1 级	BS2 级	BS3 级
角钢	角钢肢宽厚比 w/t	$8\varepsilon_k$	$9\varepsilon_k$	$10\varepsilon_k$
圆钢管截面	径厚比 D/t	$40\varepsilon_k^2$	$56\varepsilon_k^2$	$72\varepsilon_k^2$

（3）中心支撑结构应符合下列规定：

① 支撑宜成对设置，各层同一水平地震作用方向的不同倾斜方向杆件截面水平投影面积之差不宜大于 10%；

② 交叉支撑结构、成对布置的单斜杆支撑结构的支撑系统，当支撑斜杆的长细比大于 130，内力计算时可不计入压杆作用仅按受拉斜杆计算，当结构层数超过两层时，长细比不应大于 180。

H 型钢斜支撑
连接节点

任务 3.3　轴心受力构件

钢结构构件按受力特征可分为轴心受力构件、受弯构件、偏心受力构件等。轴心受力构件分轴心受拉及受压两类构件，作为一种受力构件，就应满足承载能力与正常使用两种极限状态的要求。

正常使用极限状态的要求用构件的长细比来控制；承载能力极限状态包括强度、整体稳定、局部稳定三方面的要求。稳定问题是钢构件的重点问题，所有钢构件都涉及，是钢构件设计的重点与难点。

一、截面形式

轴心受力构件根据截面形式可分为实腹式和格构式两种。

实腹式构件的截面是一个连续的平面，可以是单一的型钢截面［见图 3-3-1（a）］，也可以是钢板、型钢拼接而成的整体连续截面［见图 3-3-1（b）］。为避免弯扭失稳，实腹式构件常采用双轴对称截面。

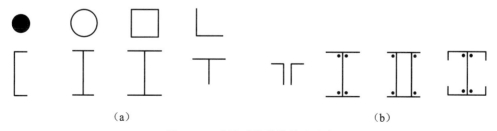

（a）　　　　　　　　　　　　　　　（b）

图 3-3-1　实腹式构件的截面形式

格构式构件是由几个独立的肢件用缀材连成整体的一种构件。肢件通常为槽钢、工字钢或 H 型钢，用缀材把它们连成整体，以保证各肢件能共同工作。缀材分缀条和缀板两种。因此,格构式构件也分为缀条式和缀板式两种。缀条一般用单角钢组成,缀板则采用钢板组成。

二、轴心受力构件的强度验算

轴心受力构件是以截面的平均应力达到钢材的屈服强度作为计算准则的。对于无孔洞等削弱的轴心受力构件,以全截面平均应力达到屈服强度为强度极限状态,应按下式进行毛截面强度计算:

$$\sigma = N/A \leqslant f \tag{3-3-1}$$

式中:N——构件的轴心力设计值,N;

$\quad A$——构件的毛截面面积,mm^2;

$\quad f$——钢材的抗拉或抗压强度设计值,N/mm^2。

对有孔洞等削弱的轴心受力构件,在孔洞处截面上的应力分布是不均匀的,靠近孔边处将产生应力集中现象。因此对于有孔洞削弱的轴心受力构件,以其净截面的平均应力达到屈服强度为强度极限状态,应按下式进行净截面强度计算:

$$\sigma = N/A_n \leqslant 0.7f_u \tag{3-3-2}$$

式中:A_n——构件的净截面面积,当构件多个截面有孔时,取最不利的截面,mm^2;

$\quad f_u$——钢材的抗拉强度最小值,N/mm^2。

三、轴心受力构件的计算长度

1. 桁架弦杆和单系腹杆的计算长度

确定桁架弦杆和单系腹杆的长细比时,其计算长度 l_0 应按表 3-3-1 的规定采用;采用相贯焊接连接的钢管桁架,其构件计算长度 l_0 可按表 3-3-2 的规定取值;除钢管结构外,无节点板的腹杆计算长度在任意平面内均应取其等于几何长度。桁架再分式腹杆体系的受压主斜杆及 K 形腹杆体系的竖杆等,在桁架平面内的计算长度则取节点中心间距离。

表 3-3-1　桁架弦杆和单系腹杆的计算长度

弯曲方向	弦杆	腹杆	
		支座斜杆和支座竖杆	其他腹杆
桁架平面内	l	l	$0.8l$
桁架平面外	l_1	l	l
斜平面		l	$0.9l$

注:1.l 为构件的几何长度(节点中心间距离),l_1 为桁架弦杆侧向支承点之间的距离;

2.斜平面系指与桁架平面斜交的平面,适用于构件截面两主轴均不在桁架平面内的单角钢腹杆和双角钢十字形截面腹杆。

表 3-3-2　钢管桁架构件计算长度

桁架类别	弯曲方向	弦杆	腹杆	
			支座斜杆和支座竖杆	其他腹杆
平面桁架	平面内	$0.9l$	l	$0.8l$
	平面外	l_1	l	l

续表

桁架类别	弯曲方向	弦杆	腹杆	
			支座斜杆和支座竖杆	其他腹杆
立体桁架		$0.9l$	l	$0.8l$

注：1.l_1 为平面外无支撑长度，l 为杆件的节间长度；

2.对端部缩头或压扁的圆管腹杆，其计算长度取 l；

3.对于立体桁架，弦杆平面外的计算长度取 $0.9l$，同时尚应以 $0.9l_0$ 按格构式压杆验算其稳定性。

2. 在交叉点相互连接的桁架交叉腹杆的计算长度

确定在交叉点相互连接的桁架交叉腹杆的长细比时，在桁架平面内的计算长度应取节点中心到交叉点的距离；在桁架平面外的计算长度，当两交叉杆长度相等且在中点相交时，应按下列规定采用。

（1）交叉腹杆作为压杆。

① 相交另一杆受压，两杆截面相同并在交叉点均不中断，则

$$l_0 = l\sqrt{\frac{1}{2}\left(1+\frac{N_0}{N}\right)} \tag{3-3-3}$$

② 相交另一杆受压，此另一杆在交叉点中断但以节点板搭接，则

$$l_0 = l\sqrt{1+\frac{\pi^2}{12}\cdot\frac{N_0}{N}} \tag{3-3-4}$$

③ 相交另一杆受拉，两杆截面相同并在交叉点均不中断，则

$$l_0 = l\sqrt{\frac{1}{2}\left(1-\frac{3}{4}\cdot\frac{N_0}{N}\right)} \geqslant 0.5l \tag{3-3-5}$$

④ 相交另一杆受拉，此拉杆在交叉点中断但以节点板搭接，则

$$l_0 = l\sqrt{1-\frac{3}{4}\cdot\frac{N_0}{N}} \geqslant 0.5l \tag{3-3-6}$$

式中：l——桁架节点中心间距离（交叉点不作为节点考虑），mm；

N,N_0——所计算杆的内力及相交另一杆的内力，均为绝对值，两杆均受压时，取 $N_0 \leqslant N$，两杆截面应相同，N。

⑤ 当拉杆连续而压杆在交叉点中断但以节点板搭接，若 $N_0 \geqslant N$ 或拉杆在桁架平面外的弯曲刚度 $EI_y \geqslant \dfrac{3N_0 l^2}{4\pi^2}\left(\dfrac{N}{N_0}-1\right)$ 时，取 $l_0 = 0.5l$。

（2）交叉腹杆作为拉杆。

交叉腹杆作为拉杆，应取 $l_0 = l$。当确定交叉腹杆中单角钢杆件斜平面内的长细比时，计算长度应取节点中心至交叉点的距离。当交叉腹杆为单边连接的单角钢时，应按单边连接的单角钢确定杆件等效长细比。

3. 单边连接的单角钢

桁架的单角钢腹杆，当以一个肢连接于节点板时（见图 3-3-2），除弦杆亦为单角钢，并位于节点板同侧者外，应符合下列规定。

（1）轴心受力构件的截面强度应按式（3-3-1）和式（3-3-2）计算，但强度设计值应乘以折减系数 0.85。

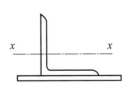

图 3-3-2 角钢的平行轴

（2）受压构件的稳定性应按下列公式计算。

等边角钢的计算公式为

$$\eta = 0.6 + 0.001\ 5\lambda \tag{3-3-7}$$

短边相连的不等边角钢的计算公式为

$$\eta = 0.5 + 0.002\ 5\lambda \tag{3-3-8}$$

长边相连的不等边角钢的计算公式为

$$\eta = 0.7 \tag{3-3-9}$$

式中：λ——长细比，对中间无联系的单角钢压杆，应按最小回转半径计算，当 $\lambda < 20$ 时，取 $\lambda = 20$；

η——折减系数，当计算值大于 1.0 时取为 1.0。

（3）当受压斜杆用节点板和桁架弦杆连接时，节点板厚度不宜小于斜杆肢宽的 1/8。

四、轴心受压构件刚度验算

为保证构件在制作、运输、安装的过程中不产生过大的变形，规范要求构件的长细比不得大于容许长细比。

1. 长细比

当构件刚度不足时，容易在制造、运输和吊装过程中产生弯曲或过大的变形；在使用期间因其自重而明显下挠；在动力荷载作用下会发生较大振动；可能使构件的极限承载力显著降低；初弯曲和自重产生的挠度也将给构件的整体稳定带来不利影响。因此轴心受力构件应该具有必要的刚度。轴心受力构件的刚度以其长细比来衡量，轴心受力构件对主轴 x 轴、y 轴的长细比 λ_x、λ_y 应满足下式要求：

$$\lambda_x = \frac{l_{0x}}{i_x} \leqslant [\lambda] \quad \lambda_y = \frac{l_{0y}}{i_y} \leqslant [\lambda] \tag{3-3-10}$$

式中：l_{0x}、l_{0y}——构件对主轴 x 轴、y 轴的计算长度；

i_x、i_y——截面对主轴 x 轴、y 轴的回转半径；

$[\lambda]$——构件的容许长细比。

计算绕非对称主轴的弯曲屈曲时，长细比应采用换算长细比 λ_{xy}；截面无对称轴且剪心和形心不重合的构件，长细比应采用换算长细比 λ_{xyz}。换算长细比的计算可参考《钢结构设计标准》（GB 50017—2017）。

2. 容许长细比

验算容许长细比时，可不考虑扭转效应，计算单角钢受压构件的长细比时，应采用角钢的最小回转半径，但计算在交叉点相互连接的交叉杆件平面外的长细比时，可采用与角钢肢边平行轴的回转半径。轴心受压构件的容许长细比宜符合下列规定：

① 跨度等于或大于 60 m 的桁架，其受压弦杆、端压杆和直接承受动力荷载的受压腹杆的长细比不宜大于 120；

② 轴心受压构件的长细比不宜超过表 3-3-3 规定的容许值，但当杆件内力设计值不大于承载能力的 50% 时，容许长细比可取 200。

表 3-3-3 受压构件的容许长细比限值

构件名称	容许长细比
轴心受压柱、桁架和天窗架中的压杆	150
柱的缀条、吊车梁或吊车桁架以下的柱间支撑	150
支撑	200
用以减小受压构件计算长度的杆件	200

五、轴心受压构件的整体稳定

1. 整体稳定性的意义

钢结构及其构件应具有足够的稳定性,包括整体稳定性和局部稳定性。结构或构件若处于不稳定状态,轻微扰动就将使其产生很大的变形而最终丧失承载能力,这种现象称为失去稳定性。

对于轴心受拉构件,在拉力作用下总有拉直绷紧的倾向,其平衡状态总是稳定的,因此不必进行稳定性验算。对轴心受压构件,除构件很短及有孔洞等削弱时可能发生强度破坏外,通常由整体稳定控制其承载力。轴心受压构件丧失整体稳定常常是突发性的,容易造成严重后果,应予以特别重视。

震惊中外的魁北克大桥垮塌事件,就是忽视长细比和整体稳定性造成的。

2. 轴心受力构件整体失稳的形式

构件在轴心压力作用下发生整体失稳,可能有三种屈曲变形形式。

(1)弯曲屈曲:构件轴线由直线变为曲线,这时的任一截面均绕一个主轴弯曲,如图 3-3-3(a)所示。

(2)扭转屈曲:构件绕轴线扭转,如图 3-3-3(b)所示。

(3)弯扭屈曲:构件在产生弯曲变形的同时伴有扭转变形,如图 3-3-3(c)所示。

轴心压杆的屈曲形式主要取决于构件截面的形式和尺寸、构件的长度、构件支承约束条件、构件的初始变形等。

轴心受压构件刚度验算中,要求构件的长细比不大于容许长细比,就是为了确保构件的初始变形在容许范围内,构件不至于因为运输和安装造成初始变形而使其整体稳定性的实际情况与计算情况不一致。

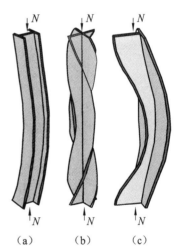

图 3-3-3 轴心受压构件屈曲形式

3. 轴心受力构件整体稳定验算

整体稳定要求是构件在设计荷载作用下,不致发生屈曲而丧失承载力。除可考虑屈服后强度的实腹式构件外,轴心受压构件的整体稳定应满足下式要求:

$$\frac{N}{\varphi A f} \leqslant 1.0 \tag{3-3-11}$$

式中:N——构件的轴心力设计值,N;

$\quad A$——构件的毛截面面积,mm^2;

f——钢材的抗拉或抗压强度设计值，N/mm^2，单边连接的单角钢压杆，当肢件宽厚比 $w/t>14\varepsilon_k$ 时，承载力应乘以按式(3-3-12)计算的折减系数 ρ_e；

φ——轴心受压构件的稳定系数(取截面两主轴稳定系数中的较小者)，根据构件的长细比(或换算长细比)，钢材屈服强度，表 3-3-4、表 3-3-5 的截面分类，按《钢结构设计标准》(GB 50017—2017)的附录 D 采用。

$$\rho_e=1.3-\frac{0.3w}{14t\varepsilon_k} \tag{3-3-12}$$

表 3-3-4　轴心受压构件的截面分类(板厚 $t<40$ mm)

截面形式		对 x 轴	对 y 轴
x——x 轧制		a 类	a 类
轧制	$b/h\leqslant 0.8$	a 类	b 类
	$b/h>0.8$	a* 类	b* 类
轧制等边角钢		a* 类	a* 类
焊接、翼缘为焰切边	焊接	b 类	b 类
轧制			
轧制、焊接(板件宽厚比>20)	轧制或焊接		
焊接	轧制截面和翼缘为焰切边的焊接截面		

截面形式		对 x 轴	对 y 轴
格构式	焊接，板件边缘焰切	b 类	b 类
焊接、翼缘为轧制或剪切边		b 类	c 类
焊接、板件边缘轧制或剪切	轧制、焊接(板件宽厚比≤20)	c 类	c 类

注:1.a* 类含义为 Q235 钢取 b 类,Q345、Q390、Q420 和 Q460 钢取 a 类;b* 类含义为 Q235 钢取 c 类,Q345、Q390、Q420 和 Q460 钢取 b 类。

2.无对称轴且剪心和形心不重合的截面,其截面分类可按有对称轴的类似截面确定,如不等边角钢采用等边角钢的类别;当无类似截面时,可取 c 类。

表 3-3-5　轴心受压构件的截面分类(板厚 $t \geqslant 40$ mm)

截面形式		对 x 轴	对 y 轴
轧制工字形或H形截面	$t < 80$ mm	b 类	c 类
	$t \geqslant 80$ mm	c 类	d 类
焊接工字形截面	翼缘为焰切边	b 类	b 类
	翼缘为轧制或剪切边	c 类	d 类
焊接箱形截面	板件宽厚比>20	b 类	b 类
	板件宽厚比≤20	c 类	c 类

六、轴心受压构件的局部稳定

1. 轴心受压构件局部失稳概念

实腹式组合截面,如工字形、箱形和槽形等都由一些板件组成。如果板的平面尺寸很

图 3-3-4　轴心受压构件局部失稳

大且厚度较薄,就可能在构件丧失整体稳定或强度未破坏之前,出现波状鼓曲或挠曲,如图 3-3-4 所示。因为板件失稳发生在整体构件的局部部位,所以称为轴心受压构件丧失局部稳定或局部屈曲。

截面的某个板件屈曲退出工作后,将使截面的有效承载部分减少,有时还使截面变得不对称,会降低构件的承载能力。

2. 实腹式轴心受压构件局部稳定的保证方法

影响板件局部稳定性的主要因素是板件的宽厚比(高厚比)。宽厚比是指翼缘净宽度与翼缘厚度之比,高厚比是指腹板净高度与腹板厚度之比。《钢结构设计标准》(GB 50017—2017)规定板件的局部稳定以限制板件的宽厚比来加以控制。

(1)工字形截面的宽厚比和高厚比如表 3-3-6 所示。

表 3-3-6　工字形截面的宽厚比和高厚比

项目	公式	图示
翼缘宽厚比	$\dfrac{b_1}{t}\leqslant\left[\dfrac{b_1}{t}\right]=(10+0.1\lambda)\sqrt{\dfrac{235}{f_y}}$	
腹板高厚比	$\dfrac{h_0}{t_w}\leqslant\left[\dfrac{h_0}{t_w}\right]=(25+0.5\lambda)\sqrt{\dfrac{235}{f_y}}$	

注:1. λ 为构件的较大长细比;当 $\lambda<30$ 时,取 30;当 $\lambda>100$ 时,取 100。

2. b_1、t 分别为翼缘板自由外伸宽度和厚度。

3. h_0、t_w 分别为腹板计算高度和厚度,对于轧制截面不含圆弧尺寸。

(2)箱形截面的宽厚比和高厚比如表 3-3-7 所示。

表 3-3-7　箱形截面的宽厚比和高厚比

项目	公式	图示
翼缘板外伸边宽厚比	$\dfrac{b_1}{t}\leqslant\left[\dfrac{b_1}{t}\right]=15\sqrt{\dfrac{235}{f_y}}$	
翼缘板中部宽厚比	$\dfrac{b_0}{t}\leqslant\left[\dfrac{b_0}{t}\right]=40\sqrt{\dfrac{235}{f_y}}$	
腹板高厚比	$\dfrac{h_0}{t_w}\leqslant\left[\dfrac{h_0}{t_w}\right]=40\sqrt{\dfrac{235}{f_y}}$	

注:1. b_0 为翼缘壁板的净宽度,当箱形截面设有纵向加劲肋时,为壁板与加劲肋之间的净宽度。

2. h_0 为腹板壁板的净高度,当箱形截面设有纵向加劲肋时,为壁板与加劲肋之间的净宽度。

（3）T 形截面的宽厚比和高厚比如表 3-3-8 所示。

表 3-3-8 T 形截面的宽厚比和高厚比

项目	公式	图示
翼缘板外伸边宽厚比	$\dfrac{b_1}{t} \leqslant \left[\dfrac{b_1}{t}\right] = (10+0.1\lambda)\sqrt{\dfrac{235}{f_y}}$	
腹板（热轧 T 型钢）高厚比	$\dfrac{h_0}{t_w} \leqslant \left[\dfrac{h_0}{t_w}\right] = (15+0.2\lambda)\sqrt{\dfrac{235}{f_y}}$	
腹板（焊接 T 型钢）高厚比	$\dfrac{h_0}{t_w} \leqslant \left[\dfrac{h_0}{t_w}\right] = (13+0.17\lambda)\sqrt{\dfrac{235}{f_y}}$	

注：1.对焊接构件，h_0 取腹板高度 h_w。

2.对热轧构件，h_0 取腹板平直段长度，简要计算时，可取 $h_0 = h_w - t_f$，但不小于 $h_w - 20$ mm。

（4）等边角钢的宽厚比和高厚比如表 3-3-9 所示。

表 3-3-9 等边角钢的宽厚比和高厚比

项目	公式	图式
$\lambda \leqslant 80\varepsilon_k$ 时的宽厚比	$\dfrac{b_1}{t} \leqslant \left[\dfrac{b_1}{t}\right] = (10+0.1\lambda)\sqrt{\dfrac{235}{f_y}}$	
$\lambda > 80\varepsilon_k$ 时的高厚比	$\dfrac{h_0}{t_w} \leqslant \left[\dfrac{h_0}{t_w}\right] = (15+0.2\lambda)\sqrt{\dfrac{235}{f_y}}$	

注：1.w、t 分别为角钢的平板宽度和厚度，简要计算时 w 可取 $b-2t$，b 为角钢宽度。

2.λ 为按角钢绕非对称主轴回转半径计算的长细比。

（5）圆管压杆的外径与壁厚之比不应超过 $100\varepsilon_k^2$。

（6）当轴心受压构件的压力小于稳定承载力 $\varphi A f$ 时，可将其板件宽厚比限值由上述规定的相关公式算得后乘以放大系数 $a(\sqrt{\varphi A f / N})$ 确定。

（7）板件宽厚比超过上述规定的限值时，可采用纵向加劲肋加强。

任务 3.4 受弯构件

受弯构件主要是指承受横向荷载而受弯的构件，钢梁、楼面板、屋面板均属于常见的受弯构件。受弯构件同时承受剪力的作用，故也称为剪弯构件。本书主要介绍实腹式钢梁的设计。

按支承情况，钢梁可以分为简支梁、悬臂梁和连续梁，但悬臂梁和连续梁应用较少。按截面形式，钢梁可以分为型钢梁和组合梁两大类。型钢梁又可分为热轧型钢梁和冷弯薄壁型钢梁两种。型钢梁制造简单方便，成本低，应用较多。根据受力情况，钢梁可以分为单向受弯梁和双向受弯梁。

梁的类型和应用　　　　　梁的拼接与连接　　　　　组合梁的工地拼接

一、受弯构件的强度

梁的强度计算包括抗弯强度计算、抗剪强度计算,有时尚需进行局部承压强度和折算应力计算。

1. 抗弯强度

(1) 在主平面内受弯的实腹式构件,其受弯强度应按下式计算:

$$\frac{M_x}{\gamma_x W_{nx}} + \frac{M_y}{\gamma_y W_{ny}} \leqslant f \tag{3-4-1}$$

式中:M_x、M_y——同一截面处绕 x 轴和 y 轴的弯矩设计值,N·mm;

　　　W_{nx}、W_{ny}——对 x 轴和 y 轴的净截面模量;

　　　γ_x、γ_y——对主轴 x、y 的截面塑性发展系数,应按《钢结构设计标准》(GB 50017—2017)6.1.2 条的规定取值;

　　　f——钢材的抗弯强度设计值,N/mm²。

(2) 截面塑性发展系数应按下列规定取值。

对工字形和箱形截面,当截面板件宽厚比等级为 S4 或 S5 级时,截面塑性发展系数应取1.0,当截面板件宽厚比等级为 S1 级、S2 级及 S3 级时,截面塑性发展系数应按下列规定取值。

① 工字形截面(x 轴为强轴,y 轴为弱轴):$\gamma_x = 1.05$,$\gamma_y = 1.20$。

② 箱形截面:$\gamma_x = \gamma_y = 1.05$。

其他截面的塑性发展系数可按表 3-4-1 采用。

(3) 对需要计算疲劳的梁,宜取 $\gamma_x = \gamma_y = 1.0$。

表 3-4-1　截面塑性发展系数 γ_x、γ_y

项次	截面形式	γ_x	γ_y
1			1.2
2		1.05	1.05

续表

项次	截面形式	γ_x	γ_y
3	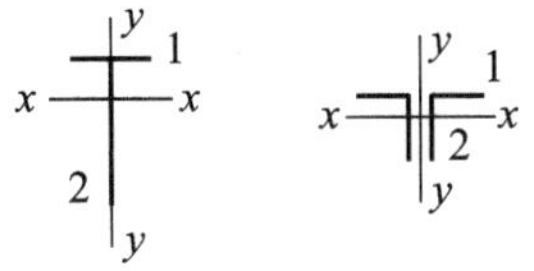	$\gamma_{x1}=1.05$、$\gamma_{x2}=1.2$	1.05
4	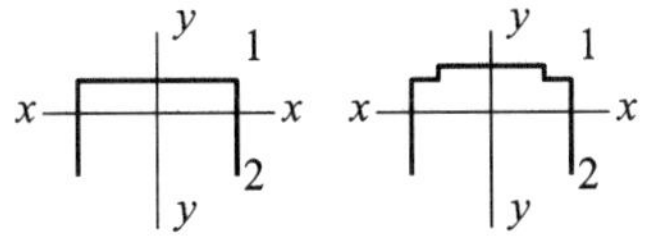		1.2
5	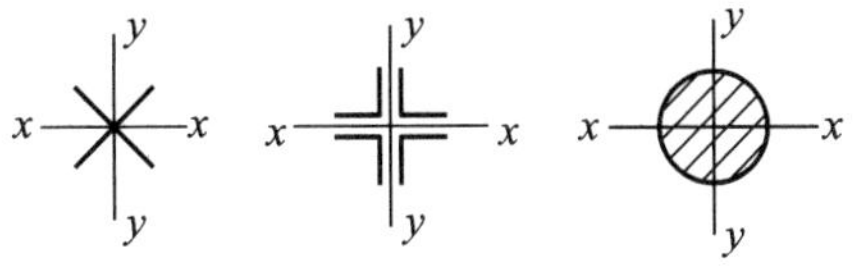	1.2	1.2
6	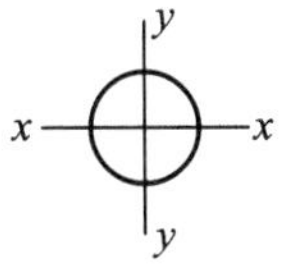	1.15	1.15
7	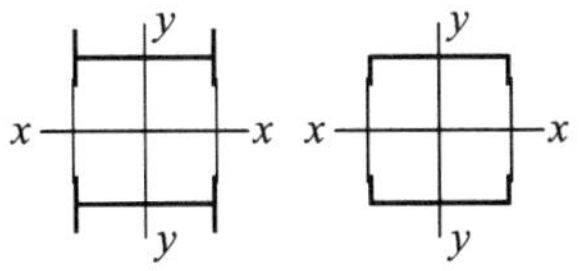	1.0	1.05
8	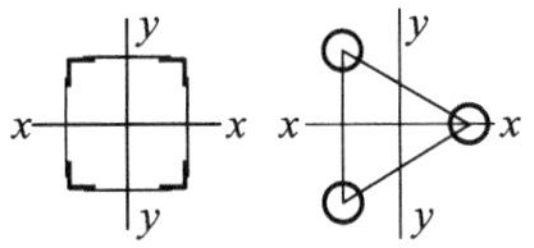		1.0

2. 抗剪强度

在主平面内受弯的实腹式构件,除考虑腹板屈曲后强度者外,其受剪强度应按下式计算:

$$\tau = \frac{VS}{I t_w} \leqslant f_v \tag{3-4-2}$$

式中:V——计算截面沿腹板平面作用的剪力设计值,N;

S——计算剪应力处以上(或以下)毛截面对中和轴的面积矩,mm^3;

I——构件的毛截面惯性矩,mm^4;

t_w——构件的腹板厚度,mm;

f_v——钢材的抗剪强度设计值,N/mm^2。

3. 局部承压强度计算

当梁上翼缘受有沿腹板平面作用的集中荷载且该荷载处又未设置支承加劲肋时,腹板计算高度上边缘的局部承压强度应按下列公式计算:

$$\sigma_c = \frac{\psi F}{t_w l_z} \leqslant f \tag{3-4-3}$$

$$l_z = 3.25 \sqrt[3]{\frac{I_R + I_f}{t_w}} \qquad\qquad (3\text{-}4\text{-}4)$$

或

$$l_z = a + 5h_y + 2h_R \qquad\qquad (3\text{-}4\text{-}5)$$

式中：F——集中荷载设计值，对动力荷载应考虑动力系数，N；

　　　　ψ——集中荷载的增大系数，对重级工作制吊车梁，$\psi = 1.35$，对其他梁，$\psi = 1.0$；

　　　　l_z——集中荷载在腹板计算高度上边缘的假定分布长度，宜按式（3-4-4）计算，也可采用简化的式（3-4-5）计算，mm；

　　　　I_R——轨道绕自身形心轴的惯性矩，mm^4；

　　　　I_f——梁上翼缘绕翼缘中面的惯性矩，mm^4；

　　　　a——集中荷载沿梁跨度方向的支承长度，mm，对钢轨上的轮压可取 50 mm；

　　　　h_y——梁顶面至腹板计算高度上边缘的距离，对焊接梁为上翼缘厚度，对轧制工字形截面梁是梁顶面到腹板过渡完成点的距离，mm；

　　　　h_R——轨道的高度，对梁顶无轨道的梁取值为 0，mm；

　　　　f——钢材的抗压强度设计值，N/mm^2。

在梁的支座处，当不设置支承加劲肋时，也应按式（3-4-3）计算腹板计算高度下边缘的局部压应力，但 ψ 取 1.0。支座集中反力的假定分布长度，应根据支座具体尺寸按式（3-4-5）计算。

4. 折算应力

在梁的腹板计算高度边缘处，若同时承受较大的正应力、剪应力和局部压应力，或同时承受较大的正应力和剪应力时，其折算应力应按下列公式计算：

$$\sqrt{\sigma^2 + \sigma_c^2 - \sigma\sigma_c + 3\tau^2} \leqslant \beta_1 f \qquad\qquad (3\text{-}4\text{-}6)$$

$$\sigma = \frac{M}{I_n} y_1 \qquad\qquad (3\text{-}4\text{-}7)$$

式中：σ、τ、σ_c——腹板计算高度边缘同一点上同时产生的正应力、剪应力和局部压应力，τ 和 σ_c 应按式（3-4-2）和式（3-4-3）计算，σ 应按式（3-4-7）计算，σ 和 σ_c 以拉应力为正值，以压应力为负值，N/mm^2；

　　　　I_n——梁净截面惯性矩，mm^4；

　　　　y_1——所计算点至梁中和轴的距离，mm；

　　　　β_1——强度增大系数；当 σ 与 σ_c 异号时取 $\beta_1 = 1.2$，当 σ 与 σ_c 同号或 $\sigma_c = 0$ 时取 $\beta_1 = 1.1$。

二、受弯构件的整体稳定

为了提高抗弯强度、节省钢材，钢梁截面一般做成高且窄的形式，致使梁的侧向刚度较受荷方向的刚度小得多。如图 3-4-1 所示，工字形截面梁的垂直荷载作用在梁的最大刚度平面内。但是，荷载不可能准确地作用在梁的垂直平面内，同时不可避免地存在各种偶然因素引起的横向作用，因此梁不但沿 y 轴产生垂直变形，还会产生侧向弯曲和扭转变形。当荷载增加到某一数值时，梁在达到强度极限承载力之前突然发生侧向弯曲（绕弱轴的弯曲）和扭转，并丧失继续承载的能力，这种现象称为梁的弯曲扭转屈曲（弯扭屈曲）或梁丧失整体稳定。梁丧失整体稳定是突然发生的，事先没有明显预兆，因此比强度破坏更危险，设计、施工中要特别注意。

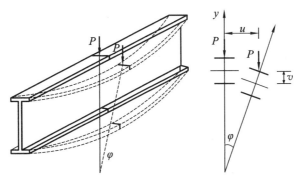

图 3-4-1　梁丧失整体稳定

1. 不计算梁整体稳定的情况

符合下列情况之一时,可不计算梁的整体稳定。

(1) 当铺板密铺在梁的受压翼缘上并与其牢固相连,能阻止梁受压翼缘的侧向位移时。

(2) 当箱形截面简支梁符合以上标准或截面尺寸(见图 3-4-2)满足 $h/b_0 \leqslant 6$, $l_1/b_0 \leqslant 95\varepsilon_k^2$ 时,可不计算整体稳定性。

l_1 为受压翼缘侧向支承点间的距离(梁的支座处视为有侧向支承)。

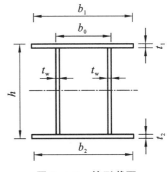

图 3-4-2　箱形截面

2. 需要计算梁整体稳定的情况

当不符合第 1 条的情况时,在最大刚度主平面内受弯的构件,其整体稳定性应按下式计算:

$$\frac{M_x}{\varphi_b W_x f} \leqslant 1.0 \tag{3-4-8}$$

式中:M_x——绕强轴作用的最大弯矩设计值,N·mm;

$\qquad$ W_x——按受压最大纤维确定的梁毛截面模量,当截面板件宽厚比等级为 S1 级、S2 级、S3 级或 S4 级时应取全截面模量,当截面板件宽厚比等级为 S5 级时应取有效截面模量,均匀受压翼缘有效外伸宽度可取 $15\varepsilon_k$,腹板有效截面可按《钢结构设计标准》(GB 50017—2017)8.4.2 条的规定采用,mm³;

$\qquad$ φ_b——梁的整体稳定性系数,应按《钢结构设计标准》(GB 50017—2017)的附录 C 计算。

3. 梁的整体稳定性系数

以等截面焊接工字形和轧制 H 型钢简支梁的整体稳定系数为例,其计算公式为

$$\varphi_b = \beta_b \frac{4320}{\lambda_y^2} \cdot \frac{Ah}{W_x} \left[\sqrt{1 + \left(\frac{\lambda_y t_1}{4.4h}\right)^2} + \eta_b \right] \varepsilon_k \tag{3-4-9}$$

$$\lambda_y = \frac{l_1}{i_y} \tag{3-4-10}$$

式中:β_b——梁整体稳定的等效弯矩系数,应按《钢结构设计标准》(GB 50017—2017)表 C.0.1 采用;

$\qquad$ λ_y——梁在侧向支承点间对截面弱轴 y—y 的长细比;

$\qquad$ A——梁的毛截面面积,mm²;

$\qquad$ h、t_1——梁截面的全高和受压翼缘厚度,等截面铆接(或高强度螺栓连接)简支梁,其受压翼缘厚度 t_1 包括翼缘角钢厚度,mm;

l_1——梁受压翼缘侧向支承点之间的距离,mm;

i_y——梁毛截面对 y 轴的回转半径,mm。

从式(3-4-9)和式(3-4-10)可以看出以下内容。

(1)梁截面抵抗矩越大,稳定系数越小,稳定性越差;梁截面高度和面积越大,稳定系数越大,稳定性越好,即梁有效截面离中性轴越远,稳定系数越大,稳定性越好,H 形截面优于矩形截面。

(2)梁长细比越大,稳定系数越小,稳定性越差;梁计算长度越大,稳定系数越小,稳定性越差。

(3)梁受压翼缘厚度越大,稳定系数越大,稳定性越好。

(4)梁整体稳定的等效弯矩系数 β_b 越大,稳定系数越大,稳定性越好。

(5)从《钢结构设计标准》(GB 50017—2017)表 C.0.1 可以看出:荷载作用于上翼缘,稳定系数较小,稳定性较差;集中荷载作用于下翼缘,稳定系数较大,稳定性较好。

4. 双向弯曲梁的整体稳定性系数

在两个主平面受弯的 H 型钢截面或工字形截面构件,其整体稳定性应按下式计算:

$$\frac{M_x}{\varphi_b W_x f} + \frac{M_y}{\gamma_y W_y f} \leqslant 1.0 \tag{3-4-11}$$

式中:W_y——按受压最大纤维确定的对 y 轴的毛截面模量,mm³;

φ_b——绕强轴弯曲所确定的梁整体稳定系数。

三、受弯构件的局部稳定

1. 截面板件宽厚比等级及限值

进行受弯和压弯构件计算时,截面板件宽厚比等级及限值应符合表 3-4-2 的规定,其中参数 α_0 应按下式计算:

$$\alpha_0 = \frac{\sigma_{max} - \sigma_{min}}{\sigma_{max}} \tag{3-4-12}$$

式中:σ_{max}——腹板计算边缘的最大压应力,N/mm²;

σ_{min}——腹板计算高度另一边缘相应的应力,N/mm²,压应力取正值,拉应力取负值。

表 3-4-2　压弯和受弯构件的截面板件宽厚比等级及限值

构件	截面板件宽厚比等级		S1 级	S2 级	S3 级	S4 级	S5 级
压弯构件（框架柱）	H 形截面	翼缘 b/t	$9\varepsilon_k$	$11\varepsilon_k$	$13\varepsilon_k$	$15\varepsilon_k$	20
		腹板 h_0/t_w	$(33+13\alpha_0^{1.3})\varepsilon_k$	$(38+13\alpha_0^{1.39})\varepsilon_k$	$(40+18\alpha_0^{1.5})\varepsilon_k$	$(45+25\alpha_0^{1.66})\varepsilon_k$	250
	箱形截面	壁板（腹板）间翼缘 b_0/t	$30\varepsilon_k$	$35\varepsilon_k$	$40\varepsilon_k$	$45\varepsilon_k$	
	圆钢管截面	径厚比 D/t	$50\varepsilon_k^2$	$70\varepsilon_k^2$	$90\varepsilon_k^2$	$100\varepsilon_k^2$	

续表

构件	截面板件宽厚比等级		S1 级	S2 级	S3 级	S4 级	S5 级
受弯构件（梁）	工字形截面	翼缘 b/t	$9\varepsilon_k$	$11\varepsilon_k$	$13\varepsilon_k$	$15\varepsilon_k$	20
		腹板 h_0/t_w	$65\varepsilon_k$	$72\varepsilon_k$	$93\varepsilon_k$	$124\varepsilon_k$	250
	箱形截面	壁板（腹板）间翼缘 b_0/t	$25\varepsilon_k$	$32\varepsilon_k$	$37\varepsilon_k$	$42\varepsilon_k$	

注：1.ε_k 为钢号修正系数，其值为 235 与钢材牌号中屈服点数值的比值的平方根。

2.b 为工字形、H 形截面的翼缘外伸宽度，t、h_0、w 分别是翼缘厚度、腹板净高和腹板厚度，对轧制型截面，腹板净高不包括翼缘腹板过渡处圆弧段；对于箱形截面，b_0、t 分别为壁板间的距离和壁板厚度；D 为圆管截面外径。

3.箱形截面梁及单向受弯的箱形截面柱，其腹板限值可根据 H 形截面腹板采用。

4.腹板的宽厚比可通过设置加劲肋减小。

5.当按国家标准《建筑抗震设计规范》（GB 50011—2010）（2016 年版）9.2.14 条第 2 款的规定设计，且 S5 级截面的板件宽厚比小于 S4 级经 ε_σ 修正的板件宽厚比时，可视作 C 类截面。ε_σ 为应力修正因子，$\varepsilon_\sigma=\sqrt{f_y/\sigma_{\max}}$。

2.焊接截面梁腹板配置加劲肋

（1）当梁翼缘宽厚比、腹板高厚比不满足第 1 项的规定时，应配置加劲肋。焊接截面梁腹板配置加劲肋，应符合表 3-4-3 的规定。

表 3-4-3 腹板配置加劲肋的规定

项次	加劲肋配置规定	
1	$h_0/t_w \leqslant 80\varepsilon_k$ 时	局部压应力较小的梁，可不配置加劲肋
2		有局部压应力的梁，宜按构造配置横向加劲肋
3	$80\varepsilon_k < h_0/t_w \leqslant 170\varepsilon_k$ 时	应配置横向加劲肋
4	$h_0/t_w > 170\varepsilon_k$（受压翼缘扭转受到约束）或 $h_0/t_w > 150\varepsilon_k$（受压翼缘扭转未受到约束）	应配置横向加劲肋；弯曲应力较大区格的受压区设纵向加劲肋；局部压应力很大的梁，宜在受压区配置短加劲肋

注：1.h_0/t_w 不应超过 250。

2.梁的支座处和上翼缘受有较大固定集中荷载处，宜设置支承加劲肋。

表 3-4-3 中，h_0 为腹板的计算高度：对轧制型钢梁，为腹板与上、下翼缘相接处两内弧起点间的距离；对焊接截面梁，为腹板高度；对高强度螺栓连接（或铆接）梁，为上、下翼缘与腹板连接的高强度螺栓（或铆钉）线间最近距离（见图 3-4-3）；对单轴对称梁，当确定是否要配置纵向加劲肋时，h_0 应取腹板受压区高度 h_c 的 2 倍。t_w 为腹板的厚度。σ_c 为局部压应力。

（2）仅配置横向加劲肋的腹板［见图 3-4-3（a）］，其各区格的局部稳定应按下列公式计算：

$$\left(\frac{\sigma}{\sigma_{cr}}\right)^2+\left(\frac{\tau}{\tau_{cr}}\right)^2+\frac{\sigma_c}{\sigma_{c,cr}}\leqslant 1.0 \tag{3-4-13}$$

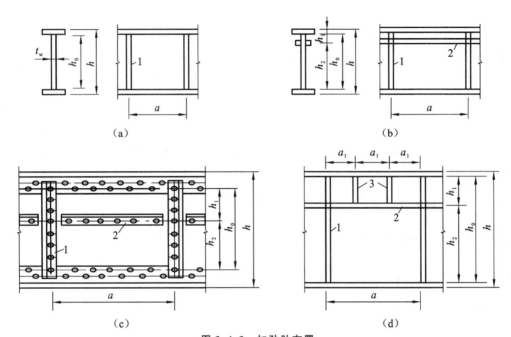

（a）　　　　　　　　　　（b）

（c）　　　　　　　　　　（d）

图 3-4-3　加劲肋布置

1—横向加劲肋；2—纵向加劲肋；3—短加劲肋

$$\sigma = \frac{Mh_0}{I}, \tau = \frac{V}{h_w t_w}, \sigma_c = \frac{F}{t_w l_z} \tag{3-4-14}$$

式中：σ——计算腹板区格内，由平均弯矩产生的腹板计算高度边缘的弯曲压应力，N/mm^2；

τ——所计算腹板区格内，由平均剪力产生的腹板平均剪应力，N/mm^2；

σ_c——腹板计算高度边缘的局部压应力，应按式(3-4-3)计算，但取式中的 $\psi = 1.0$，N/mm^2；

h_w——腹板高度，mm；

σ_{cr}、τ_{cr}、$\sigma_{c,cr}$——各种应力单独作用下的临界应力，N/mm^2，按照《钢结构设计标准》（GB 50017—2017）的 6.3.3 条计算。

（3）同时用横向加劲肋和纵向加劲肋加强的腹板[见图 3-4-3(b)和图 3-4-3(c)]，其局部稳定性应按下列公式计算。

① 受压翼缘与纵向加劲肋之间的区格按下列公式计算：

$$\frac{\sigma}{\sigma_{cr1}} + \left(\frac{\sigma_c}{\sigma_{c,cr1}}\right)^2 + \left(\frac{\tau}{\tau_{cr1}}\right)^2 \leqslant 1.0 \tag{3-4-15}$$

② 受拉翼缘与纵向加劲肋之间的区格按下列公式计算：

$$\left(\frac{\sigma_2}{\sigma_{cr2}}\right)^2 + \left(\frac{\tau}{\tau_{cr2}}\right)^2 + \frac{\sigma_{c2}}{\sigma_{c,cr2}} \leqslant 1.0 \tag{3-4-16}$$

式中：h_1——纵向加劲肋至腹板计算高度受压边缘的距离，mm；

σ_2——所计算区格内由平均弯矩产生的腹板在纵向加劲肋处的弯曲压应力，N/mm^2；

σ_{c2}——腹板在纵向加劲肋处的横向压应力，取 $0.3\sigma_c$，N/mm^2；

σ_{cr1}、τ_{cr1}、$\sigma_{c,cr1}$——各种应力单独作用下的临界应力，N/mm^2，按照《钢结构设计标准》（GB 50017—2017）的 6.3.4 条计算；

σ_{cr2}、τ_{cr2}、$\sigma_{c,cr2}$——各种应力单独作用下的临界应力，N/mm^2，按照《钢结构设计标准》（GB 50017—2017）的 6.3.4 条计算。

模块 4

钢结构连接设计

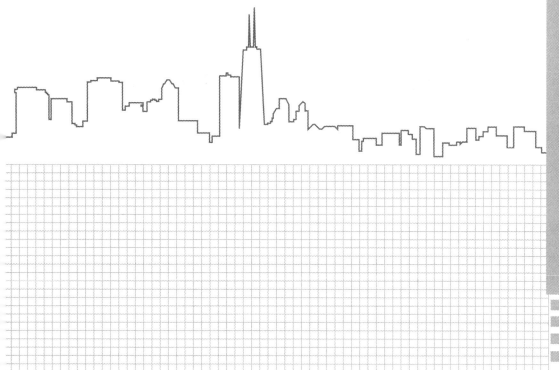

任务 4.1 钢结构连接概述

钢结构是由钢板、型钢通过必要的连接组成构件,再通过一定的安装连接形成的整体结构。连接部位应有足够的强度、刚度及延性。被连接构件间应保持正确的相互位置,以满足传力和使用要求。连接的加工和安装比较复杂、费工,因此选定合适的连接方案和节点构造是钢结构设计的重要环节。连接设计不合理会影响结构的造价、安全和寿命。

一、钢结构的连接方法分类

钢结构的连接方法有焊缝连接、螺栓连接、铆钉连接、销轴连接和钢管法兰连接等,如图 4-1-1 所示。

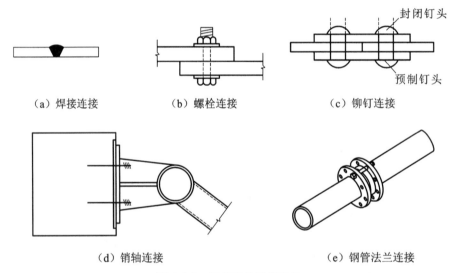

（a）焊接连接   （b）螺栓连接   （c）铆钉连接

（d）销轴连接   （e）钢管法兰连接

图 4-1-1 钢结构的连接方法

焊接的残余应力和残余应变

焊缝连接是目前钢结构最主要的连接方法。其优点是构造简单、加工方便、节约钢材、连接的刚度大、密封性能好、易于采用自动化作业。但焊缝连接会产生残余应力和残余变形,且连接的塑性和韧性较差。

螺栓连接可分为普通螺栓连接和高强度螺栓连接两种。两种连接传递剪力的机理不同。前者靠螺栓杆承压和抗剪来传递剪力,而后者主要靠被连接板件间的强大摩擦阻力来传递剪力。

普通螺栓分为 A、B、C 三级。A 级和 B 级为精制螺栓,须经车床加工精制而成,尺寸准确,表面光滑,要求配用 I 类孔;抗剪性能比 C 级螺栓好,但成本高,安装困难,故较少采用。C 级螺栓为粗制螺栓,加工粗糙,尺寸不很准确,只要求 II 类孔。C 级螺栓传递剪力时,连接的变形大,但传递拉力的性能尚好,且成本低,故多用于承受拉力的安装螺栓连接、次要结构和可拆卸结构的受剪连接及安装时的临时连接。

高强度螺栓连接的优点是施工简便、受力好、耐疲劳、可拆换、工作安全可靠,因此,已广泛用于钢结构连接,尤其适用于承受动力荷载的结构。

铆钉连接是先将铆钉烧到 1000 ℃左右,将钉杆插入直径比钉杆大 1～1.5 mm 的被连接件的钉孔中,然后用风动铆钉枪或油压铆钉机趁热先镦粗杆身,填满钉孔,再将杆端锻打成半球形封闭钉头。

目前钢结构建筑工程中,最常用的是焊接和螺栓连接。

二、焊接连接

1. 焊接方法

钢结构常用的焊接方法是电弧焊,包括手工电弧焊、气体保护焊。

（1）手工电弧焊。

钢结构中常用
的焊接方法

手工电弧焊的原理:通电引弧后,涂有焊药的焊条端和焊件的间隙中产生电弧,使焊条熔化,熔滴滴入被电弧吹成的焊件熔池中,同时焊药燃烧,在熔池周围形成保护气体;稍冷后,焊缝熔化金属的表面形成熔渣,隔绝熔池中的液体金属和空气中的氧、氮等气体的接触,避免形成脆性易裂的化合物。焊缝金属冷却后与焊件熔成一体。

手工焊常用的焊条有碳钢焊条和低合金钢焊条,其牌号为 E43、E50 和 E55 型等。其中 E 表示焊条,两位数字表示焊条熔敷金属抗拉强度的最小值。手工焊采用的焊条应符合国家标准的规定,焊条的选用应与主体金属匹配。一般情况下,对 Q235 钢采用 E43 型焊条,对 Q345 钢采用 E50 型焊条,对 Q390 和 Q420 钢采用 E55 型焊条。

构件组装与焊接

自动埋弧焊焊缝质量稳定,焊缝内部缺陷少,塑性和韧性好,因此其质量比手工电弧焊好。但它只适合焊接较长的直线焊缝。半自动埋弧焊的质量介于自动焊和手工焊之间,因由人工操作,故适合焊接曲线或任意形状的焊缝。

自动焊或半自动焊应采用与焊件金属强度匹配的焊丝和焊剂。焊丝和焊剂应符合相关标准的规定。

焊接结构的特性
和焊缝连接

（2）气体保护焊。

气体保护焊的原理如图 4-1-2 所示。它是利用惰性气体或二氧化碳气体作为保护介质的一种电弧熔焊方法。它直接依靠保护气体在电弧周围形成局部的保护层,以防止有害气体的侵入,从而保持焊接过程的稳定,气体保护焊又称气电焊。

气体保护焊的优点是焊工能够清楚地看到焊缝成型的过程,熔滴过渡平缓,焊缝强度比手工电弧焊高,塑性和抗腐蚀性能好,适用于全位置的焊接,但不适用于在野外或有风的地方施焊。

焊缝的连接形式
及焊缝形式

2. 焊接形式

焊接连接的形式是按被连接件的相互位置划分的,一般分为对接、搭

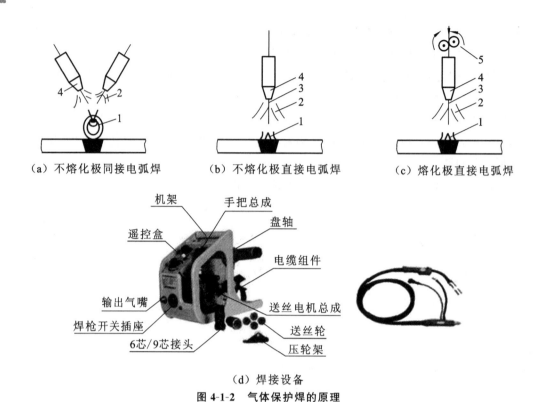

（a）不熔化极同接电弧焊　　　　（b）不熔化极直接电弧焊　　　　（c）熔化极直接电弧焊

（d）焊接设备

图 4-1-2　气体保护焊的原理

1—电弧；2—保护气体；3—电极；4—喷嘴；5—焊丝滚轮

接、T 形连接和角接四种，如图 4-1-3 所示。

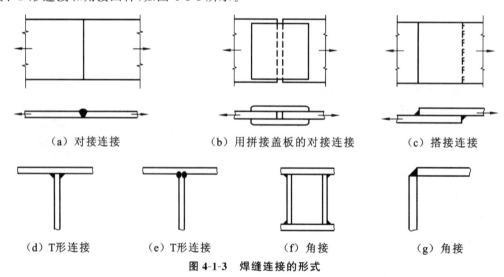

（a）对接连接　　　（b）用拼接盖板的对接连接　　　（c）搭接连接

（d）T 形连接　　　（e）T 形连接　　　（f）角接　　　（g）角接

图 4-1-3　焊缝连接的形式

三、螺栓连接

1. 普通螺栓连接的构造

钢结构采用的普通螺栓形式为六角头型，其代号用字母 M 和公称直径的毫米数表示。

受力螺栓一般采用 M16、M20、M24、M27、M30 等。

普通螺栓的排列

按国际标准，螺栓统一用螺栓的性能等级来表示，如 4.6 级、8.8 级、10.9 级等。小数点前的数字表示螺栓材料的最低抗拉强度，如"4"表示 400 N/mm。小数点及其后的数字（0.6、0.8 等）表示螺栓材料的屈强比，即屈服点与最低抗拉强度的比值。

螺栓的排列有并列和错列两种基本形式（见图 4-1-4）。并列布置简单，但栓孔对截面削弱较大；错列布置紧凑，可减少截面削弱，但排列较繁杂。

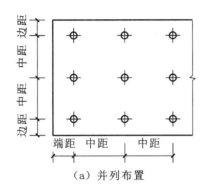

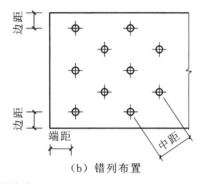

（a）并列布置　　　　　　　（b）错列布置

图 4-1-4　螺栓的排列

螺栓在构件上的排列应同时考虑受力要求、构造要求及施工要求。从受力角度出发，螺栓端距不能太小，否则孔前钢板有被剪坏的可能；螺栓端距也不能过大，螺栓端距过大不仅会造成材料的浪费，还会使受压构件产生压屈鼓肚现象。从构造角度考虑，螺栓的栓距及线距不宜过大，否则被连接构件的接触不紧密，潮气就会侵入板件间的缝隙，造成钢板锈蚀。从施工角度来说，布置螺栓还应考虑拧紧螺栓时所需的施工空隙。因此，钢结构规范做出了螺栓最小和最大容许距离的规定。

普通螺栓连接
受力特点

在每个杆件的节点上以及拼接接头的一端，永久性的螺栓不宜少于两个。对组合构件的缀条，其端部连接可采用一个螺栓。

直接承受动荷载的普通螺栓的连接应采用双螺帽或其他能防止螺帽松动的有效措施。

2. 高强度螺栓连接

高强度螺栓连接受剪力时，按其传力方式又可分为摩擦型和承压型两种。前者仅靠被连接板件间的强大摩擦阻力传递剪力，以摩擦阻力刚被克服作为连接承载力的极限状态。其对螺栓孔的质量要求不高（Ⅱ类孔），但为了增大被连接板件接触面间的摩阻力，对连接的各接触面应进行处理。承压型高强度螺栓靠被连接板件间的摩擦力和螺栓杆共同传递剪力，以螺栓受剪或钢板承压破坏为承载能力极限状态，其破坏形式同普通螺栓连接。承压型高强度螺栓连接承载力比摩擦型高，可节约螺栓，但因其剪切变形比摩擦型大，故只适用于承受静力荷载和对结构变形不敏感的结构，不得用于直接承受动力荷载的结构。

采用高强度螺栓
的工地拼接

高强度螺栓连接

高强度螺栓的预拉力是通过拧紧螺帽实现的，一般采用扭矩法、转角法和扭断螺栓尾部法来控制预拉力。高强度螺栓的设计预拉力值由材料强度和螺栓有效截面确定。

任务 4.2　对接焊缝设计

边缘加工

根据焊缝本身的截面形式不同,焊缝主要有对接焊缝和角焊缝两种形式。

对接焊缝传力均匀平顺,无明显的应力集中,受力性能较好。但对接焊缝连接要求下料和装配的尺寸准确,保证相连板件间有适当空隙,还需要将焊件边缘开坡口,制造费工。对接焊缝根据焊缝的熔敷金属是否充满整个连接截面,分为焊透和不焊透两种形式。在承受动荷载的结构中,垂直于受力方向的焊缝不宜采用不焊透的对接焊缝。

一、焊缝构造

1. 坡口形式

焊缝连接的构造

用对接焊缝连接时,需要将板件边开成各种形式的坡口(也称剖口),以使焊缝金属填充在坡口内。坡口形式有 I 形、单边 V 形、V 形、J 形、U 形、K 形和 X 形等(见图 4-2-1)。当焊件厚度很小(≤10 mm)时,可采用 I 形坡口;一般厚度(10~20 mm)的焊件,可采用单边 V 形或 V 形坡口,以便斜坡口和间隙组成一个焊条能够运转的空间,使焊缝易于焊透;厚度较大的焊件(>20 mm),应采用 U 形、K 形 或 X 形坡口。

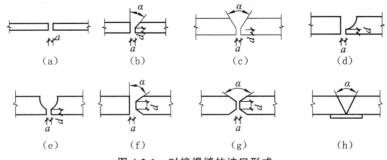

(a)　　　(b)　　　(c)　　　(d)

(e)　　　(f)　　　(g)　　　(h)

图 4-2-1　对接焊缝的坡口形式

焊缝符号及标注方法

2. 引弧板

对接焊缝施焊时的起点和终点,常因起弧和灭弧出现弧坑等缺陷,此处极易产生裂纹和应力集中,对承受动力荷载的结构尤为不利。为避免焊口缺陷,可在焊缝两端设引弧板(见图 4-2-2),起弧、灭弧只在这里发生,焊完后将引弧板切除,并将板边沿受力方向修磨平整。

3.变截面钢板的拼接

质量检验和焊缝检测

在对接焊缝的拼接处,当焊件的宽度不同或厚度相差 4 mm 以上时,应分别在宽度方向或厚度方向从一侧或两侧做成坡度不大于 1/4(对承受动荷载的结构)或 1/2.5(对承受静荷载的结构),以使截面平缓过渡,使构件传力平顺,减少应力集中,如图 4-2-3 所示。当厚度不同时,坡口形式应根据较薄焊件厚度来取用,焊缝的计算厚度等于较薄焊件的厚度。

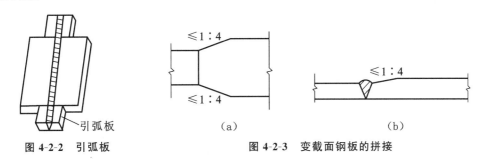

图 4-2-2　引弧板

图 4-2-3　变截面钢板的拼接

二、对接焊缝的计算

1.全熔透对接焊缝和对接与角接组合焊缝的计算

(1)轴力作用的对接焊缝。

对接焊缝受垂直于焊缝长度方向的轴心力(拉力或压力)[见图 4-2-4(a)]时,其焊缝强度按下式计算:

$$\sigma = \frac{N}{l_w h_e} \leqslant f_t^w \text{ 或 } f_c^w \tag{4-2-1}$$

式中:N——轴心拉力或轴心压力,N;

l_w——焊缝长度,mm;

h_e——对接焊缝的计算厚度,mm,在对接连接节点中取连接件的较小厚度,在 T 形连接节点中取腹板的厚度;

f_t^w、f_c^w——对接焊缝的抗拉、抗压强度设计值,N/mm²。

如果采用直焊缝不能满足强度要求时,可采用斜焊缝[见图 4-2-4(b)]。此时焊缝强度按下式计算。

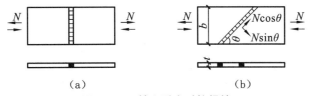

图 4-2-4　轴心受力对接焊缝

正应力的计算公式为

$$\sigma = \frac{N\sin\theta}{l_w h_e} \leqslant f_t^w \text{ 或 } f_c^w \tag{4-2-2}$$

剪应力的计算公式为

$$\tau = \frac{N\cos\theta}{l_w h_e} \leqslant f_v^w \qquad\qquad (4\text{-}2\text{-}3)$$

此时,当满足 $\tan\theta \leqslant 1.5$ 且 $b \geqslant 50$ mm 时,可不进行计算。

(2) 弯矩和剪力共同作用的对接焊缝。

当构件受弯矩和剪力同时作用(见图 4-2-5)时,对接焊缝的强度按下式计算:

$$\sigma = \frac{6M}{l_w^2 h_e} \leqslant f_t^w \ 或 \ f_c^w$$

$$\tau = \frac{VS_w}{I_w h_e} \leqslant f_v^w$$

式中:S_w——焊缝计算截面的毛面积面积矩。

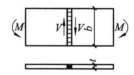

图 4-2-5　弯矩和剪力共同作用的对接焊缝

(3) 轴力、弯矩和剪力共同作用的对接焊缝。

当构件受轴力、弯矩和剪力同时作用(见图 4-2-6)时,对接焊缝的强度按下式计算:

$$\sigma = \frac{N}{A_w} + \frac{M}{W_w} \leqslant f_t^w \ 或 \ f_c^w$$

$$\tau = \frac{VS_w}{I_w h_e} \leqslant f_v^w$$

$$\sqrt{\sigma_1^2 + 3\tau_1^2} \leqslant 1.1 f_t^w$$

$$\sigma_1 = \frac{\sigma h_0}{h}$$

$$\tau_1 = \frac{VS_{w1}}{t_w I_w}$$

式中:S_w——焊缝计算截面的毛面积面积矩;

　　　S_{w1}——焊缝计算截面在点"1"处的毛截面面积矩;

　　　A_w——焊缝截面面积;

　　　I_w——焊缝计算界面的惯性矩;

　　　T_w——腹板厚度。

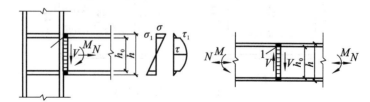

图 4-2-6　轴力、弯矩和剪力共同作用的对接焊缝

应当指出的是,当焊缝质量等级为一、二级时,$f_t^w = f_c^w = f$;焊缝质量等级为三级时,$f_t^w =$

$0.85f, f_c^w = f$。焊缝的计算长度,当采用引弧板和引出板施焊时,取焊缝实际长度;当未采用引弧板和引出板施焊时,每条焊缝的计算长度为实际长度减去 $2t$(t 为较薄焊件的厚度)。

2. 部分熔透对接焊缝和对接与角接组合焊缝的计算

(1)部分熔透的对接焊缝和对接与角接组合焊缝主要用于板件较厚但板件间连接受力较小时或采用角焊缝焊角尺寸过大时,一般用于承受压力的钢柱接头、H 形或箱形构件的组合焊缝。当在垂直于焊缝长度方向受力时,由于未焊透处的应力集中会带来不利影响,对直接承受动力荷载的连接一般不宜采用部分熔透的对接焊缝;当平行于焊缝长度方向受力时,可以采用。

(2)部分熔透的对接焊缝和 T 形对接与角接组合焊缝(见图 4-2-7)的强度,应按式(4-3-2)和式(4-3-3)计算,在垂直于焊缝长度方向的压力作用下取 $\beta_f = 1.22$,其他情况取 $\beta_f = 1.0$。

其计算厚度应采用以下公式计算。

V 形坡口:$\alpha \geqslant 60°$时,$h_e = s$;$\alpha < 60°$时,$h_e = 0.75s$。

单边 V 形和 K 形坡口:当 $\alpha = 45° \pm 5°$时,$h_e = s - 3$。

U 形和 J 形坡口:当 $\alpha = 45° \pm 5°$时,$h_e = s$。

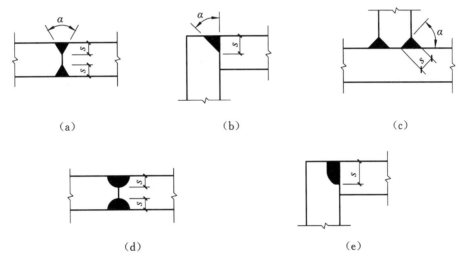

（a） （b） （c）

（d） （e）

图 4-2-7 部分熔透的对接焊缝和 T 形对接与角接组合焊缝的组合焊缝截面

(3)当熔合线处焊缝截面边长等于或接近最短距离时,抗剪强度设计值应按角焊缝的强度设计值乘以 0.9。

任务 4.3 角焊缝设计

角焊缝位于板件边缘,传力不均匀,受力情况比较复杂,受力不均匀容易引起应力集中。但因不需开坡口,尺寸和位置要求精度稍低,使用灵活,制造方便,故得到广泛应用。角焊缝分为直角角焊缝和斜角角焊缝。在建筑钢结构中,最常用的是直角角焊缝,斜角角焊缝主要用于钢管结构中。

一、角焊缝形式及焊脚尺寸

1.角焊缝形式

角焊缝一般用于传递剪力,其形式有直角角焊缝[见图 4-3-1(a)、(b)、(c)]和斜角角焊缝[见图 4-3-1(d)、(e)、(f)]。

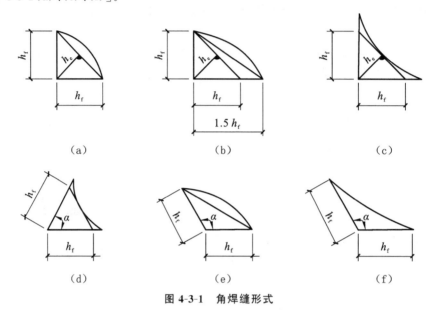

（a）　　　　　　　　　　（b）　　　　　　　　　　（c）

（d）　　　　　　　　　　（e）　　　　　　　　　　（f）

图 4-3-1　角焊缝形式

角焊缝一般用于搭接连接和 T 形连接,根据其受力的方向分为两种:垂直于力作用方向的为正面角焊缝,如图 4-3-2(a)所示;平行于力作用方向的为侧面角焊缝,如图 4-3-2(b)所示。

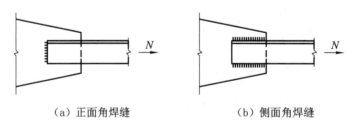

（a）正面角焊缝　　　　　　　　　　（b）侧面角焊缝

图 4-3-2　角焊缝

2.焊脚尺寸

角焊缝最小焊脚尺寸如表 4-3-1 所示。承受动荷载时角焊缝焊脚尺寸不宜小于 5 mm。

表 4-3-1　角焊缝最小焊脚尺寸

母材厚度 t	角焊缝最小焊脚尺寸 h_f/mm
$t \leqslant 6$	3
$6 < t \leqslant 12$	5
$12 < t \leqslant 20$	6
$t > 20$	8

3. 计算厚度

对于搭接角焊缝及直角角焊缝(见图4-3-3),其有效计算厚度 h_e 的取值方法如下。

(1)当两焊件间隙 $b \leqslant 1.5$ mm 时, $h_e = 0.7h_f$。

(2)当两焊件间隙 1.5 mm $< b \leqslant 5$ mm 时, $h_e = 0.7(h_f - b)$。

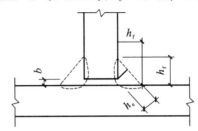

图 4-3-3 搭接角焊缝及直角角焊缝的计算厚度

对于斜角角焊缝(见图4-3-4),有效计算厚度应根据两面角 α 按照《钢结构设计标准》(GB 50017—2017)11.2.3 条计算。

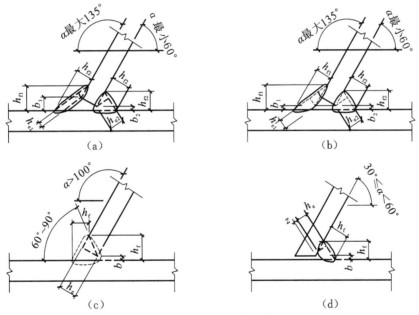

图 4-3-4 斜角角焊缝的计算厚度

(1) $\alpha = 60° \sim 135°$。

① 当两焊件间隙 b、b_1 或 b_2 不大于 1.5 mm 时, $h_e = h_f \cos \alpha/2$。

② 当两焊件间隙 b、b_1 或 b_2 大于 1.5 mm 但不大于 5 mm 时, $h_e = \left[h_f - \dfrac{b(\text{或} b_1 \text{、} b_2)}{\sin \alpha} \right] \cos \dfrac{\alpha}{2}$。

(2) $30° \leqslant \alpha < 60°$。

将公式计算的焊缝计算厚度 h_e 减去折减值 z,不同焊接条件的折减值按表 4-3-2 采用。

表 4-3-2 30°≤α<60°时的焊缝计算厚度折减值

两面角 α	焊接方法	折减值 z/mm	
		焊接位置 V 或 O	焊接位置 F 或 H
45°≤α<60°	焊条电弧焊	3	3
	药芯焊丝自保护焊	3	0
	药芯焊丝气体保护焊	3	0
	实芯焊丝气体保护焊	3	0
30°≤α<45°	焊条电弧焊	6	6
	药芯焊丝自保护焊	6	3
	药芯焊丝气体保护焊	10	6
	实芯焊丝气体保护焊	10	6

(3) α<30°：必须进行焊接工艺评定，确定焊缝计算厚度。

二、角焊缝上的应力

(1) 受力角焊缝有效截面上作用的应力可以归纳为三种（见图 4-3-5），即垂直于焊角 BC 和 BA 的应力 σ_{fx} 和 σ_{fy} 以及沿焊缝长度方向的剪应力 τ_f，三者应满足下式的强度要求：

$$\sqrt{\sigma_{fx}^2 + \sigma_{fy}^2 + \tau_f^2} \leqslant f_f^w \qquad (4\text{-}3\text{-}1)$$

式中：f_f^w——角焊缝的强度设计值；

σ_{fx}——角焊缝有效截面垂直于焊角 BC（同时垂直于焊缝长度）的应力，受拉时取正值，反之取负值；

σ_{fy}——角焊缝有效截面垂直于焊角 BA（同时垂直于焊缝长度）的应力，受拉时取正值，反之取负值；

τ_f——角焊缝有效截面平行于焊缝长度的应力。

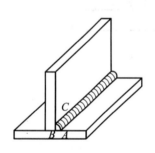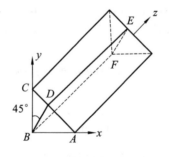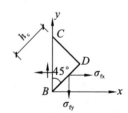

图 4-3-5 角焊缝上的应力

(2) 当只有平行和垂直于焊缝长度方向的力同时作用于焊缝时，二者应满足下式的强度要求：

$$\sqrt{\left(\frac{\sigma_f}{\beta_f}\right)^2 + \tau_f^2} \leqslant f_f^w \qquad (4\text{-}3\text{-}2)$$

式中：σ_f——按焊缝有效截面$(h_e l_w)$计算，垂直于焊缝长度方向的应力，N/mm^2；

　　　β_f——正面角焊缝的强度设计值增大系数，承受静力荷载和间接承受动力荷载的结构的 $\beta_f = 1.22$，直接承受动力荷载的结构的 $\beta_f = 1.0$。

三、角焊缝的强度计算

1. 直角角焊缝

在通过焊缝形心的拉力、压力或剪力作用下，强度按以下公式计算。

正面角焊缝（作用力垂直于焊缝长度方向）的强度计算公式为

$$\sigma_f = \frac{N}{h_e l_w} \leqslant \beta_f f_f^w \qquad (4\text{-}3\text{-}3)$$

侧面角焊缝（作用力平行于焊缝长度方向）的强度计算公式为

$$\tau_f = \frac{N}{h_e l_w} \leqslant f_f^w \qquad (4\text{-}3\text{-}4)$$

式中：h_e——角焊缝的计算厚度，对直角角焊缝等于 $0.7h_f$；

　　　l_w——角焊缝的计算长度，对每条焊缝取其实际长度减去 $2h_f$。

在角接焊缝的搭接接头中，当焊缝计算长度 l_w 超过 $60h_f$ 时，焊缝的承载力设计值应乘以折减系数 α_f，$\alpha_f = 1.5 - \dfrac{l_w}{120h_f}$，并不小于 0.5。

2. 斜角角焊缝

对斜角角焊缝，两焊脚边夹角 $60° \leqslant \alpha \leqslant 135°$ 的 T 形接头，其斜角角焊缝的强度应按式(4-3-2) 至式(4-3-4)计算，但取 $\beta_f = 1.0$。

3. 组合工字梁翼缘与腹板的双面角焊缝

对于组合工字梁翼缘与腹板的双面角焊缝，其强度应按下式计算：

$$\frac{1}{2h_e}\sqrt{\left(\frac{VS_f}{I}\right)^2 + \left(\frac{\psi F}{\beta_f l_z}\right)^2} \leqslant f_f^w \qquad (4\text{-}3\text{-}5)$$

式中：S_f——所计算翼缘毛截面对梁中和轴的面积矩，mm^3；

　　　I——梁的毛截面惯性矩，mm^4；

　　　F、ψ、l_z——按《钢结构设计标准》(GB 50017—2017)6.1.4 条采用。

任务 4.4　普通螺栓设计

　　螺栓连接可分为普通螺栓连接和高强度螺栓连接两种。两种连接传递剪力的机理不同。前者靠螺栓杆承压和抗剪来传递剪力，后者主要靠被连接板件间的强大摩擦阻力来传递剪力。

一、普通螺栓的分类

普通螺栓按照加工精度分为 A、B、C 三级。A 级和 B 级为精制螺栓，须经车床加工精制而成,尺寸准确,表面光滑,要求配用Ⅰ类孔;抗剪性能比 C 级螺栓好,但成本高,安装困难,故较少采用。C 级螺栓为粗制螺栓,加工粗糙,尺寸不很准确,只要求Ⅱ类孔。C 级螺栓传递剪力时,连接的变形大,但传递拉力的性能尚好,且成本低,故多用于承受拉力的安装螺栓连接、次要结构和可拆卸结构的受剪连接及安装时的临时连接。

二、普通螺栓连接的构造

钢结构采用的普通螺栓形式为六角头型,其代号用字母 M 和公称直径的毫米数表示。受力螺栓一般采用 M16、M20、M24、M27、M30 等。

按国际标准,螺栓统一用螺栓的性能等级来表示,常用的性能等级有 4.6S、4.8S、5.6S、8.8S 等。小数点前的数字表示螺栓材料的最低抗拉强度,如"4"表示 $400 \ N/mm^2$。小数点及其后的数字(0.6、0.8 等)表示螺栓材料的屈强比,即屈服点与最低抗拉强度的比值。

螺栓在构件上的排列应简单统一、整齐紧凑,通常有并列和错列两种基本形式。并列布置简单,但栓孔对截面削弱较大;错列布置紧凑,可减少截面削弱,但排列较繁杂。

螺栓在构件上的排列应同时考虑受力要求、构造要求及施工要求。从受力角度出发,螺栓端距不能太小,否则孔前钢板有被剪坏的可能;螺栓端距也不能过大,螺栓端距过大不仅会造成材料的浪费,还会使受压构件产生压屈鼓肚现象。从构造角度考虑,螺栓的栓距及线距不宜过大,否则被连接构件的接触不紧密,潮气就会侵入板件间的缝隙,造成钢板锈蚀。从施工角度来说,布置螺栓还应考虑拧紧螺栓时所需的施工空隙。因此,《钢结构设计标准》(GB 50017—2017)做出了螺栓最小和最大容许距离的规定,如表 4-4-1 所示。

表 4-4-1 螺栓的孔距、边距和端距容许值

名称	位置和方向			最大容许间距(取两者的较小值)	最小容许间距
中心间距	外排(垂直内力方向或顺内力方向)			$8d_0$ 或 $12t$	3d_0
	中间排	垂直内力方向		$16d_0$ 或 $24t$	
		顺内力方向	构件受压力	$12d_0$ 或 $18t$	
			构件受拉力	$16d_0$ 或 $24t$	
	沿对角线方向				
中心至构件边缘距离	垂直内力方向	顺内力方向		4d_0 或 8t	2d_0
		剪切边或手工切割边			1.5d_0
		轧制边、自动气割或锯割边	高强度螺栓		
			其他螺栓或铆钉		1.2d_0

注:1. d_0 为螺栓或铆钉的孔径,对槽孔为短向尺寸,t 为外层较薄板件的厚度。

2. 钢板边缘与刚性构件(如角钢,槽钢等)相连的高强度螺栓的最大间距,可按中间排的数值采用。

3. 计算螺栓孔引起的截面削弱时可取 $d+4 \ mm$ 和 d_0 的较大者。

在每个杆件的节点上以及拼接接头的一端,永久性的螺栓不宜少于两个。对组合构件的缀条,其端部连接可采用一个螺栓。

直接承受动荷载的普通螺栓的连接应采用双螺帽或其他能防止螺帽松动的有效措施。

三、普通螺栓连接的计算

按受力形式不同,普通螺栓连接可分为三类,即外力与栓杆垂直的受剪螺栓连接、外力与栓杆平行的受拉螺栓连接及同时受剪和受拉的螺栓连接,如图 4-4-1 所示。受剪螺栓连接依靠栓杆抗剪和栓杆对孔壁的承压传力。受拉螺栓连接依靠栓杆抗拉传力。

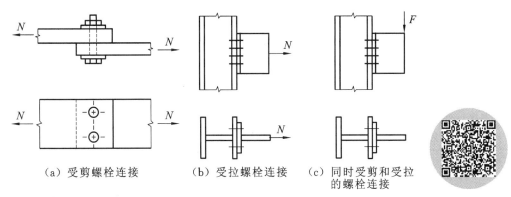

（a）受剪螺栓连接　　（b）受拉螺栓连接　　（c）同时受剪和受拉的螺栓连接

图 4-4-1　普通螺栓连接分类

1. 受剪螺栓连接

（1）受力性能和破坏形式。

受剪螺栓连接受力后,当外力不大时,由被连接构件之间的摩擦力来传递外力。当外力继续增大而超过极限摩擦力后,构件将出现相对滑移,螺杆开始接触构件的孔壁而受剪,孔壁则受压。当连接处于弹性阶段时,螺栓群中的各螺栓受力不相等,两端的螺栓比中间的受力大(见图 4-4-2)。当外力继续增大,使连接超过弹性阶段而达到塑性阶段时,各螺栓承担的荷载逐渐接近,最后趋于相等直到破坏。因此,当外力作用于螺栓群中心时,可以认为所有螺栓的受力是相同的。

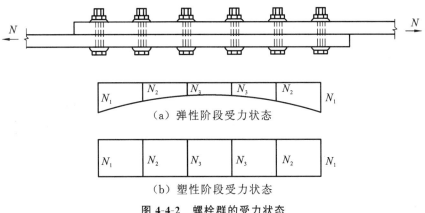

（a）弹性阶段受力状态

（b）塑性阶段受力状态

图 4-4-2　螺栓群的受力状态

受剪螺栓连接达到极限承载力时,可能出现以下五种破坏形式:①栓杆被剪断,如

图 4-4-3(a)所示；②孔壁挤压破坏，如图 4-4-3(b)所示；③杆件沿净截面处被拉断，如图 4-4-3(c)所示；④构件端部被剪坏，如图 4-4-3(d)所示；⑤螺栓弯曲破坏，如图 4-4-3(e)所示。

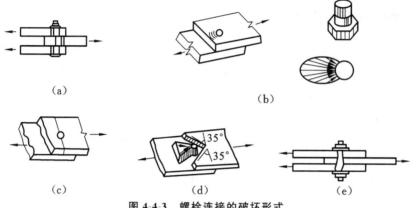

图 4-4-3   螺栓连接的破坏形式

为保证螺栓连接能安全承载，对于①、②类型的破坏，通过计算单个螺栓承载力来控制；对于③类型的破坏，由验算构件净截面强度来控制；对于④、⑤类型的破坏，通过保证螺栓间距及边距不小于规定值来控制。

（2）抗剪螺栓的计算。

《钢结构设计标准》（GB 50017—2017）规定，普通螺栓以螺栓最后被剪断或孔壁被挤压破坏为极限承载能力。受剪螺栓中，假定栓杆剪应力沿受剪面均匀分布，孔壁承压应力换算为沿栓杆直径投影宽度内板件面上均匀分布的应力，每个螺栓的承载力设计值应取受剪和承压承载力设计值中的较小者。

单个螺栓受剪承载力设计值为

$$N_v^b = n_v \frac{\pi d^2}{4} f_v^b \qquad (4\text{-}4\text{-}1)$$

单个螺栓孔壁承压承载力设计值为

$$N_c^b = d \sum t f_c^b \qquad (4\text{-}4\text{-}2)$$

式中：n_v——螺栓的受剪面数，单剪[见图 4-4-4(a)]时 $n_v = 1$，双剪[见图 4-4-4(b)、(c)]时 $n_v = 2$；

$\sum t$ ——在不同受力方向中一个受力方向承压构件总厚度的较小值；

d——螺栓杆直径；

f_v^b、f_c^b——螺栓的抗剪和承压强度设计值。

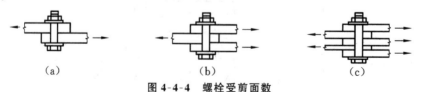

图 4-4-4   螺栓受剪面数

2. 受拉螺栓连接

受拉螺栓破坏的表现形式是螺杆被拉断。沿杆轴方向受拉的螺栓连接的端板的刚度应适当加大（如加设加劲肋），以减少撬力对螺栓抗拉承载力的不利影响。

每个螺栓的承载力设计值应按下式计算：

$$N_t^b = \frac{\pi d_e^2}{4} f_t^b \tag{4-4-3}$$

式中：d_e——普通螺栓在螺纹处的有限直径；

f_t^b——普通螺栓的抗拉强度设计值（N/mm²）。

d_e 的计算公式为

$$d_e = d - \frac{13}{24}\sqrt{3t} \tag{4-4-4}$$

3. 同时受剪和受拉的螺栓连接

同时承受拉力和剪力的普通螺栓的承载力应符合下式的要求：

$$\sqrt{\left(\frac{N_v}{N_v^b}\right)^2 + \left(\frac{N_t}{N_t^b}\right)^2} \leqslant 1.0 \tag{4-4-5}$$

$$N_v \leqslant N_c^b \tag{4-4-6}$$

四、普通剪力螺栓群的计算

1. 确定螺栓数目

在螺栓群分布平面内，承受经过螺栓群形心的剪力 N 的作用，假定所有螺栓受力相等，则连接一侧所需螺栓数目为

$$n = \frac{N}{\beta N_{min}^b} \tag{4-4-7}$$

式中：N——作用于螺栓群的剪力；

N_{min}^b——单个螺栓受剪承载力设计值和孔壁承压承载力设计值的较小值；

β——折减系数，用来反映各螺栓实际承受剪力的不均匀程度，其取值与拼接接头处沿受力方向螺栓群的分布长度有关。

2. 构件净截面强度验算

由于螺栓孔削弱了构件的截面，因此还需验算构件的净截面强度。如图 4-4-5 所示，对于被连接构件，其最外排螺栓所在的 1—1 截面处受力较大，因此 1—1 截面为被连接构件的危险截面。1—1 截面的应力为

$$\sigma = \frac{N}{A_n} \leqslant 0.7 f_u \tag{4-4-8}$$

式中：f_u——钢板抗拉强度最小值；

A_n——构件 1—1 截面的净截面面积。

3. 拼接盖板净截面强度验算

若拼接盖板总厚度小于连接钢构件的厚度时，还应验算拼接盖板的净截面强度。对于拼接盖板，最内排螺栓所在的 2—2 截面处受力较大，因此 2—2 截面为拼接盖板的危险截面。但在螺栓并列情况下，1—1 和 2—2 截面参数相同。

$$A_n = n(A_1 - n_n d_0 t_1) \tag{4-4-9}$$

式中：A_n——拼接盖板 2—2 截面的净截面面积；

A_1——一块拼接盖板 2—2 截面的毛截面面积；

n——拼接盖板数量，块。

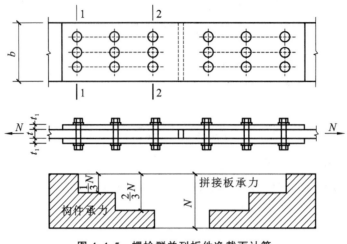

图 4-4-5　螺栓群并列板件净截面计算

任务 4.5　高强度螺栓设计

高强度螺栓连接的优点是施工简便、受力好、耐疲劳、可拆换、工作安全可靠,因此,已广泛用于钢结构连接,尤其适用于承受动力荷载的结构。

一、高强度螺栓连接的受力性能

高强度螺栓连接受剪力时,按其传力方式又可分为摩擦型和承压型两种。前者仅靠被连接板件间的强大摩擦阻力传递剪力,以摩擦阻力刚被克服作为连接承载力的极限状态。其对螺栓孔的质量要求不高(Ⅱ类孔),但为了增大被连接板件接触面间的摩阻力,对连接的各接触面应进行处理。承压型高强度螺栓是靠被连接板件间的摩擦力和螺栓杆共同传递剪力,以螺栓受剪或钢板承压破坏为承载能力极限状态,其破坏形式同普通螺栓连接。承压型高强度螺栓连接承载力比摩擦型高,可节约螺栓,但因其剪切变形比摩擦型大,故只适用于承受静力荷载和对结构变形不敏感的结构,不得用于直接承受动力荷载的结构。

高强度螺栓的预拉力是通过拧紧螺帽实现的,一般采用扭矩法、转角法和扭断螺栓尾部法来控制预拉力。高强度螺栓的设计预拉力值由材料强度和螺栓有效截面确定。

高强度螺栓摩擦型连接比承压型连接变形小,耐疲劳、抗振动荷载性能好,因此其使用范围较广。承压型连接允许接头滑移并有较大变形,故承压型不得用于直接承受动力荷载作用且需要进行疲劳验算的构件连接、变形对结构承载力和刚度等影响敏感的构件连接,也不宜用于冷弯薄壁型钢构件连接。

在目前国内钢结构工程中,使用最广泛的是高强度螺栓摩擦型连接,承压型连接几乎不用。需要注意的是,摩擦型和承压型只是在进行螺栓计算时的设计假定不同,市场上卖的高强度螺栓是没有摩擦型和承压型之分的。

二、高强度螺栓分类

高强度螺栓分为大六角头高强度螺栓和扭剪型高强度螺栓两种。两者外形不同,施工方法不同。大六角头高强度螺栓连接副由 1 个螺栓、2 个垫圈、1 个螺母组成;扭剪型高强度螺栓连接副由 1 个螺栓、1 个垫圈、1 个螺母组成,螺栓尾部有梅花头。大六角头高强度螺栓可采用扭矩法、转角法进行施工。扭剪型高强度螺栓采用拧掉螺栓尾部梅花头的方法施工。工程中常用的高强度螺栓的性能等级分为 8.8S、10.9S,常用的规格有 M16、M20、M24、M30 等。

三、高强度螺栓连接计算

(1)在受剪连接中,每个高强度螺栓的受剪承载力应按下式计算:

$$N_v^b = 0.9kn_f\mu P \qquad (4-5-1)$$

式中:k——孔型系数,标准孔取 1.0,大圆孔取 0.85,内力与槽孔长向垂直时取 0.7,内力与槽孔长向平行时取 0.6;

　　　n_f——传力摩擦面数目;

　　　μ——摩擦面的抗滑移系数,按表 4-5-1 取值;

　　　P——一个高强度螺栓的预拉力设计值,按表 4-5-2 取值;

　　　N_v^b——一个高强度螺栓的受剪承载力设计值,N。

表 4-5-1　钢材摩擦面的抗滑移系数 μ

连接处构件接触面的处理方法	构件的钢材牌号		
	Q235 钢	Q345 钢或 Q390 钢	Q420 钢或 Q460 钢
喷硬质石英砂或铸钢棱角砂	0.45	0.45	0.45
抛丸(喷砂)	0.40	0.40	0.40
钢丝刷清除浮锈或未经处理的干净轧制面	0.30	0.35	

注:1.钢丝刷除锈方向应与受力方向垂直。

　　2.当连接构件采用不同钢材牌号时,μ 按相应较低强度者取值。

　　3.采用其他方法处理时,其处理工艺及抗滑移系数值均需经试验确定。

表 4-5-2　一个高强度螺栓的预拉力设计值 P　　　　　　　　　　　单位:kN

螺栓的承载性能等级	螺栓公称直径					
	M16	M20	M22	M24	M27	M30
8.8 级	80	125	150	175	230	280
10.9 级	100	155	190	225	290	355

(2)在螺栓杆轴向受拉连接中,每个高强度螺栓的受拉承载力设计值应按下式计算:

$$N_t^b = 0.8P \qquad (4-5-2)$$

（3）兼受剪拉连接中，所计算的螺栓承载力应符合下式要求：

$$\frac{N_{v}}{N_{v}^{b}} + \frac{N_{t}}{N_{t}^{b}} \leqslant 1.0 \tag{4-5-3}$$

四、高强度螺栓群连接计算

1. 在剪力作用下

高强度螺栓群（摩擦型或承压型）轴心抗剪连接所需螺栓数量的计算方法与普通螺栓群相同（包括剪力不均匀系数），为总荷载设计值除以单个螺栓的承载力设计值，并考虑螺栓数量调整。

2. 在螺栓杆轴向拉力作用下

高强度螺栓群（摩擦型或承压型）轴心抗拉连接与普通螺栓群相同，但应采取高强度螺栓承载力设计值进行计算。

3. 在弯矩作用下

高强度螺栓群（摩擦型或承压型）在弯矩作用下，螺栓群绕形心轴 O 转动，如图 4-5-1 所示，距形心轴最远的一排螺栓受力最大，计算公式如下：

$$N_{1} = \frac{M y_{1}}{\sum y_{i}^{2}} \leqslant N_{t}^{b} \tag{4-5-4}$$

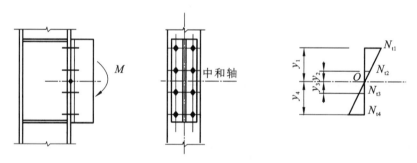

图 4-5-1 高强度螺栓群弯矩受拉计算简图

4. 在剪力和弯矩共同作用下

高强度螺栓群（摩擦型或承压型）同时承受剪力和螺栓杆轴方向的外拉力时，应满足下式要求：

$$N_{\max} = \frac{N}{n} + \frac{M y_{1}}{\sum y_{i}^{2}} \leqslant N_{t}^{b} \tag{4-5-5}$$

5. 在拉力、剪力、弯矩共同作用下

（1）摩擦型螺栓群（见图 4-5-2）。

最大拉应力应满足下式要求：

$$N_{ti} \leqslant N_{t}^{b} \tag{4-5-6}$$

接头抗剪强度应满足下式要求：

$$V \leqslant 0.9 n_{f} \mu \left(nP - 1.25 \sum N_{ti} \right) \tag{4-5-7}$$

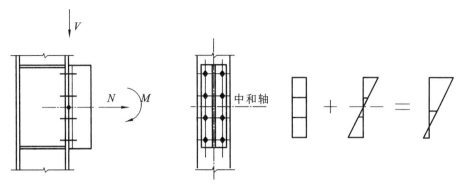

图 4-5-2 摩擦型螺栓群在拉力、剪力、弯矩共同作用下的计算简图

（2）承压型螺栓群。

与普通螺栓类似,应验算高强度螺栓杆兼受拉剪的强度和孔壁承压强度。中和轴取螺栓群形心。与普通螺栓计算不同的是,孔壁承压强度应除以1.2。

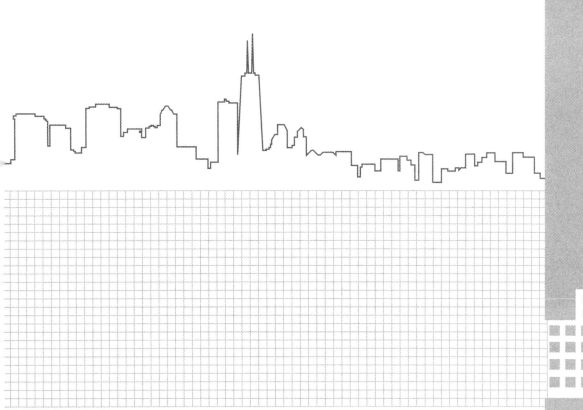

模块 5

门式刚架结构设计

任务 5.1 典型门式刚架结构的组成

门式刚架轻型房屋钢结构是钢结构的重要结构类型之一,一般简称门式刚架结构。门式刚架主结构是由许多单向大跨度门式刚架平行布置而成,各门式刚架之间则采用系杆和支撑连接,形成稳定的、具有较大跨度的空间结构,如图 5-1-1 所示。

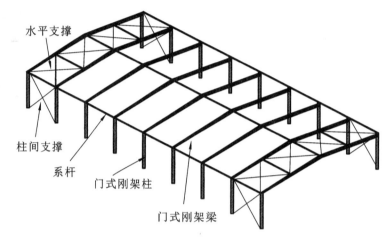

图 5-1-1 门式刚架主结构的基本组成

由门式刚架柱和门式刚架梁组成的大跨度单向结构,称为门式刚架,其经济适用跨度一般在 18~30 m,与门式刚架跨度一致的方向称为横向。多榀门式刚架之间通过系杆和支撑连接,以保证其平面外稳定,与系杆一致的方向称为纵向(见图 5-1-2),相邻门式刚架沿纵向的经济使用间距一般为 6~9 m,该间距可称为柱距或榀距。

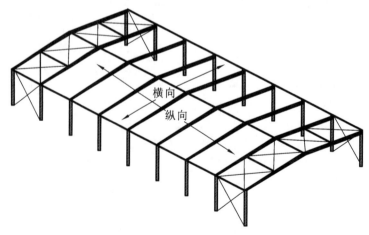

图 5-1-2 门式刚架结构的横向与纵向

综上所述,门式刚架结构是一种由门式刚架柱和门式刚架梁组成的平面受力体系结构,仅承受该结构在平面内的各类荷载。各刚架之间的系杆和支撑主要承受门式刚架结构平面外的荷载。因此,上述结构及构件确保了自身的受力和稳定性,组成了门式刚架结构体系的主体结构。但如此空旷的主体结构显然无法直接使用,必须在屋面、墙面处增加屋面板、墙面板、门窗、屋顶采光板等构件,才能使其具备最基础的防风、挡雨、保温、采光等建筑功能,如图 5-1-3 所示。

图 5-1-3 门式刚架结构围护结构示意图

如图 5-1-3 所示,门式刚架结构的屋面一般采用彩钢板制作,单张彩钢板的长度一般为 6～12 m,屋面板之间的接缝以搭接和卡扣为主,为防止屋面板接缝处漏水,屋面一般做成坡屋面,坡度较小时防水效果较差,坡度较大时造价较高,因此屋面起坡一般采用平面投影尺寸的 5％～15％,屋面最高处(坡顶)称为屋脊,屋面最外边缘处(一般为坡底)称为屋檐。

钢屋盖结构的组成

当门式刚架结构房屋横向宽度较大时,若仍然采用图 5-1-3 所示的双坡屋面,屋脊会显得高耸,受风荷载影响加大,屋面实际铺装面积也较大,导致造价增高。因此对于房屋横向宽度较大的门式刚架结构,一般采用多坡屋面,即房屋存在多个屋脊,如图 5-1-4 所示。屋面中间坡底处,应做内天沟以排水,内天沟下面接室内落水管,通过室内地沟将水排出。

钢屋架的形式

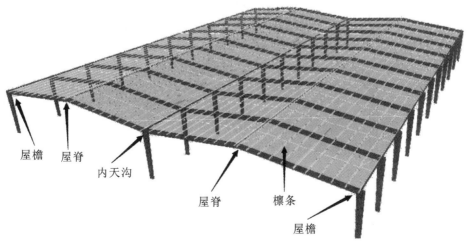

图 5-1-4 多坡门式刚架结构屋面示意图

　　门式刚架屋面彩钢板和墙面彩钢板的厚度一般为 0.5 mm 左右,截面常做成具有波纹的压型钢板。压型钢板属于冷弯薄壁型钢,通过将薄钢板冷弯成型以保证其具有一定的抗弯承载力和抗弯刚度,如图 5-1-5 所示。但即便如此,彩钢板的跨度也不宜超过 1.5 m,与门式刚架榀距 6~9 m 相差太大,彩钢板无法直接铺设在门式刚架上。

　　因此相邻门式刚架之间架设檩条作为次梁,一般通过螺栓连接到刚架之上,并以此来承受压型钢板传递过来的荷载。檩条间距一般为 1.2~1.5 m,将彩钢板的跨度减小到 1.5 m 以下,保证彩钢板能够承受雪荷载、风荷载以及检修荷载。综上所述,屋面的围护板以及檩条组成了门式刚架的次要结构,其中彩钢板与檩条连接在一起,使彩钢板在平面内的抗剪强度较好,这种现象称为蒙皮效应,这也在一定程度上增加了结构的整体稳定性。

图 5-1-5　彩钢瓦

　　门式刚架结构体系主要由主体结构和次要结构组成。

　　由于 H 型钢兼具较好的抗弯性能和稳定性,典型门式刚架一般由变截面 H 型钢柱和变截面 H 型钢梁组成,如图 5-1-6 所示。

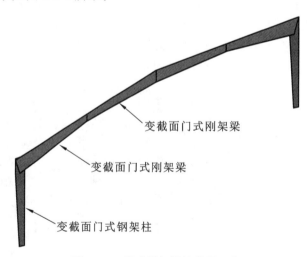

变截面门式刚架梁

变截面门式刚架梁

变截面门式钢架柱

图 5-1-6　门式刚架梁柱截面示意

　　门式刚架柱底常采用固定铰支座,支座处弯矩为 0,而门式刚架柱顶与梁采用刚接节点连接,弯矩较大,因此门式刚架柱常常做成下小上大的变截面。

门式刚架梁两端与柱采用刚接（刚接也可叫作固接）节点连接，即近似于梁两端为固定端支座，其弯矩图的特点是两端大、中间大、1/3 处较小，因此，为节省用钢量，门式刚架梁常常根据其弯矩图做成变截面。

门式刚架结构中的系杆是相邻门式刚架的联系构件，与门式刚架梁、门式刚架柱采用铰接节点连接，因此其属于两端铰接的轴心受力构件，既需要抗压也需要抗拉，为保证其在受压时兼具较好的经济性和稳定性，常采用具有双对称轴的空心圆截面，即圆钢管，如图 5-1-7 所示。

图 5-1-7 门式刚架结构的系杆

门式刚架结构中的系杆与刚架采用铰接节点连接，因此从门式刚架结构纵向结构体系来看，其仍属于可变体系，为保证其几何不变性，需要在门式刚架结构增加支撑，如图 5-1-8 所示。

门式刚架结构的支撑分为梁间支撑和柱间支撑。梁间支撑也可叫作水平支撑，柱间支撑也可叫作竖向支撑。梁间支撑和柱间支撑可以做成较粗的、可抗压的刚性支撑，刚性支撑常采用角钢、槽钢、工字钢等型钢；也可以做成较细的、不能抗压的柔性支撑，柔性支撑常采用圆钢，柔性支撑安装时需要拉紧，以免其由于重力松弛而不受力。

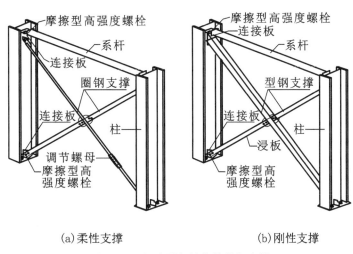

(a)柔性支撑　　　　　　　　(b)刚性支撑

图 5-1-8 门式刚架结构的柱间支撑

值得一提的是，柱间支撑对于门式刚架结构等轻型钢结构非常重要。我们在电视、电影中常常见到美国的轻钢别墅，它们在支撑的设置方面相对比较疏忽，这导致了 2005 年五级飓风"卡特里娜"来袭时,几乎整个奥尔良市的轻钢房屋全部倒塌,死亡1800余人,经济损失2000亿美元。

任务 5.2　门式刚架结构设计准备

一、软件介绍

PKPM(见图5-2-1)是中国建筑科学研究院建筑工程软件研究所研发的工程管理软件,它拥有混凝土结构设计、砌体结构设计、钢结构设计、预应力结构设计、BIM设计等多种功能。STS是PKPM软件中的钢结构设计模块。PKPM软件可以通过建模进行结构分析,也可以帮助设计人员生成设计图初稿、出具计算书,还可以与PKPM-DW软件对接,生成钢结构详图设计的模型。

图 5-2-1　PKPM 软件

跨无吊车门式刚架快速建模

门式刚架结构设计准备

STS模块(见图5-2-2)可进行门式刚架结构、框架结构、平面桁架结构、网架结构、网壳结构、管桁架结构设计。门式刚架结构、框架结构、平面桁架结构既可以采用平面建模,又可以采用三维建模。

二、软件准备

在PKPM官方网站"https://www.pkpm.cn/"的"官方商城"(见图5-2-3),可以选择"京东官方旗舰店"或"官方线上购买"购买正版的PKPM软件,也可以直接通过"京东"或"淘宝"购买软件。

进入"PKPM个人软件包"(见图5-2-4),参数选择"单系列-结构设计"(见图5-2-5)即可购买。

图 5-2-2 PKPM 软件的 STS 模块

图 5-2-3 PKPM 官方网站

图 5-2-4 软件包选择

"PKPM 个人软件包"的"单系列-结构设计"包含 S1 模块、S4 模块、S5 模块、QITI 模块、STS 模块、SGTCHK 模块等 6 个模块（见图 5-2-6）。其中 S1 模块主要用于混凝土结构设计，S4 模块主要用于楼梯、剪力墙和基本构件设计，S5 模块主要用于基础设计，QITI 模块主要用于砌体结构设计，STS 模块用于钢结构设计，SGTCHK 模块用于施工图审查。

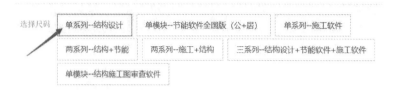

图 5-2-5　购买参数选择

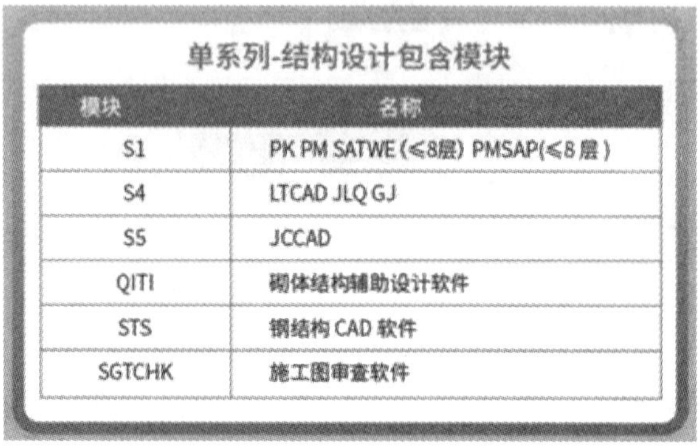

单系列-结构设计包含模块

模块	名称
S1	PK PM SATWE (≤8层) PMSAP(≤8层)
S4	LTCAD JLQ GJ
S5	JCCAD
QITI	砌体结构辅助设计软件
STS	钢结构 CAD 软件
SGTCHK	施工图审查软件

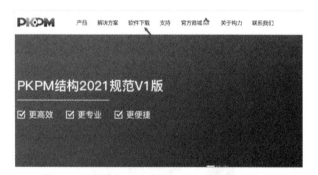

图 5-2-6　“单系列-结构设计”包含的模块

购买成功之后会得到授权码，还需要到官方网站下载 PKPM 软件(见图 5-2-7)。

图 5-2-7　官方网站软件下载界面

下载 PKPM 软件后，按照安装说明正确安装，输入购买的授权码，即可使用 PKPM 软件了。

三、新建工作目录

结构建模需要生成大量文件，为方便管理，需要建立专门的文件夹来存储这些文件，以便于复制、存档和修改。

我们可以通过鼠标右键在 D 盘下新建文件夹“STS”，再在“STS”文件夹下面新建文件夹“工程 1”(见图 5-2-8)。

图 5-2-8 建立工作目录

四、确定工作目录

打开 PKPM 软件,在菜单栏选择"钢结构"模块,根据需要建模的工程类型选择"钢结构二维设计-门式刚架",再点击"新建/打开"按钮(见图 5-2-9)。

图 5-2-9 选择"钢结构二维设计-门式刚架"

在弹出的对话框中,依次选择"D 盘""STS""工程 1"文件夹,点击"确认"按钮,即可将接下来要建模的工程文件都存储在"D:\STS\工程 1"文件夹内。此时,PKPM 主界面中出现了"工程 1"的文件目录(见图 5-2-10)并处于被选择状态,双击"工程 1"即可打开 PKPM 软件的 STS 模块,进入门式刚架结构建模界面。

门式刚架结构既可以通过三维建模,又可以通过二维建模,其内核其实是一样的,为帮助读者理解,本书以二维建模进行演示。掌握了二维建模,能够更加深入地掌握门式刚架结构设计的方法,再学习三维建模也非常简单。

图 5-2-10　PKPM 主界面中出现了"工程 1"的文件目录

五、模型命名

在 PKPM 主界面中点击工程文件夹,即可进入设计界面。首次进入该文件夹时,文件夹内没有任何文件,需要给将要创建的模型取一个名称。

我们知道门式刚架结构是由许多榀相同的门式刚架平行排列而成的。图 5-2-11 所示的模型共有 9 榀门式刚架,第 1 榀和最后 1 榀门式刚架需要设置抗风柱,其他各榀门式刚架无须设置抗风柱。因此我们只需要设计两种不同的门式刚架:第 1 种为有抗风柱的门式刚架,用于第 1 轴和第 9 轴;第 2 种为无抗风柱的门式刚架,用于第 2 轴至第 8 轴。

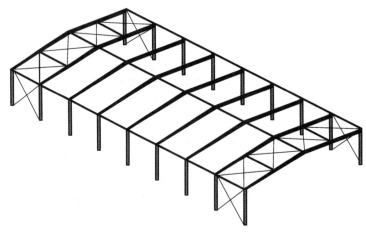

图 5-2-11　门式刚架三维模型

设标准榀

这两种门式刚架模型都可以放在"工程 1"文件夹中,因此我们将第 1 种门式刚架命名为"1 轴标准榀",将第 2 种门式刚架命名为"2 轴标准榀"(见图 5-2-12)。命名完成后,我们可以看到"工程 1"文件夹中多了一些文件,这些文件由软件自动生成,其中就有名称为"2轴标准榀.T"的文件(见图5-2-13)。

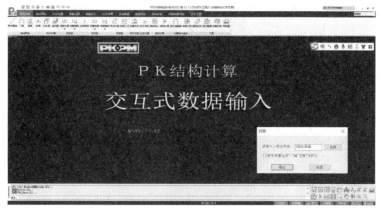

图5-2-12 模型命名

图5-2-13 文件样式

六、建模界面

门式刚架结构建模界面分为以下几个区域,如图5-2-14所示。

(1)界面最上方为菜单栏,菜单按照建模顺序从左到右排列,依次是常用功能、轴线网格、构件布置、荷载布置、荷载补充约束布置、补充数据、截面优选、结构计算、计算结果查询、绘施工图。

(2)菜单栏的下方为命令按钮,切换菜单后,会出现属于该菜单的命令按钮。轴线网格菜单下有"两点直线""删除节点"等命令按钮;构件布置菜单下有"柱布置""梁布置"等命令按钮。

(3)界面正中间的黑色区域是模型显示区,它能够帮助我们随时观察和检查模型是否与工程一致,也可以让我们直接在模型上选取点位。

(4)界面最下方有白色的命令输入栏和灰色的命令提示栏,命令提示栏可以让我们通过键盘输入一些常用命令的快捷键,其中很多命令的快捷键与CAD软件命令的快捷键是一样的,如"L"就是画两点直线的快捷键。命令提示栏会根据我们输入的命令进行下一步提示,如输入"L"命令后,命令提示栏会显示"输入第一点",当我们用鼠标在模型显示区点击第1点后,命令提示栏会显示"输入下一点",以便于我们学习和操作命令。

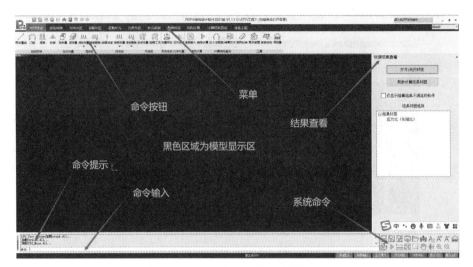

图 5-2-14　门式刚架结构建模界面

（5）界面右方是结果查看区，它有助于我们一边观察上次计算的结果，一边修改模型，将结果和模型对照。需要说明的是，大多数结构设计不能通过计算反推截面，而是按照"初定截面"→"验算"→"分析验算结果"→"修改截面"→"验算"→"分析验算结果"的顺序经过多次调整和验算确定最优结构布置和截面设计。

（6）界面右下方为系统命令区，可以通过按钮实现"存盘""打开模型""放大显示模型""测量距离""计算用钢量"等命令。

七、基础知识准备

门式刚架结构设计不是一个设计人员完全自由发挥的过程，设计人员需要掌握一定的专业基础知识。除了本课程前面提到的知识之外，设计者至少还需要掌握以下基础知识。

（1）建筑力学方面的知识，至少应当了解平面力系的平衡条件、内力、变形、强度、刚度、压杆稳定、影响线等知识。

（2）钢结构方面的知识，至少应当了解轴心受压构件承载力计算、偏心受压构件（压弯构件）承载力计算、受弯构件（剪弯构件）承载力计算、焊接连接承载力计算、螺栓连接承载力计算等知识。

（3）建筑材料方面的知识，至少应当掌握钢材、混凝土相关材料、焊接材料的种类和基本性能，了解砌块、涂料、保温材料等常见建筑材料。

（4）建筑构造方面的知识，至少应当了解建筑防水、保温、防护、防火等相关要求和节点构造。我们应当在日常生活中多观察、思考，积累建筑构造方面的知识。

（5）人文、社会方面的知识，至少应当了解当前人们对建筑物的普遍性需求、人们日常生活中的相关禁忌。我们应当在日常生活中多与不同身份、年龄的人交谈，积累人文、社会方面的知识。

八、规范准备

门式刚架结构设计的质量直接涉及人民生命财产安全,因此其应当受到规范的管理和审查。我国现行的与门式刚架结构设计相关的规范主要有以下几个:

①《建筑结构荷载规范》(GB 50009—2012);

②《钢结构通用规范》(GB 55006—2021);

③《工程结构通用规范》(GB 55001—2021);

④《钢结构设计标准》(GB 50017—2017);

⑤《门式刚架轻型房屋钢结构技术规范》(GB 51022—2015);

⑥《建筑抗震设计规范》(GB 50011—2010)(2016年版);

⑦《建筑与市政工程抗震通用规范》(GB 55002—2021)。

除上述规范以外,还有一些规范与门式刚架结构设计联系不太紧密,本书不一一指出。

九、建筑设计资料收集

结构设计不是无的放矢,它是目的性很强的工作,结构设计必须与建筑设计相适应,建筑设计又与建设单位需求、规划管理部门要求、建筑规范要求相关。

设计信息输入

结构设计前期需要收集建筑设计方案图,包括建筑的用途、长度、宽度、高度、层数、跨度、建筑做法等。不仅如此,结构设计人员还应当充分与建设单位沟通,提出切实有效、经济合理的结构方案,采取更优的结构形式,在保证建筑结构功能的前提下,为建设单位节省资金,为社会节约资源。

任务5.3　门式刚架结构快速建模

门式刚架结构既可以快速建模,又可以通过画构件线建模。前者适用于典型、常见、简单的门式刚架结构,后者适用于非典型、复杂的门式刚架结构。我们先从典型门式刚架结构开始,逐步学习门式刚架结构建模。

门式刚架结构
快速建模

一、快速建模界面

点击"常用功能"或"轴线网格"中的"门架"按钮(见图5-3-1),即可进入快速建模界面(见图5-3-2)。

快速建模界面一共有2个标签页,第1个标签页"门式刚架网格输入向导(mm)"主要用

图 5-3-1 "门架"按钮

于门式刚架构型的输入,第 2 个标签页"设计信息设置"主要用于荷载、计算长度等信息的输入。

图 5-3-2 快速建模界面

二、工程信息收集

为方便理解,我们假设有某门式刚架结构厂房,如图 5-3-3 所示。该厂房共有 7 榀门式刚架,其中第 1 榀和第 7 榀为带有抗风柱的门式刚架,第 2 榀到第 6 榀均为不带抗风柱的门式刚架,刚架间距为 6 m,屋檐高度为 7.5 m,女儿墙柱子高度为 1.5 m,跨度均为 15 m×2 跨,无吊车,厂房位于黄冈市黄州区赤壁街道(郊区),地面正负零标高高于周围地面 0.5 m。墙面采用保温墙面板全封闭:面板采用 0.6 mm 厚彩钢板,中间保温层采用 100 mm 厚岩棉,内衬板采用 0.5 mm 厚彩钢板。屋面采用保温屋面板:面板采用 0.6 mm 厚彩钢板(展开宽度比为 1.5∶1),中间保温层采用 80 mm 厚岩棉,内衬板采用 0.5 mm 厚彩钢板。

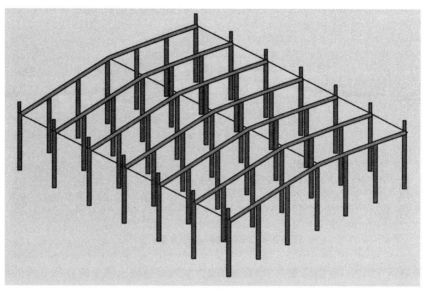

图 5-3-3　某门式刚架结构厂房

三、门式刚架网格输入

网格输入

该门式刚架为 2 跨,因此我们需要在"总跨数"处输入"2",然后在"当前跨"处选择"1",从而在"单跨信息"中输入第 1 跨的信息。

"跨度"为"15000",单位默认为 mm,"单跨形式"为"单坡","单跨对称与否"选择"不对称"。

右柱高为 7500,对于第 1 跨单跨而言,右柱指的是门式刚架中的"中柱",按照 10% 的坡度计算。

单跨跨度:30 000÷2 mm＝15 000 mm。

单跨起坡高度:15 000×10% mm＝1500 mm。

右柱高:(7500＋1500) mm＝9000 mm。

因此左柱高为 9000 mm。

无吊车,因此无牛腿,"牛腿高度"输入"0"。

轴线输入

梁分段数一般选择"3",因为对于门式刚架而言,其跨度大、重量小,主要由弯矩来控制截面。图 5-3-4 所示为该门式刚架的大致弯矩图。从弯矩图可以看出,靠近梁端约 1/4 处的弯矩为 0,因此我们可以将该梁第 1 跨做成变截面梁:左侧梁端截面大,左侧 1/4 处截面小,梁跨中截面大,右侧 1/4 处截面小,右侧梁端截面大,第 2 跨与第一跨沿中柱对称。

"梁分段方式"选择"不等分","梁分段比"输入"1 2 1"或"2 5 2"等比例,表示该梁第 1 跨分为 3 段,第 1 段长度:第 2 段长度:第 3 段长度＝1:2:1 或第 1 段长度:第 2 段长度:第 3 段长度＝2:5:2。需要注意的是,梁分段比需要不断调整、试算,以最终计算结构满足受力要求并且含钢量最小为好;三个比例数字之间需要输入空格,如"1 空格 2 空格 1"。

随着参数的输入,我们可以看到选项卡中的黑色区域中的门式刚架的大致构型也会随之改变。

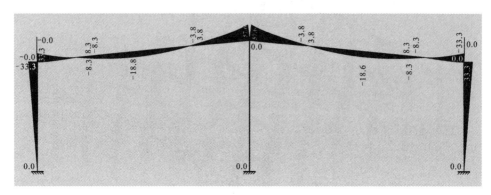

图 5-3-4 该门式刚架的大致弯矩图

第 1 跨输入完成后,我们需要将"当前跨"改为"2",以便输入第 2 跨。第 2 跨的输入原理与第 1 跨基本一致,唯一需要注意的是"左柱高""右柱高"与第 1 跨是刚好相反的,以便使整榀门式刚架的中柱是最高的,如图 5-3-5 所示。中柱作为屋脊,有利于门式刚架向两侧排水。

平面内网格输入

图 5-3-5 门式刚架网格输入

最后,我们还需要点击右侧的"设女儿墙柱",勾选"左右对称",并输入女儿墙的高度"1500",来设置女儿墙柱,如图 5-3-6 所示。

图 5-3-6　设置女儿墙柱

荷载输入

四、荷载分析与输入

切换到"设计信息设置"选项卡进行荷载分析与输入,如图 5-3-7 所示。

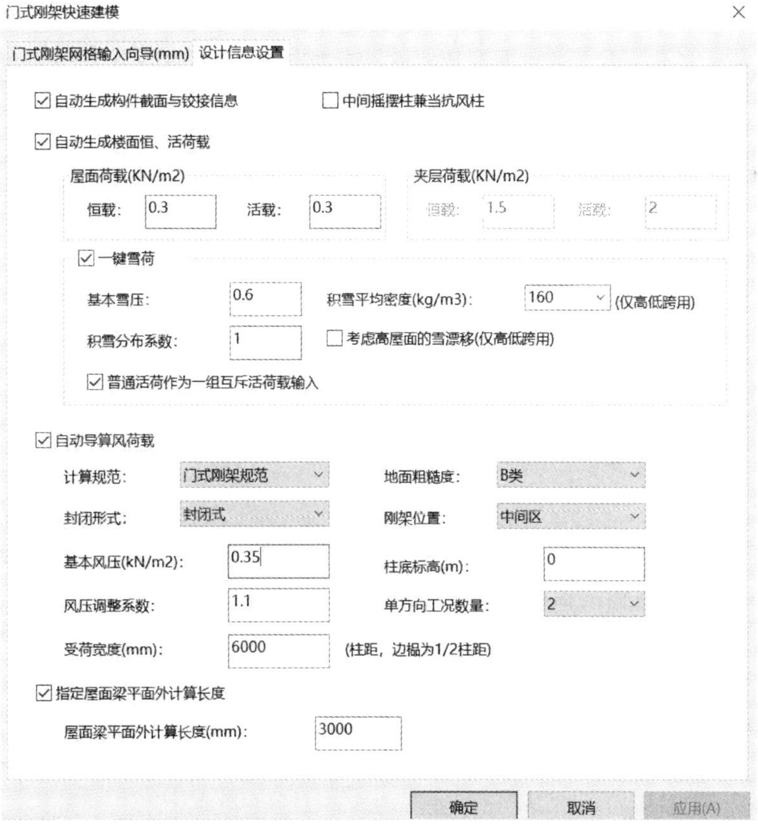

平面建模

图 5-3-7　荷载分析与输入

1. 屋面恒荷载取值

根据本工程建筑设计要求,屋面采用保温屋面板:面板采用 0.6 mm 厚彩钢板(展开宽度比为 1.5 : 1),中间保温层采用 80 mm 厚岩棉,内衬板采用 0.5 mm 厚彩钢板。计算屋面板、檩条恒荷载。

(1) 计算屋面板恒荷载。

① 面板自重(厚度乘以钢材容重,再乘以展开宽度比)为
$$0.6 \times 10^{-3} \text{ m} \times 78.5 \text{ kN/m}^3 \times 1.5 = 0.071 \text{ kN/m}^2$$

② 保温层自重(厚度乘以岩棉容重)为
$$0.08 \text{ m} \times 1.5 \text{ kN/m}^3 = 0.12 \text{ kN/m}^2$$

③ 内衬板自重(厚度乘以钢材容重)为
$$0.5 \times 10^{-3} \text{ m} \times 78.5 \text{ kN/m}^3 = 0.039 \text{ kN/m}^2$$

④ 保温墙面板重量为
$$0.071 \text{ kN/m}^2 + 0.12 \text{ kN/m}^2 + 0.039 \text{ kN/m}^2 = 0.23 \text{ kN/m}^2$$

(2) 屋面檩条自重计算,此处预估采用 C160×60×20×2.0 檩条,间距为 1.5 m。

① 将单根 C 形檩条展开,计算其 1 m 长度的展开面积。
$$(0.16 \text{ m} + 0.06 \text{ m} \times 2 + 0.02 \text{ m} \times 2) \times 1 \text{ m} = 0.32 \text{ m}^2$$

② 计算单根檩条 1 m 长度的体积。
$$0.32 \text{ m}^2 \times 2.0 \times 10^{-3} \text{ m} = 0.000\ 64 \text{ m}^3$$

③ 计算单根檩条 1 m 长度的重量。
$$0.000\ 64 \text{ m}^3 \times 78.5 \text{ kN/m}^3 \div 1 \text{ m} = 0.050 \text{ kN/m}$$

④ 计算 1 m² 范围内檩条的根数。
$$1 \div 1.5 \text{ m} = 0.666\ 67 \text{ m}^{-1}$$

⑤ 计算 1 m² 范围内檩条的重量。
$$0.050 \text{ kN/m} \times 0.666\ 67 \text{ m}^{-1} = 0.033 \text{ kN/m}^2$$

(3) 预估隅撑、拉条、撑杆的恒荷载,取 0.02 kN/m²。

(4) 本工程无吊顶、无吊灯等吊挂荷载。

(5) 屋面恒荷载,包含屋面板、檩条、隅撑、拉条、撑杆、吊挂荷载,但不包含门式刚架自身重量。门式刚架自身重量与其截面相关,该截面可以输入软件中,由程序自行计算。
$$0.23 \text{ kN/m}^2 + 0.033 \text{ kN/m}^2 + 0.02 \text{ kN/m}^2 = 0.283 \text{ kN/m}^2$$

取整,按 0.3 kN/m² 输入。

2. 屋面活荷载取值

大部分常规厂房,一般不会做活荷载的专项研究。在没有专项研究的情况下,可以参考规范取值,参考表 2-3-5,查询屋面活荷载取值为 0.5 kN/m²。

同时,我们应当注意到《钢结构设计标准》(GB 50017—2017)3.3.1 条的规定:对支承轻屋面的构件或结构,当仅有一个可变荷载且受荷水平投影面积超过 60 m² 时,屋面均布活荷载标准值可取为 0.3 kN/m²。

本工程单根门式刚架跨度为 15 m,间距为 6 m,受荷水平投影面积为
$$15 \times 6 \text{ m}^2 = 90 \text{ m}^2 > 60 \text{ m}^2$$

因此,本工程屋面活荷载取 0.3 kN/m²。

3. 雪荷载取值

本工程为轻型门式刚架结构房屋,属于对雪荷载敏感的结构,应采用 100 年重现期的雪压。查询本书附录 A 得武汉市与黄冈市黄州区距离近、地形相似,可按照武汉市 100 年重现期的雪压取值,基本雪压取 0.6 kN/m²。

4. 风荷载取值

与雪荷载取值类似,查询本书附录 A 得武汉市与黄冈市黄州区距离近、地形相似,可按照武汉市 50 年重现期的风压取值,基本风压取 0.35 kN/m²。

五、其他参数输入

在"设计信息设置"选项卡(见图 5-3-7)中,各项参数意义如下。

(1)自动生成构件截面与铰接信息。自动生成构件截面指快速建模时,程序自动赋予门式刚架某一截面;门式刚架边柱顶部必须与梁刚接,底部可采用铰接或刚接,门式刚架中柱顶部和底部都采用铰接或刚接,自动生成铰接信息指程序自动确定后三处的铰接或刚接设定。此处勾选后,可在后期进行手动修改。

门式刚架抗风柱布置

(2)中间摇摆柱兼当抗风柱:一般用于边榀门式刚架,中间摇摆柱起到抗风柱的作用,非边榀无须勾选,无摇摆柱也无须勾选。

(3)自动生成楼面恒、活荷载。勾选后,可输入屋面和墙面上的平面荷载,程序根据受荷宽度,自动将面荷载转化为作用在门式刚架上的线荷载。

抗风柱与梁的连接

(4)积雪分布系数。描述积雪在屋面的分布状况,与屋面形状相关,本工程屋面简单,且坡度较小,可输入"1"。

(5)积雪平均密度:一般取默认值 160 kN/m³,当门式刚架有高低跨时才需要输入,本工程输入后无任何意义。

(6)考虑高屋面的雪漂移:与积雪平均密度相同,指屋面有多层,如屋面有天窗架时,天窗架上的雪可能滑到一般屋面,使一般屋面的雪增厚,雪荷载增大。

(7)计算规范:选择门式刚架规范。计算雪荷载积雪分布系数、风荷载体型系数时,优先选择门式刚架规范,如果门式刚架规范没有相应的构型,则程序自动切换到建筑结构荷载规范,建筑结构荷载规范里的构型相对丰富,万一构型比较复杂,建筑结构荷载规范仍没有相应构型,则需要手动输入。

平面内模型荷载校核

(8)地面粗糙度,指建筑物周围的地形和房屋对风荷载的阻碍作用。本工程为郊区,选择 B 类。

(9)封闭形式,指房屋是否所有屋面、墙面均严密围护,风无法吹入室内。需要注意的是,门窗也属于严密围护。当房屋某一侧没有围护时,风将吹入室内,其对面的墙面将受到室内的风压力和室外的风吸力。本工程为全封闭,选择封闭式。

(10)刚架位置。一般情况下,房屋四角受到的风荷载要稍微大一些,因此,边榀刚架受到的风荷载也要大一些,故应当准确选择。本案例选择的是中间区。

(11)基本风压:按照上述风荷载取值输入 0.35 kN/m²。

(12)柱底标高。众所周知,高处风大,该标高与地面粗糙度一起用于计算风压高度变化系数。

(13)风压调整系数。按照《门式刚架轻型房屋钢结构技术规范》(GB 51022—2015)4.2.1 条的规定,计算主刚架时取 $\beta=1.1$;计算檩条、墙梁、屋面板和墙面板及其连接时,取 $\beta=1.5$。本案例计算的是门式钢结构主刚架,故输入"1.1"。

隔撑连接节点

隔撑的布置及作用

隔撑布置

（14）受荷宽度。风荷载、雪荷载、恒荷载、雪荷载都是直接作用在屋面板和墙面板上的,屋面板和墙面板将荷载传递给檩条,檩条再将荷载传递给刚架。相邻两榀门式刚架共同承受它们之间的屋面板和墙面板荷载,因此相邻两榀门式刚架的间距决定了其受荷宽度。本案例门式刚架榀距为 6 m,因此此处输入"6000"。

（15）单方向工况数量。风荷载一般要分别计算左风(从左边吹过来的风)和右风,左风或右风状况下,还可以细分几种不利状况,输入"2"时,表示左风或右风状况下,还可以细分室内正压和室内负压等 2 种情况。本案例较简单,可以输入"1",也可以输入"2"。

（16）指定屋面梁平面外计算长度。屋面梁属于大跨度受弯构件,容易发生整体失稳,整体失稳的具体表现就是左右摇晃。门式刚架工程中,可以通过屋面檩条和隔撑配合,分别约束(顶住)屋面梁的上下翼缘,防止其左右晃动,增强其整体稳定性。一般情况下,檩条间距约 1.5 m,每两根檩条设置一组隔撑,则表示每隔 3 m 就在梁的侧面设置了一组支撑,故该处应当勾选。

（17）屋面梁平面外计算长度,即隔撑的间距,本工程预计檩条间距为1.5 m,每两根檩条设置一组隔撑,则此处应当输入"3000"。

名词解释

压型钢板展开宽度比：压型钢板一般由平钢板冷弯而成,冷弯后板型曲折,其实际宽度小于材料宽度,压型钢板展开宽度比指材料宽度∶实际宽度。

弯矩控制截面：对于跨度大、荷载小的大跨度梁,根据力学计算原理,剪力与荷载的一次方、跨度的一次方成正比,弯矩与荷载的一次方、跨度的二次方成正比,因此剪力效应远远小于弯矩效应,梁截面的大小主要由弯矩控制。

摇摆柱：多跨刚架中采用的上下两端均铰接、不能抵抗侧向荷载的柱。

抗风柱：传递风荷载的作用,上部通过与钢梁连接的节点将荷载传递给屋架系统以及整个刚架承重系统,下部通过柱脚将荷载传递给基础。

隔撑：梁与檩之间、柱与檩之间的支撑杆。墙面上的隔撑叫墙隔撑,屋面上的隔撑叫屋面隔撑。

拉条：檩条之间的拉结构件,一般由圆钢制成,细长,只能承受拉力。

撑杆：檩条之间的连接构件,一般在拉条外套钢管组成,既能承受拉力,又能承受压力。

整体稳定性：结构在未达到强度极限,甚至未达到屈服极限时,抵抗侧向屈曲引发承载能力丧失的能力。

侧向支撑：提高梁、柱等构件平面外整体稳定性而设置的构件,防止梁、柱等构件发生平面外的弯曲。

冷弯：一种金属加工方法,指在室温下将金属材料板、带材用机械弯曲成一定形状和尺寸的型材,其产品称为冷弯型材。

任务 5.4 门式刚架结构设计参数设置

快速建模后,我们可以对模型进行初步校核和参数设置,并操作软件进行初次计算,并对计算结果进行分析,以保证结构设计既安全又经济。

门式刚架结构参数设置

点击"结构计算"中的"参数输入"按钮(见图 5-4-1),即可进入参数输入界面(见图 5-4-2)。

图 5-4-1 "结构计算"中的"参数输入"按钮

平面内模型参数输入

图 5-4-2 参数输入界面

参数输入界面一共有 7 个标签页,分别是"结构类型参数""总信息参数""地震计算参数""荷载分项及组合系数""活荷载不利布置""防火设计""其他信息"。

一、结构类型参数

1. 结构类型

选择结构类型以确定结构的地震计算阻尼比,根据本案例特征,选择"门式刚架轻型房屋钢结构",则按照《门式刚架轻型房屋钢结构技术规范》(GB 51022—2015)6.2.1条确定地震计算阻尼比。

选择结构类型,也用于确定结构的构造措施控制参数。当选择"门式刚架轻型房屋钢结构"时,无须按照《建筑抗震设计规范》(GB 50011—2010)(2016年版)的要求来控制局部稳定和长细比。

2. 设计规范

确定构件计算长度系数计算方法及构件验算规范的默认值,对于未在程序中专门制定规范的构件,按此默认值确定。本案例属于门式刚架轻型房屋钢结构,因此选择《门式刚架轻型房屋钢结构技术规范》(GB 51022—2015)。

3. 设计控制参数

整个框内都是各构件的长细比最大值、挠度最大值的要求,一般勾选"程序自动确定容许长细比",由程序自行调取规范要求,如表5-4-1至表5-4-4所示。我们也可根据工程实际情况,手动调整各项参数,但不得超过规范限值。

4. 执行《钢结构设计标准》(GB 50017—2017)

对于"设计规范选项"选择了《门式刚架轻型房屋钢结构技术规范》(GB 51022—2015)的案例,"执行《钢结构设计标准》(GB50017-2017)"不可被勾选。《门式刚架轻型房屋钢结构技术规范》(GB 51022—2015)是专业细分程度更深的规范,与《钢结构设计标准》(GB 50017—2017)有冲突时,应当按照《门式刚架轻型房屋钢结构技术规范》(GB 51022—2015)相关条文执行,故无须选择"执行《钢结构设计标准》(GB50017-2017)"。

表 5-4-1 刚架柱顶位移限值

吊车情况	其他情况	柱顶位移限值
无吊车	当采用轻型钢墙板时	$h/60$
	当采用砌体墙时	$h/240$
有桥式吊车	当吊车有驾驶室时	$h/400$
	当吊车由地面操作时	$h/180$

表 5-4-2 受弯构件的挠度与跨度比限值

挠度类型	构件类别		构件挠度限值
竖向挠度	门式刚架斜梁	仅支承压型钢板屋面和冷弯型钢檩条	$L/180$
		尚有吊顶	$L/240$
		有悬挂起重机	$L/400$
	夹层	主梁	$L/400$
		次梁	$L/250$
	檩条	仅支承压型钢板屋面	$L/150$
		尚有吊顶	$L/240$
	压型钢板屋面板		$L/150$

续表

挠度类型	构件类别		构件挠度限值
水平挠度	墙板		$L/100$
	抗风柱或抗风桁架		$L/250$
	墙梁	仅支承压型钢板墙	$L/100$
		支承砌体墙	$L/180$ 且 $\leqslant 50$ mm

表 5-4-3 受压构件的长细比限值

构件类别	长细比限值
主要构件	180
其他构件及支撑	220

表 5-4-4 受拉构件的长细比限值

构件类别	承受静力荷载或间接承受动力荷载的结构	直接承受动力荷载的结构
桁架杆件	350	250
吊车梁或吊车桁架以下的柱间支撑	300	
除张紧的圆钢或钢索支撑除外的其他支撑	400	

注:在永久荷载与风荷载组合作用下受压时,其长细比不宜大于 250。

5. 执行《建筑与市政工程抗震通用规范》(GB 55002—2021)

自 2022 年 1 月 1 日开始,该选项应当勾选。《建筑与市政工程抗震通用规范》(GB 55002—2021)于 2021 年 4 月 9 日发布,于 2022 年 1 月 1 日生效。在该规范生效之前,主控地震作用的分项系数按照《建筑抗震设计规范》(GB 50011—2010)(2016 年版)取 1.3(见表 1-3-3)。《建筑与市政工程抗震通用规范》(GB 55002—2021)生效后,主控地震作用的分项系数应当取 1.4(见表 5-4-5)。

表 5-4-5 《建筑与市政工程抗震通用规范》(GB 55002—2021)规定的地震作用分项系数

地震作用	γ_{Eh}	γ_{Ev}
仅计算水平地震作用	1.4	0.0
仅计算竖向地震作用	0.0	1.4
同时计算水平与竖向地震作用(水平地震为主)	1.4	0.5
同时计算水平与竖向地震作用(竖向地震为主)	0.5	1.4

6. 多台吊车组合时的吊车荷载折减系数

本案例无吊车,故不可勾选。对于有多台吊车的案例,可按照表 2-6-2 进行取值。

7. 门式刚架构件

"钢梁还要按压弯构件验算平面内稳定性"应当勾选,勾选后程序将根据《门式刚架轻型房屋钢结构技术规范》(GB 51022—2015)7.1.3 条的公式进行验算。本案例无摇摆柱,故可不设"摇摆柱设计内力放大系数"。对于有摇摆柱的案例,此处主要是考虑摇摆柱上下的连接是被简化为铰接的,其实际存在一定的转动约束效应,该约束效应会使摇摆柱端部实际存在一定的弯矩,该弯矩叠加到柱中,会增大柱中弯矩,因此应放大柱中弯矩使计算与实际更加吻合。

二、总信息参数

"总信息参数"选项卡如图 5-4-3 所示。

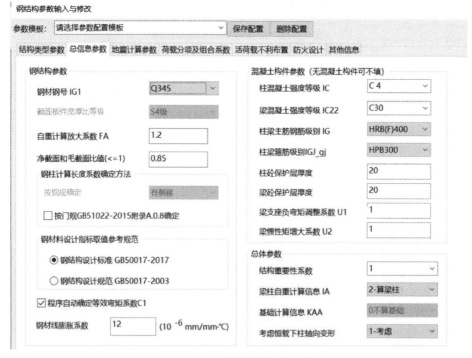

图 5-4-3 "总信息参数"选项卡

门式刚架系杆布置

门式刚架支撑布置

1. 钢材钢号

一般门式刚架主结构宜采用 Q345 牌号的钢材,以便降低用钢量。

2. 自重计算放大系数

前面提到过,门式刚架柱和门式刚架梁的自重是程序自动计算的,但程序计算时并未考虑防腐涂料和防火涂料的重量,对于耐火等级要求高的厂房,防火涂料厚度较大,重量不可忽略,因此应当乘以放大系数。根据经验,此处可输入"1.2"。

3. 净截面和毛截面比值

门式刚架柱和门式刚架梁上需要连接系杆、支撑等构件,需要在门式刚架柱和门式刚架梁上开孔,开孔使门式刚架柱和门式刚架梁上的净截面减小,但开孔位置难以在这个设计阶段确定,因此程序给出一个小于1的折减系数,来考虑开孔引起的净截面削弱。需要注意的是,该系数只影响强度计算,不影响整体稳定性计算。

4. 钢柱计算长度系数确定方法

当前面按规范选择了《门式刚架轻型房屋钢结构技术规范》(GB 51022—2015)时,《门式刚架轻型房屋钢结构技术规范》(GB 51022—2015)给出了两种计算钢柱计算长度的确定方法,勾选"按门规 GB51022-2015 附录 A.0.8 确定"时,采用以下方法确定柱计算长度。

单层多跨房屋,当各跨屋面梁的标高无突变(无高低跨)时,可考虑各柱相互支援作用,采用修正的计算长度系数进行刚架柱的平面内稳定计算。修正的计算长度系数应按下列公式计算。当计算值小于 1.0 时,应取 1.0。

$$\mu'_j = \frac{\pi}{h_j}\sqrt{\frac{EI_{cj}\left[1.2\sum(P_i/H_i)+\sum(N_k/h_k)\right]}{P_j \cdot K}}$$

$$\mu'_j = \frac{\pi}{h_j}\sqrt{\frac{EI_{cj}\left[1.2\sum(P_i/H_i)+\sum(N_k/h_k)\right]}{1.2P_j\sum(P_{crj}/H_j)}}$$

式中:N_k、h_k——摇摆柱上的轴力和高度;

K——在檐口高度作用水平力求得的刚架抗侧刚度,N/mm;

P_{crj}——按传统方法计算的框架柱的临界荷载。

可以看出,以上方法适用于单层多跨房屋,且各跨屋面梁的标高无突变。本案例符合该要求,因此可以勾选"按门规 GB51022-2015 附录 A.0.8 确定"。

5. 钢材料设计指标取值参考规范

本选项应选择《钢结构设计标准》(GB 50017—2017)。

6. 程序自动确定等效弯矩系数 C1

勾选时,按照《门式刚架轻型房屋钢结构技术规范》(GB 51022—2015)7.1.4 条进行计算,该条文是专门为房屋抽柱而增设的托梁进行稳定性计算而制定的,也可用于类似情况。本案例中,没有抽柱托梁,故可不勾选"程序自动确定等效弯矩系数 C1"。

7. 钢材线膨胀系数

按照《钢结构设计标准》(GB 50017—2017)4.4.8 条选用,默认值为 12。

8. 混凝土构件参数

某些门式刚架采用混凝土柱和钢梁的组合结构。对于没有混凝土结构的工程,无须输入,保持其默认值即可。

9. 总体参数

(1) 结构重要性系数。按照《建筑结构荷载规范》(GB 50009—2012)3.2.2 条、《建筑结构可靠性设计统一标准》(GB 50068—2018)8.2.8 条、《门式刚架轻型房屋钢结构技术规范》(GB 50017—2017)3.1.3 条等条文的规定,输入结构重要性系数。本案例为一般结构,输入"1.0"即可。

(2) 梁柱自重计算信息。在荷载输入时,如果包含门式刚架梁柱自重,则此处应当选择"1-不算";如果没有包含门式刚架梁柱自重,则此处应当选择"2-算梁柱"。

本案例的恒荷载输入没有包含门式刚架梁柱自重,因此应当选择"2-算梁柱"。

（3）考虑恒载下柱轴向变形。对于恒荷载较大的重型工业厂房，钢柱会在持久设计状况下发生压缩现象，柱一旦压缩变短，梁也会受到额外的内力，该内力又会传递给柱。因此考虑恒载下柱轴向变形，可以使计算结果与实际情况更吻合。

三、地震计算参数

（1）地震影响系数取值依据。查《中国地震动参数区划图》（GB 18306—2015），确定抗震设防烈度。本案例中，湖北省黄冈市黄州区赤壁街道地震峰值加速度为 0.05 g，对应基本烈度为 6 度，反应谱特征周期为 0.35 s。查《建筑抗震设计规范》（GB 50011—2010）（2016 年版）附录 A，黄州区地震分组为第一组。

"地震计算参数"选项卡如图 5-4-4 所示。根据上述资料可以查出地震计算参数的相应取值。此处也可以直接选择"区划图"，在弹出的对话框（见图 5-4-5）中，选择正确的省、市、县（区）、乡镇（街道），程序可以查询规范，自动输入正确的数据。

图 5-4-4　"地震计算参数"选项卡

图 5-4-5　区划图检索对话框

（2）地震作用计算，选择"1-水平地震"。

（3）抗震等级。按照《建筑与市政工程抗震通用规范》（GB 55002—2021）5.3.1 条的规定，可以按"不抗震"输入，也可以按最低标准选择四级。

丙类建筑的抗震等级应按表 5-4-6 确定。

表 5-4-6 丙类钢结构房屋的抗震等级

房屋高度	烈度			
	6 度	7 度	8 度	9 度
≤50 m	一	四	三	二
>50 m	四	三	二	一

注：1.高度接近或等于高度分界时，应允许结合房屋不规则程度和场地、地基条件确定抗震等级。

2.一般情况，构件的抗震等级应与结构相同；当某个部位各构件的承载力均满足 2 倍地震作用组合下的内力要求时，7～9 度的构件抗震等级应允许按降低一度确定。

（4）计算振型个数。输入"3"，表示水平、竖向和转动三个自由度。

（5）场地类别。根据岩土工程勘察报告查询，地质勘察单位会根据场地土的情况，确定场地类别。本案例为Ⅱ类。

（6）周期折减系数。门式刚架结构的围护结构和分隔结构如果采用砌块墙等刚度较大的墙体，则其会在一定程度上增加门式刚架的刚度，减小其振动的周期。如果厂房内有与门式刚架相同方向的刚性墙体，则应输入小于 1 的周期折减系数，否则周期折减系数可以输入"1"。本案例属于中榀门式刚架，无与门式刚架相同方向的墙体，因此应当输入"1"。

边榀平面模型调整

中榀平面模型调整

（7）阻尼比。参考《建筑抗震设计规范》（GB 50011—2010）（2016 年版）8.2.2 条、9.2.5 条、H.2.6 条取值。本案例属于单层钢结构厂房，可输入"0.05"。

（8）特征周期。按照《中国地震动参数区划图》（GB 18306—2015）和《建筑与市政工程抗震通用规范》（GB 55002—2021）2.2.2 条的规定（见表 5-4-7），输入"0.35"。

表 5-4-7 设计地震分组与Ⅱ类场地地震动加速度反应谱特征周期的对应关系

设计地震分组	第一组	第二组	第三组
Ⅱ类场地基本地震动加速度反应谱特征周期	0.35 s	0.40 s	0.45 s

（9）水平地震影响系数最大值，由程序自动计算，按照默认值设置。

（10）地震力计算方式，选择"振型分解法"。

（11）规则框架考虑层间位移校核与薄弱层内力调整。有夹层的门式刚架才需要勾选。

（12）地震作用效应增大系数。《建筑抗震设计规范》（GB 50011—2010）（2016 年版）5.2.3 条规定：规则结构不进行扭转耦联计算时，平行于地震作用方向的两个边榀各构件，其地震作用效应应乘以增大系数。一般情况下，短边可按 1.15 采用，长边可按 1.05 采用；当扭转刚度较小时，周边各构件宜按不小于 1.3 采用。角部构件宜同时乘以两个方向各自的增大系数。本案例属于中榀，但本榀刚架的边柱又属于厂房纵向的边榀，因此可输入"1.05"。

四、荷载分项及组合系数

荷载分项系数、组合系数等可参考本书模块 2 任务 7，该选项卡（见图 5-4-6）内的数据由程序根据规范自动输入，一般按照默认值设置。

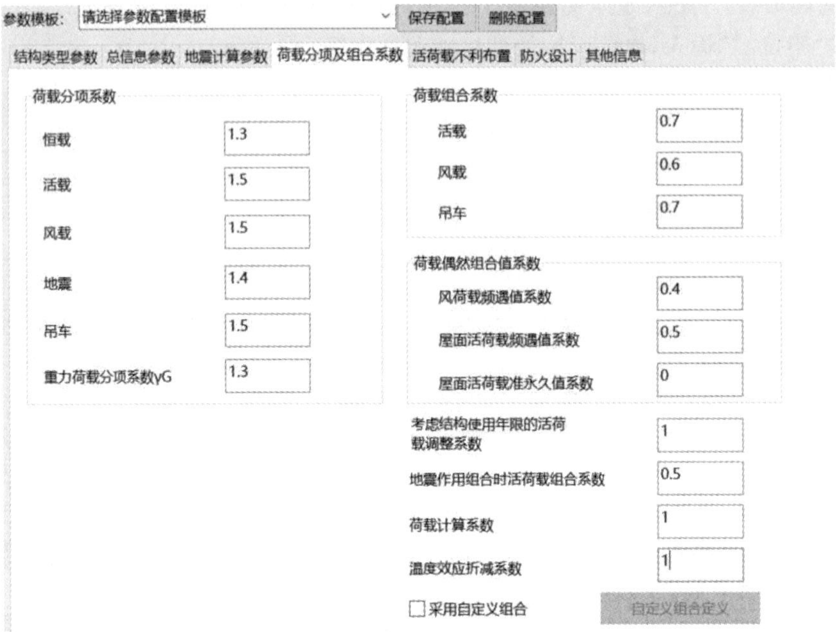

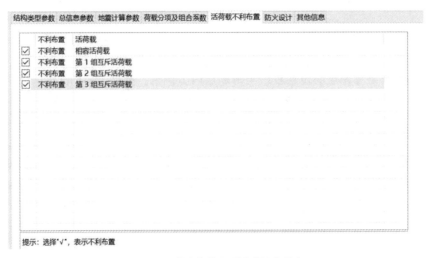

图 5-4-6 "荷载分项及组合系数"选项卡

五、活荷载不利布置

结构计算时，需要考虑活荷载的不利布置，尤其是雪荷载的不利布置，这需要结合工程经验进行分析。在本案例中，提出几种可能出现的不利布置进行输入，程序会分别验算（不会将几种不利布置叠加或组合），并取其包络值作为设计值。

一般在"快速建模"或"荷载输入"阶段，就需要将各种可能出现的活荷载不利布置分别输入模型，如图 5-4-7 所示。此处可以在不删除活荷载不利布置的情况下，选择活荷载参与验算。

图 5-4-7 "活荷载不利布置"选项卡

在本案例中,活荷载不利布置主要有以下几种工况。

(1)屋面满布活荷载,模拟整个屋面都有维修人员。

(2)屋面单坡布置活荷载,模拟单坡屋面有维修人员。

(3)屋面满布雪荷载,模拟整个屋面被雪覆盖。

(4)屋面雪荷载不均匀分布,模拟大风将雪吹向一侧,导致双坡屋面其中一个单坡的积雪较厚,另一个单坡的积雪较薄。

(5)屋面满布雪荷载且女儿墙下积雪较厚。

(6)屋面雪荷载不均匀分布且女儿墙下积雪较厚。

(7)屋面单坡有雪荷载,模拟雪后天晴,一侧雪融化。

以上各种荷载工况中,无法直接判断哪种工况对结构内力的影响最大,甚至可能出现每种工况都对应结构中某处截面的内力最大值的情况,因此保守做法是将以上所有荷载工况依次输入。

六、防火设计

钢结构应根据设计耐火极限采取相应的防火保护措施,或进行耐火验算与防火设计。钢结构构件的耐火极限经验算低于设计耐火极限时,应采取防火保护措施。

本案例按照《建筑设计防火规范》(GB 50016—2014)的要求采用防火涂料进行防火保护,故不进行专门的抗火设计,如图 5-4-8 所示。

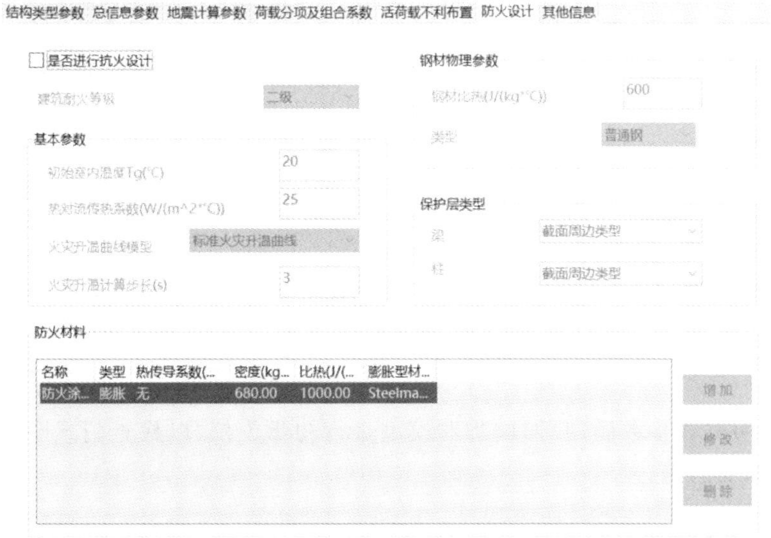

图 5-4-8　"防火设计"选项卡

七、其他信息

在"其他信息"选项卡(见图 5-4-9)中,左侧"计算书设置"主要是计算结果的输出,一般按照默认值设置;右侧"柱细分信息设置"勾选后,对柱子进行分段计算,内力更加符合实际受力情况,可能会导致柱内力增大,一般应勾选,选择"按长度细分"并输入分段长度"3000"。

图 5-4-9   "其他信息"选项卡

名词解释

  结构包络设计:建筑结构设计的一种常见方法。通过分析建筑结构中可能出现的各种工况,绘制出多份内力图,然后将多份内力图进行比较,将构件上每一点的内力设计值确定为多份内力图中的最大值,以保证构件能承受各种工况引起的内力,即为包络设计。

  包络值:结构包络设计中,多种工况下,构件某一点(截面)上的内力最大值。

  荷载工况:建筑结构某一时刻的工作情况,对应建筑结构此时承受的荷载状况。

任务 5.5   门式刚架结构验算结果分析

  快速建模并输入参数后,我们应当对模型进行初步校核,以检查门式刚架构型是否正确、荷载输入是否合理。

一、计算简图校核

  点击"结构计算"中的"计算简图"按钮(见图 5-5-1),即可切换到计算简图界面(见图 5-5-2)。

图 5-5-1   "结构计算"中的"计算简图"按钮

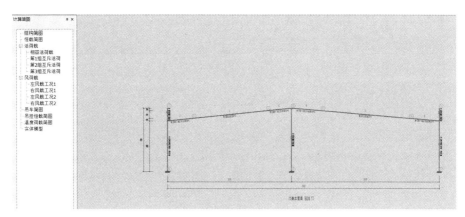

图 5-5-2　计算简图界面

计算简图界面包含"结构简图""恒载简图""活荷载""风荷载""吊车简图""吊挂恒载简图""温度荷载简图""实体模型"等选项。这些选项对应的内容及功能如下。

（1）结构简图主要用于校核结构尺寸、构件截面等。

（2）恒载简图用于校核恒荷载。

（3）相容活荷载指能够与其他荷载组合的活荷载，对于有夹层的门式刚架，夹层上的活荷载就是相容活荷载，因为屋面无论是检修还是下雪，室内夹层上的活荷载都是有可能存在的。本案例没有相容活荷载。

门式刚架结构
验算结果分析

（4）第 $1 \sim n$ 组互斥活荷载指不能同时出现的活荷载，主要是各种可能的活荷载、雪荷载。

（5）左风载工况 1 和左风载工况 2 对应左侧来风时，室内正压或负压的情况。

（6）右风载工况 1 和右风载工况 2 对应右侧来风时，室内正压或负压的情况。

（7）吊车简图指吊车荷载，本案例没有吊车。

（8）吊挂恒载指屋顶吊灯、吊顶、吊挂消防管道、吊挂排水管道等构件的荷载，本案例没有考虑吊顶、吊灯、各种管道。

（9）温度荷载是指温度作用应考虑气温变化、太阳辐射及使用热源等因素，作用在结构或构件上的温度作用应采用其温度的变化来表示，按照《建筑结构荷载规范》（GB 50009—2012）9.1 节考虑。

二、计算结果

点击"结构计算"中的"结构计算"按钮，即可使程序自动进行计算，并自动切换到计算结果查询界面，如图 5-5-3 所示。

平面内模型结果显示

门式刚架计算过程是先计算单项荷载工况下的内力，再乘以分项系数、组合系数并进行组合、包络，绘制出内力包络图和承载力图，最后将构件所有部位的包络内力除以承载力，得出构件每个截面的承载力/包络内力（包络内力/承载力＝应力比）并绘制应力比图。

为保证使用者能够看到验算结果，还能检查计算过程以便分析优化结构布置或构件截面，门式刚架的计算结果主要有三项功能，即构件信息查询、验算结果校核、内力分析。

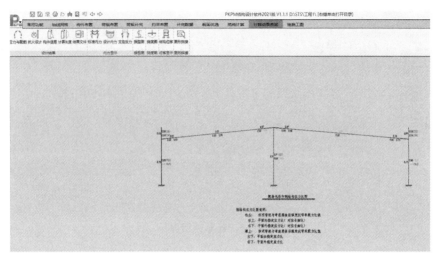

图 5-5-3　计算结果查询界面

（1）构件信息查询，快速查询构件的截面、计算长度、约束条件等信息，避免切换到前面的选项卡，如"构件信息""计算长度"等。

（2）计算结果校核，主要是分析结构承载力极限状态和正常使用极限状态是否满足规范要求，与规范允许值进行比对，如"应力与配筋""挠度图""结构位移"。当验算结构不满足规范允许值时，程序会以红色表示。

（3）内力分析，检查、分析中间结果，如"标准内力""设计内力""支座反力"等。

三、计算结果校核

根据《钢结构设计标准》（GB 50017—2017），钢结构计算结果的校核主要有四个方面：强度（如抗压、抗弯、压弯等）、稳定性（如平面内整体稳定性、平面外整体稳定性等）、变形（如刚架侧移、钢梁弯曲等）、构造（如长细比、局部稳定性等）。

1. 应力与配筋

应力与配筋信息包含构件的强度、整体稳定性、长细比等。对于梁来说，需要验算的内容有强度、平面内稳定性、平面外稳定性，这三种验算结果都采用"应力比＝包络内力/承载力"的方式来呈现，应力比小于 1 为符合要求，大于 1 为不符合要求，不符合要求的数字用红色显示，如图 5-5-4 所示。

（1）在梁应力比信息中，梁上部的数字为强度应力比，梁左下方的数字为平面内整体稳定性应力比（一般无须关注），梁右下方的数字为平面外整体稳定性应力比，要求三个数字均不大于 1。

查询《钢结构设计标准》（GB 50017—2017）6.1 节可知，增加梁的承载力的措施主要是增加其截面模量 W_{nx}，而增加 H 型钢梁截面模量的最佳方法是增加截面高度、增加翼缘厚度和增加翼缘宽度。

查询《钢结构设计标准》（GB 50017—2017）6.2 节可知，增加梁的平面外整体稳定性的措施主要是增加梁的整体稳定性系数 φ_b 和毛截面模量 W_x，对应增加 H 型钢梁平面外整体稳定性的最佳方法是减小梁平面外计算长度、增加翼缘宽度和增加翼缘厚度。

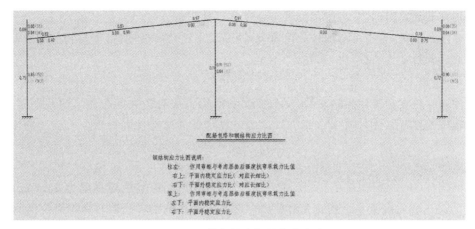

图 5-5-4 配筋包络和钢结构应力比图

减小梁平面外计算长度的方法是增加梁平面外侧向支撑,通过屋面檩条约束梁上翼缘,通过隔撑约束梁下翼缘,进而能够有效约束梁在平面外失稳(摇晃),因此减小梁平面外计算长度的主要做法就是增加隔撑,减小隔撑间距。

(2)柱应力比信息中,柱左侧的数字为强度应力比;柱右上方的数字为平面内整体稳定性应力比,括号内的数字为平面内长细比;柱右下方的数字为平面外整体稳定性应力比,括号内的数字为平面外长细比。

查询《钢结构设计标准》(GB 50017—2017)8.1 节可知,增加柱强度的主要措施为增加截面面积、平面内(强轴)截面模量、平面外(弱轴)截面模量。

查询《钢结构设计标准》(GB 50017—2017)8.2 节可知,增加柱平面内整体稳定性和长细比的主要方法为减小平面内计算长度,增加平面内(强轴)截面模量、截面面积;增加柱平面外整体稳定性和长细比的主要方法为减小平面外计算长度,增加平面外(弱轴)截面模量、截面面积。

平面外结构计算及调整

① 若柱应力比不满足要求,应当理性分析。确保柱平面内、平面外计算长度合理。一般来说,门式刚架柱平面内计算长度由程序自动计算,无须修改。门式刚架柱平面外计算长度可以通过设置平面外侧向支撑来减小,常用的侧向支撑是檩条和隔撑,檩条和隔撑一般用于厂房的外围,即门式刚架的边柱。檩条侧向支撑于柱外翼缘,隔撑侧向支撑于柱内翼缘,确保柱不会沿平面外屈曲(弯曲)。

需要注意的是,除特殊情况外,所有柱平面内计算长度无法通过平面外支撑来减小,中柱位于厂房中央,一般无法设置檩条,因此其平面外计算长度也无法通过"檩条+隔撑组合"减小。有时中柱高度太大,为减小其平面外计算长度,可以通过吊车梁、刚性系杆来减小其平面外计算长度,但一定要注意该刚性系杆不能对厂房的使用造成不利影响。

② 正确设置了柱平面内、平面外计算长度后,若柱应力比或长细比仍不满足要求,则应该采取"先外后内"的顺序来进行调整,即先调整平面外,再调整平面内。

平面外长细比不满足要求时,可先直接增大柱翼缘宽度,当柱翼缘宽度增加过多时,应同时增加柱翼缘厚度,以免翼缘局部稳定性不足。逐步增加柱翼缘宽度和厚度,直至柱平面外长细比和整体稳定性满足要求。此时,平面内稳定性和强度应力比很可能随之降低,并符合要求。

若平面内长细比和整体稳定性仍不满足要求,柱平面内由弯矩控制而不是轴力控制,故宜以增加柱截面高度为主,以增加柱翼缘宽度和厚度为辅。

需要注意的是,无论是增加柱翼缘宽度,还是增加柱截面高度,都需要相应增加其厚度,以免造成局部稳定性(宽厚比、高厚比)不足。

2. 挠度图

为保证结构在正常使用状态有良好的实用性,梁不应有较大的弯曲,《门式刚架轻型房屋钢结构技术规范》(GB 51022—2015)3.3.2 条规定了受弯构件的挠度与跨度比的限值,如表 5-4-2 所示。

程序给出了(恒+活)挠度图、(活)挠度图、斜梁计算坡度图、抗风柱挠度图等 4 个图。我们主要分析(恒+活)挠度图(见图 5-5-5)。本案例中,左跨梁绝对挠度为 63.6 mm,相对挠度为 1/235,相对挠度小于规范允许值(1/180),满足规范要求。但右跨相对挠度为 1/95,大于 1/180,不满足规范要求。

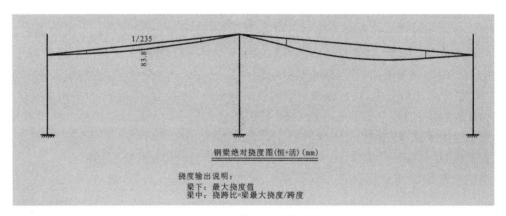

图 5-5-5 (恒+活)挠度图

3. 结构位移

结构在水平荷载,如风、地震、吊车荷载等作用下,会发生水平方向的侧移,该侧移也不宜过大。《门式刚架轻型房屋钢结构技术规范》(GB 51022—2015)3.3.1 条规定:在风荷载或多遇地震标准值作用下的单层门式刚架的柱顶位移值,不应大于规定的限值,如表 5-4-1 所示。夹层处柱顶的水平位移限值宜为 $H/250$,H 为夹层处柱高度。

在本案例中,我们应分别查看左风载 1 位移图、左风载 2 位移图、右风载 1 位移图、右风载 2 位移图、左地震位移图、右地震位移图(见图 5-5-6),检查其柱顶位移是否超过 1/60。

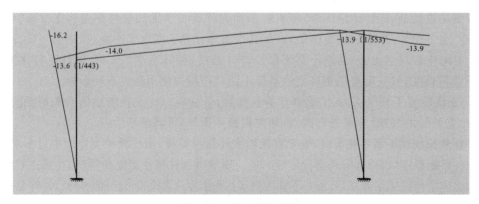

图 5-5-6 右地震位移图

在本案例的右地震位移图中,左柱柱顶位移为 1/443,中柱为 1/553,均未超过 1/60,满足规范要求。

4.局部稳定性

依次点击"计算结果查询""结果文件""超限信息文件(见图 5-5-7)",可以看到结构计算中所有超过规范允许值的项目(见图 5-5-8),以便根据超限的详细信息,调整结构布置或构件截面,并重新验算,直至"STS 计算超限信息输出"中无任何超限信息。

平面内建模设计要求

图 5-5-7 "超限信息文件"按钮

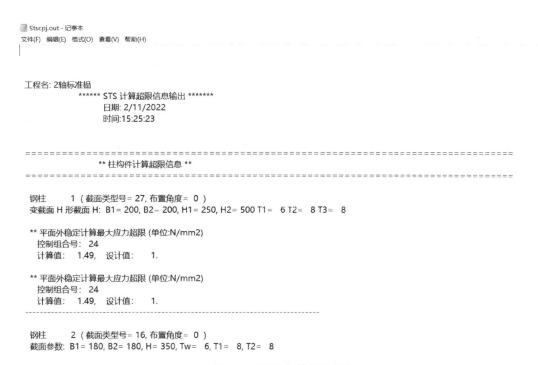

图 5-5-8 STS 计算超限信息

"STS 计算超限信息输出"文件中包含构件高厚比、宽厚比超限信息,一旦发现某构件高厚比、宽厚比超限,应当增加其板厚。

四、计算结果合理性与优化设计

如前所述,钢结构设计的目标是安全性、适用性、耐久性和经济性的统一,因此我们不但要保证结构在承载力极限状态和正常使用极限状态的各项指标满足规范要求,还要尽量使其造价更低、用钢量更少。

需要注意的是,造价更低和用钢量更少两个概念并不完全统一,如采用相同截面的焊接H型钢和热轧H型钢,热轧H型钢的造价相对更低。

为保证安全性、适用性、耐久性和经济性的统一,我们应当从以下几个方面出发,来进行设计和优化设计。

(1)合理设置梁的拼接部位。门式刚架梁跨度一般较大,为方便运输,不得不将其分为几段,分段位置与门式刚架梁的变截面相关,合理设置分段位置,能够使门式刚架梁的截面与弯矩匹配性更高,利用效率更高。

(2)控制应力比。通过不断调整构件截面,使构件的最大应力比为0.9~1.0,甚至为0.95~1.0,能够极大降低用钢量和造价。

(3)合理划分跨度。结构设计人员应当与建筑设计人员、工艺设计人员密切沟通,确定柱子的位置、梁的跨度、门式刚架的榀距,能够极大降低造价。

(4)合理设置参数,通过对门式刚架受力的深刻理解,合理设置参数。参数中的"净截面和毛截面的比值",考虑到梁柱上可能有螺栓开洞,一般设为0.85,但并不是所有梁柱都开洞,我们可以将"净截面和毛截面的比值"设为1,并在应力比中控制某些构件的应力比,使其在0.85以下,也能极大降低造价。

(5)多做方案比较。门式刚架结构是一个系统,主刚架和次构件的总造价才是我们最终需要控制的,有时为了减小梁柱的计算长度,刻意增加隅撑,虽然主刚架用钢量降低了,但总用钢量可能会上升。诸如此类的问题,我们常常无法直观判断,因此需要多做几套方案,分别设计并比较,最终确定最优方案,这才是优化设计的目的。

名词解释

侧向支撑:为减少受压构件(或构件的受压翼缘)自由长度所设置的支撑构件,沿被支撑构件(或构件受压翼缘)的屈曲方向,侧向支撑能够提供作用于受压构件(或构件的受压翼缘)的侧向力。

失稳:失稳就是稳定性失效,也就是受力构件丧失保持稳定平衡的能力,如结构或构件长细比(构件长度和截面边长之比)过大而在不大的作用力下突然产生作用力平面外的极大变形而不能保持平衡的现象。

平面内和平面外:建筑结构是一个立体结构,一般有 X、Y、Z 三个方向,其中 X、Y 方向对应房屋的水平横向和水平纵向,Z 方向对应竖向。简单规则结构中,可以将结构分解为多个 X、Z 向刚架(框架)和多个 Y、Z 向刚架(框架),一般将 X、Z 向称为横向,将 Y、Z 向称为纵向。两个方向的受力可以假定为互不影响,或通过增加系数的方式来考虑其相互影响,以便简化计算。当我们选取横向(X、Z 向)刚架进行计算时,可以将 X、Z 向梁柱画到平面媒体(如纸)上,这时,所有能够在平面媒体中画出的力、变形、构件都称为平面内,所有与平面媒体垂直的称为平面外。

强轴和弱轴:截面抵抗矩大的方向就是强轴方向,另一个方向就是弱轴方向。对于施工中常用的 H 形截面,绕 X 轴方向就是强轴方向,绕 Y 轴方向就是弱轴方向。

局部稳定性:在构件没有发生整体失稳时,翼缘、腹板在局部位置抵抗由压力产生的屈曲引发承载能力丧失的能力。

宽厚比:结构包络设计中,多种工况下,构件某一点(截面)的内力最大值。

高厚比:建筑结构某一时刻的工作情况,对应建筑结构此时承受的荷载状况。

挠度:在受力或非均匀温度变化时,杆件轴线在垂直于轴线方向的线位移或板壳中面在垂直于中面方向的线位移。

任务 5.6　门式刚架结构设计优化

钢结构设计的目标是安全性、适用性、耐久性和经济性的统一,因此我们不但要保证结构在承载力极限状态和正常使用极限状态的各项指标满足规范要求,还要尽量使其造价更低、用钢量更少。

需要注意的是,造价更低和用钢量更少两个概念并不完全统一,如采用相同截面的焊接 H 型钢和热轧 H 型钢,热轧 H 型钢的造价相对更低。

一、计算结果合理性与优化设计

为保证安全性、适用性、耐久性和经济性的统一,我们应当从以下几个方面出发,来进行设计和优化设计。

(1)合理设置梁的拼接部位。门式刚架梁跨度一般较大,为方便运输,不得不将其分为几段,分段位置与门式刚架梁的变截面相关,合理设置分段位置,能够使门式刚架梁的截面与弯矩匹配性更高,利用效率更高。

(2)控制应力比。通过不断调整构件截面,使构件的最大应力比为 0.9~1.0,甚至为 0.95~1.0,能够极大降低用钢量和造价。

(3)合理划分跨度。结构设计人员应当与建筑设计人员、工艺设计人员密切沟通,确定柱子的位置、梁的跨度、门式刚架的榀距,能够极大降低造价。

(4)合理设置参数,通过对门式刚架受力的深刻理解,合理设置参数。参数中的“净截面和毛截面的比值”,考虑到梁柱上可能有螺栓开洞,一般设为 0.85,但并不是所有梁柱都开洞,我们可以将“净截面和毛截面的比值”设为 1,并在应力比中控制某些构件的应力比,使其在 0.85 以下,也能极大降低造价。

（5）多做方案比较。门式刚架结构是一个系统工程，主刚架和次构件的总造价才是我们最终需要控制的，有时为了减小梁柱的计算长度，刻意增加隔撑，虽然主刚架用钢量降低了，但总用钢量可能会上升。诸如此类的问题，我们常常无法直观判断，因此需要多做几套方案，分别设计并比较，最终确定最优方案，这才是优化设计的目的。

二、梁的最优拼接位置

门式刚架结构梁通常是变截面梁，这与门式刚架梁的受力特征相关，对于大跨度门式刚架梁，弯矩内力是其控制内力。在恒荷载、活荷载、雪荷载、风荷载、吊车荷载的共同作用下，梁沿轴线的每一截面均有可能出现正弯矩或负弯矩，我们应根据规范要求，将各种弯矩内力组合成弯矩包络图，如图 5-6-1 所示。

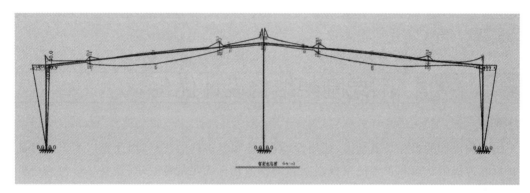

图 5-6-1　弯矩包络图

我们可以发现，左跨梁中，有两处弯矩突变（见图 5-6-2）。在弯矩突变点 1 的左侧，弯矩绝对值从左到右单调减小；在弯矩突变点 1 和弯矩突变点 2 之间，弯矩绝对值最大值分别在左、中、右三个位置；在弯矩突变点 2 的右侧，弯矩绝对值从左到右单调增大。

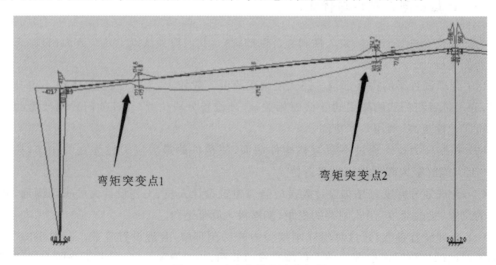

图 5-6-2　弯矩包络图突变位置

值得指出的是,对于上下翼缘一样的 H 型钢梁,同一截面承受正、负弯矩的能力是一样的,因此此处用弯矩绝对值来进行比较。

1. 初步优化截面

将上面的第 1 跨梁分为三段进行设计,分别称为第 1 跨第 1 段、第 1 跨第 2 段、第 1 跨第 3 段。

将第 1 跨第 1 段梁设计为变截面梁,从左到右截面逐渐减小,使左侧截面刚好能够抵抗第 1 跨第 1 段梁左端的弯矩,使右侧截面刚好能够抵抗第 1 跨第 1 段梁右端的弯矩。

将第 1 跨第 2 段梁设计为等截面梁,使其截面能够抵抗第 1 跨第 2 段梁左端的弯矩和第 1 跨第 2 段梁右端的弯矩。值得注意的是,同一段梁不能设计成两端大中间小或两端小中间大的形式,这是因为目前钢结构加工厂里的自动埋弧焊机还不能加工出这种形状的构件,采用手工焊接的话,构件质量和成本又不能保证。

将第 1 跨第 3 段梁设计为变截面梁,设计思路与第 1 跨第 1 段梁一致。

2. 优化拼接位置

在初步优化截面时,我们往往会发现门式刚架梁设计拼接点的位置与弯矩突变点的位置不一致,此时应该调整门式刚架梁设计拼接点的位置,使其与弯矩突变点尽量一致。

因为第 1 跨第 2 段梁一般做成等截面梁,如果第 1 跨第 2 段梁中部的弯矩绝对值远远大于第 1 跨第 2 段梁左端、右端或第 1 跨第 2 段梁中部的弯矩绝对值远远小于第 1 跨第 2 段梁左端、右端,则该段梁只能按最大的弯矩绝对值设计截面,在弯矩绝对值较小的位置,截面承载力发挥不完全,造成浪费。因此,合理设计梁的截面、柱的截面,使第 1 跨梁的弯矩分布合理,才是优化设计的核心所在,如表 5-6-1 所示。

表 5-6-1 各梁段弯矩绝对值相对比值优化目标

位置	第 1 段左端	第 1 段右端	第 2 段左端	第 2 段中部	第 2 段右端	第 3 段左端	第 3 段右端
弯矩相对比值	≥1.5	≥1	≈1	≈1	≈1	≥1	≥1.8

三、应力比控制与截面调整

平面内模型
试算与调整

应力比是指构件所有截面中的所有点的应力最大值除以钢材的设计强度。当应力最大值小于钢材设计强度时,应力比小于 1,否则应力比不小于 1。为确保结构安全,我们需要使应力比小于或等于 1。从经济角度考虑,应力比也不宜太小,一般控制在 0.9 以上。

在受弯构件、压弯构件中,当弯矩、轴力一定时,影响截面内最大应力的因素是截面抵抗矩。截面抵抗矩＝截面惯性矩÷截面边缘与中性轴的最大距离。

用截面抵抗矩或截面惯性矩去分析 H 形截面各板件的作用的过程比较复杂,我们往往采用简化计算来分析截面尺寸在抵抗内力时的作用,即腹板主要用于抗剪、翼缘主要用于抗弯,腹板和翼缘共同用于抗压,翼缘宽度主要影响平面外稳定性,腹板高度主要影响平面内稳定性。

因此,我们在调整 H 形构件截面时,可参考表 5-6-2 确定截面调整的优先顺序。

表 5-6-2　截面调整的优先顺序

问题	腹板高度	腹板厚度	翼缘宽度	翼缘厚度	其他
梁抗弯强度不足	增加腹板高度,优先级为 1	必要时增加腹板厚度,避免腹板局部稳定性不足,优先级为 4	增加翼缘厚度,优先级为 3	增加翼缘厚度,优先级为 2	
梁平面外稳定性不足			增加翼缘宽度,优先级为 2	必要时增加翼缘厚度,避免翼缘局部稳定性不足,优先级为 3	增加侧向支撑,减小平面外计算长度,优先级为 1
柱强度不足（弯矩控制）	增加腹板高度,优先级为 1	必要时增加腹板厚度,避免腹板局部稳定性不足,优先级为 4	增加翼缘厚度,优先级为 3	增加翼缘厚度,优先级为 2	
柱强度不足（轴力控制）	增加腹板高度,优先级为 3	增加腹板厚度,优先级为 2	增加翼缘厚度,优先级为 4	增加翼缘厚度,优先级为 1	
柱平面内稳定性不足	增加腹板高度,优先级为 1	必要时增加腹板厚度,避免腹板局部稳定性不足,优先级为 3			改善支座条件,优先级为 2
柱平面外稳定性不足			增加翼缘宽度,优先级为 2	必要时增加翼缘厚度,避免翼缘局部稳定性不足,优先级为 3	增加侧向支撑,减小平面外计算长度,优先级为 1

四、设计参数的优化设置

门式刚架结构设计时,为减小设计人员的工作量或增加结构适应性,对部分条件进行简化处理,这种简化一般是偏于安全。设计人员如果能够清楚掌握这些简化条件设置的意义,便可以对一些设计参数进行优化设置,甚至将参数设置和计算结果分析综合考虑,以实现结构安全前提下的经济最优化。

常见的简化参数有自重放大系数、净截面和毛截面比值等。

任务 5.7　门式刚架结构节点设计

门式刚架结构主要由门式刚架柱和门式刚架梁组成。门式刚架梁由于运输的原因，往往分段制作，两个构件连接的位置称为连接节点。节点设计应传力方便，构造合理，具有必要的延性；应便于焊接，避免应力集中和过大的约束应力；应便于加工及安装，容易就位和调整。

运输到安装工地的门式刚架主构件是零散的，往往采用全螺栓连接形成整体。门式刚架结构构件在安装现场不采用焊接的主要原因：门式刚架层高大、柱子刚度小；门式刚架跨度大、梁刚度小；高空安装时梁、柱晃动大，工人不易进行焊接操作，且安全性较低。

钢屋架节点设计的一般原则

刚架构件间的连接，可采用高强度螺栓端板连接。高强度螺栓直径应根据受力确定，可采用 M16～M24 螺栓。高强度螺栓承压型连接可用于承受静力荷载和间接承受动力荷载的结构；重要结构或承受动力荷载的结构应采用高强度螺栓摩擦型连接；用来耗能的连接接头可采用承压型连接。

点击菜单栏的"绘施工图"（见图 5-7-1），可以进行连接节点设计并绘制施工图。

图 5-7-1　菜单栏的"绘施工图"

钢屋架施工图

1∶300 柱脚螺栓平面图绘制

一、门式刚架边柱与门式刚架梁的连接节点设计

门式刚架边柱与门式刚架梁的连接节点采用全螺栓连接设计，必须为刚接节点，常用的连接节点类型有 4 种（见图 5-7-2）。

（a）类型1　　　（b）类型2　　　（c）类型3　　　（d）类型4

图 5-7-2　门式刚架边柱与门式刚架梁的连接节点

类型 1 中，梁端连接板（端板）和柱顶连接板（端板）均竖直布置，其优点是柱子垂直度不高或定位不准时，螺栓孔也可以对准，便于安装临时螺栓，然后逐步调整梁柱位置，并将螺栓

门刚柱头连接节点

逐一拧紧。

类型 2 中,梁端连接板(端板)和柱顶连接板(端板)均水平布置,其优点是梁安装时,可临时放置在柱顶,施工安全性相对较高。

当节点设计时螺栓较多时,采用端板竖直布置或水平布置均可能造成端板尺寸太大、外伸过多、加劲肋布置密集,此时可采用类型 3 或类型 4,即梁端连接板(端板)和柱顶连接板(端板)均为斜放,其优点是在外伸尺寸不大的前提下仍可以布置较长的端板,有利于布置更多螺栓、加长抗弯连接的力臂。

二、门式刚架梁与门式刚架梁的连接节点设计

门刚梁梁连接节点

门刚檩条连接节点

门式刚架梁与门式刚架梁非屋脊位置的连接节点设计,即斜梁拼接设计时,宜使端板与构件外边缘垂直(见图 5-7-3),应采用外伸式连接并使翼缘内外螺栓群中心与翼缘中心重合或接近。

连接节点处的三角形短加劲板长边与短边之比宜大于 1.5∶1.0,不满足时可增加板厚。

如前所述,由于当前钢结构制作的特点,门式刚架梁与门式刚架梁屋脊位置是一定需要拼接的,其拼接方式有两种(见图 5-7-4)。

在类型 1 中,螺栓仅在梁上翼缘以下位置布置,且仅在梁下翼缘处设置加劲肋。该做法的优点是屋脊处的檩条和檩托便于布置,缺点是螺栓布置数量较少,主要用于梁截面较大但弯矩不大的节点。

在类型 2 中,螺栓可在梁上翼缘和下翼缘外侧布置,螺栓数量较多,间距较大,能够为节点提供更大的弯矩承载力。

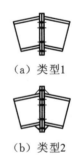

(a) 类型1

(b) 类型2

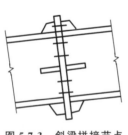

图 5-7-3　斜梁拼接节点

图 5-7-4　屋脊梁刚性拼接节点

三、门式刚架中柱与门式刚架梁的连接节点设计

门刚柱梁连接节点

门式刚架中柱与两侧门式刚架梁的连接有 2 种方式,一种是铰接,一种是刚接。

当门式刚架中柱与两侧门式刚架梁铰接时,拼接位置在柱顶,两侧的梁连续通过,不设接头,梁与中柱的连接板水平布置,采用较少的螺栓相连(见图 5-7-5)。类型 1 为中柱在非屋脊位置,类型 2 为中柱在屋脊位置,

类型 3 为柱子截面较小,柱顶端板与柱子的连接增加了加劲板的形式。

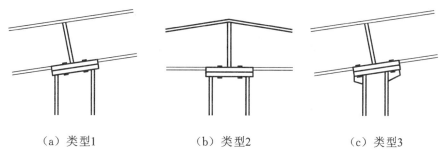

（a）类型1　　　　　（b）类型2　　　　　（c）类型3

图 5-7-5　门式刚架中柱与门式刚架梁铰接

注意,只有摇摆柱才会与梁采用铰接连接。摇摆柱是指柱底和柱顶均为铰接的柱,摇摆柱只承受轴力,不承受弯矩。

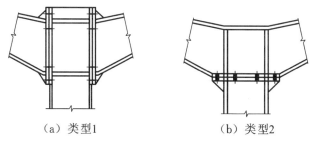

（a）类型1　　　　　　（b）类型2

图 5-7-6　门式刚架中柱与门式刚架梁刚接

当门式刚架中柱与两侧门式刚架梁刚接时(见图 5-7-6),有 2 种拼接方式。

在类型 1 中,梁、柱的连接板沿竖向布置,其优点为柱子垂直度不高或定位不准时,螺栓孔也可以对准,便于安装临时螺栓,然后逐步调整梁柱位置并将螺栓逐一拧紧。

在类型 2 中,梁连续,梁底连接板和柱顶连接板(端板)均水平布置,其优点是梁安装时,可临时放置在柱顶,施工安全性相对较高。

四、门式刚架柱脚节点设计

门式刚架结构的柱脚可采用铰接,也可采用刚接。通长布置时,带有吊车、夹层的门式刚架柱脚采用刚接,单层无吊车的简单门式刚架柱脚采用铰接。

门式刚架结构外露式
刚接柱脚设计

1. 平板式铰接柱脚

当门式刚架结构采用铰接柱脚时,理论上柱脚不承受弯矩,柱子可绕柱脚自由转动,因此柱脚应设置少且密集的螺栓,如图 5-7-7 所示。

在类型 1 中,柱脚仅有 2 个螺栓,虽然更加符合铰接连接的特征,但安装阶段柱子无法通过 2 个螺栓固定,安全隐患较高,常用于柱底和柱顶可以同时连接的抗风柱。

在类型 2 中,柱脚有 4 个螺栓,并尽量集中布置,安装阶段柱子可以通过 4 个螺栓临时固定,特殊条件下可以通过缆风绳临时加固,常用于

门刚抗风柱连接节点

门式刚架柱的连接。

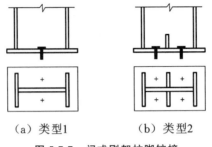

（a）类型1   （b）类型2

图 5-7-7   门式刚架柱脚铰接

2. 刚接柱脚

当门式刚架结构采用刚接柱脚时，柱脚应当可以承受弯矩，柱子不能绕柱脚自由转动，因此柱脚应设置多且分散的螺栓，如图 5-7-8 所示。

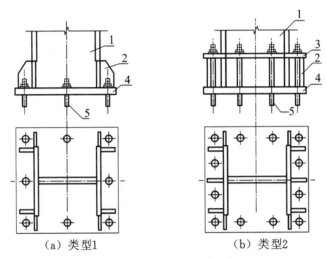

（a）类型1   （b）类型2

图 5-7-8   门式刚架柱脚刚接

1—柱；2—加劲板；3—锚栓支承托座；4—底板；5—锚栓

类型 1 为带加劲肋的平板式刚接柱脚，类型 2 为带靴梁的平板式刚接柱脚。

柱脚锚栓应采用 Q235 钢或 Q345 钢制作。锚栓端部应设置弯钩或锚件，锚栓的最小锚固长度（投影长度）应符合表 5-7-1 的规定且不应小于 200 mm。锚栓直径 d 不宜小于 24 mm 且应采用双螺母。

表 5-7-1   锚栓的最小锚固长度

螺栓钢材	混凝土强度等级					
	C25	C30	C35	C40	C45	≥50
Q235	20d	18d	16d	15d	14d	14d
Q345	25d	23d	21d	19d	18d	17d

计算带有柱间支撑的柱脚锚栓在风荷载作用下的上拔力时，应计入柱间支撑产生的最大竖向分力，不考虑活荷载、雪荷载、积灰荷载和附加荷载的影响，恒载分项系数应取 1.0。计算柱脚锚栓的受拉承载力时，应采用螺纹处的有效截面面积。

带靴梁的锚栓不宜受剪,柱底受剪承载力按底板与混凝土基础间的摩擦力取用,摩擦系数可取 0.4,计算摩擦力时应考虑屋面风吸力产生的上拔力的影响。当剪力由不带靴梁的锚栓承担时,应将螺母、垫板与底板焊接,柱底的受剪承载力可按 0.6 倍的锚栓受剪承载力取用。当柱底水平剪力大于受剪承载力时,应设置抗剪键。

五、门式刚架柱与牛腿连接节点设计

用于支承吊车梁的牛腿可做成等截面,也可做成变截面;采用变截面牛腿时,牛腿悬臂端截面高度不应小于根部高度的 1/2(见图 5-7-9)。柱在牛腿上、下翼缘的相应位置处应设置横向加劲肋;在牛腿上翼缘吊车梁支座处应设置垫板,垫板与牛腿上翼缘连接应采用围焊;在吊车梁支座对应的牛腿腹板处应设置横向加劲肋。

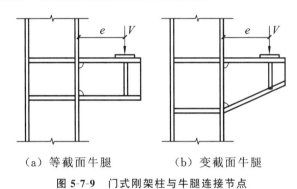

（a）等截面牛腿　　　　（b）变截面牛腿

图 5-7-9　门式刚架柱与牛腿连接节点

六、门式刚架夹层梁柱连接节点设计

在设有夹层的结构中,夹层梁与柱可采用刚接,也可采用铰接(见图 5-7-10)。当采用刚接连接时,夹层梁翼缘与柱翼缘应采用全熔透焊接,腹板采用高强度螺栓与柱连接。柱与夹层梁上、下翼缘对应处应设置水平加劲肋。

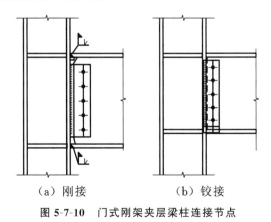

（a）刚接　　　　　　（b）铰接

图 5-7-10　门式刚架夹层梁柱连接节点

七、门式刚架女儿墙柱连接节点设计

女儿墙立柱可直接焊于屋面梁上(见图 5-7-11),应按悬臂构件计算其内力并应对女儿墙立柱与屋面梁连接处的焊缝进行计算。

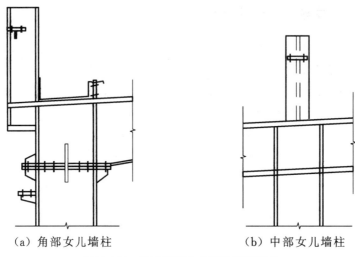

(a) 角部女儿墙柱   (b) 中部女儿墙柱

图 5-7-11　门式刚架女儿墙柱连接节点

任务 5.8 ▎ 围护结构设计

门式刚架结构的围护结构通常采用钢檩条＋墙面板(屋面板)。墙面板主要承受风荷载的作用,为受弯构件。钢檩条作为面板的支座,间接承受恒荷载和风荷载,主要内力为弯矩,应按受弯构件考虑。

一、压型钢板

压型钢板是建筑屋面板和墙面板的主要原材料。压型钢板是一种冷弯薄壁型钢,采用彩色涂层钢板或镀锌钢板为原材,经辊压冷弯成型制成。目前,屋面板及墙面板可选用镀层或涂层钢板、不锈钢板、铝镁锰合金板、钛锌板、铜板等金属板材或其他轻质材料板材。一般建筑用屋面及墙面彩色镀层压型钢板的计算和构造应按现行国家标准《冷弯薄壁型钢结构技术规范》(GB 50018—2002)的规定执行。

屋面板及墙面板的材料性能,应符合下列规定。

(1) 采用彩色镀层压型钢板的屋面板及墙面板的基板力学性能应符合现行国家标准《建筑用压型钢板》(GB/T 12755—2008)的要求,基板屈服强度不应小于 350 N/mm²,对扣

合式连接板基板屈服强度不应小于 $500\ N/mm^2$。

（2）采用热镀锌基板的镀锌量不应小于 $275\ g/m^2$ 并应采用涂层；采用镀铝锌基板的镀铝锌量不应小于 $150\ g/m^2$ 并应符合现行国家标准《彩色涂层钢板及钢带》（GB/T 12754—2019）的要求。

热喷涂复合涂层
防护技术

二、屋面围护结构设计

门式刚架结构屋面主要分为一般屋面、气楼和有天窗的屋面三种形式（见图 5-8-1）。

（a）一般屋面　　　　　（b）气楼　　　　　（c）有天窗的屋面

图 5-8-1　门式刚架结构屋面的形式

1. 屋面板结构设计

门式刚架结构屋面板通常采用压型钢板作为结构板，为提高建筑的节能效果，还会增加用玻璃棉、岩棉等材料制作的保温层。内外两块压型钢板中间加入保温层，即为夹心板，可用作屋面板或墙面板。

设计屋面板结构时，可直接在图集选取可用的型号，如图 5-8-2 所示。

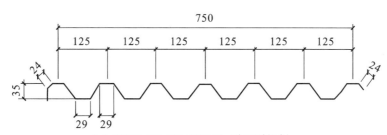

（a）YX35-125-750（V125）型压型钢板

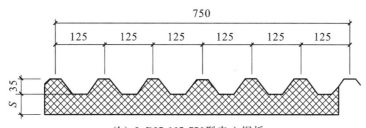

（b）JxB35-125-750型夹心钢板

图 5-8-2　不同型号的压型钢板

设计者应根据压型钢板的截面抵抗矩、钢材强度确定其抗弯承载力，同时根据屋面荷载试算该屋面板能适用的最大跨度（屋面板的最大跨度即为檩条的最大间距）。

试算时,主要考虑以下 3 种工况。

(1)恒荷载、活荷载共同作用。

(2)恒荷载、雪荷载共同作用。该工况需要考虑雪荷载的不利布置,如高低屋面、女儿墙根部附近、天窗架附近、内天沟附近位置由于雪荷载的堆积作用,雪荷载相对较大。

(3)恒荷载、风荷载共同作用。

由于风可以从任意方向吹来,内部压力系数应根据最不利原则与外部压力系数组合,从而得到风荷载的控制工况。《门式刚架轻型房屋钢结构技术规范》(GB 51022—2015)4.2.2 条给出了风荷载系数。通过"鼓风效应"和"吸风效应"分别与外部压力系数组合得到两种工况:一种为"鼓风效应"(+i)与外部压力系数组合,另一种为"吸风效应"(−i)与外部压力系数组合。结构设计时,两种工况均应考虑,并取用最不利工况下的荷载。

2.屋面檩条结构设计

屋面檩条作为屋面板的支座,设计时应注意以下几点。

(1)屋面檩条的布置。

屋面檩条最大间距,不得超过屋面板最大容许跨度。在屋脊、天沟、天窗、气楼附近,檩条位置应与屋面板构造需求吻合,如图 5-8-3 和图 5-8-4 所示。

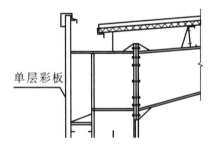

图 5-8-3 天沟附近的檩条构造

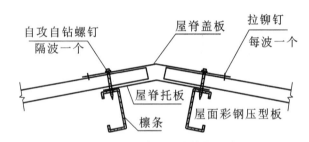

图 5-8-4 屋脊附近的檩条构造

屋盖结构的支撑体系

(2)屋面檩条设计。

屋面檩条可采用简支檩条或连续檩条。

简支檩条(见图 5-8-5)一般采用 C 型钢,两端固定在门式刚架梁上的檩托上。

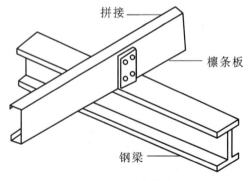

图 5-8-5 简支檩条

连续檩条(见图 5-8-6)一般采用 Z 型钢,两端仍以门式刚架梁为支座,但两根相邻的檩条应当重叠一段长度(通过附加檩条辅助重叠一段长度或直接将相邻檩条焊接在一起),以使其具有连续的性质。

图 5-8-6　连续檩条

（3）屋面檩条验算。

屋面檩条可采用 PKPM 软件工具箱（见图 5-8-7）里面的屋面檩条计算工具（见图 5-8-8）进行验算。

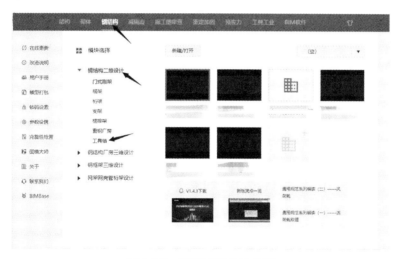

图 5-8-7　PKPM 软件工具箱

屋面檩条

图 5-8-8　屋面檩条计算工具

（4）屋面简支檩条验算。

将鼠标放在"钢结构工具"菜单下的"屋面檩条"按钮上，在弹出来的选项中，点击"简支檩条"（见图 5-8-9），即可弹出"简支檩条设计"选项卡（见图 5-8-10）。

屋面简支檩条计算书

图 5-8-9 "简支檩条"按钮选项

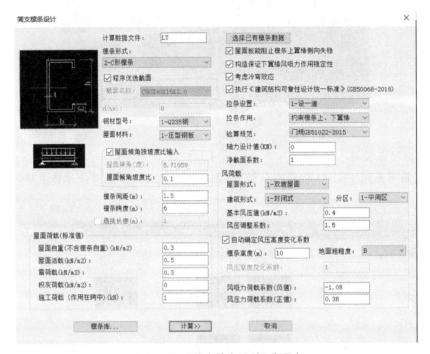

图 5-8-10 "简支檩条设计"选项卡

在"简支檩条设计"选项卡中,各项参数的含义如下。

① 计算数据文件,即本次计算生成的文件名。在图中输入"LT",则生成的计算书文件名为"LT.TXT"。

② 檩条形式。简支檩条一般选择 C 形檩条,若跨度较大或附属面积较大,可选择 C 形檩条(口对口)、C 形檩条(背对背)的双型钢檩条,若仍不能满足受力要求,可选择槽钢、H 型钢等截面。

③ 程序优选截面。可不勾选,自行选择截面进行试算,根据试算结构逐步优化调整,也可以勾选使程序自动推荐最优截面。需要注意的是,同一屋面中,各处的屋面檩条受力不一致(边角处受风较大),自行选择截面可确保屋面中各处的檩条高度一致,便于安装。

④ 钢材型号,可选 Q235 钢。

⑤ 屋面材料,根据实际情况选择,大部分情况下为压型钢板。

⑥ 屋面倾角可按屋面倾斜的坡度输入,也可按照屋面坡度输入。一般情况下,按照屋面坡度输入比较简便。该选项主要用于考虑檩条惯性主轴与荷载方向的角度关系,计算荷载沿檩条两个主轴方向产生的分荷载,分荷载作用下的檩条受到双向弯矩,以及双向弯矩作用下的檩条最大应力。

⑦ 檩条间距,输入檩条最大间距,用于计算最不利位置檩条承受荷载的面积。

⑧ 檩条跨度,一般输入轴线跨度。

⑨ 悬挑长度,输入檩条在边榀门式刚架梁处,向外挑出的长度,一般从轴线算起。

拉条布置

⑩ 屋面自重,计算檩条以上,除檩条之外的单位面积永久荷载,注意拉条、撑杆、檩条上面的吊挂荷载也应输入。

⑪ 屋面活载,按规范要求输入,一般不上人屋面为 0.5。

⑫ 雪荷载,按规范要求,考虑积雪分布系数后输入,不能直接输入基本雪压。

⑬ 积灰荷载,除特殊情况下的建筑,一般输入"0"。

⑭ 施工荷载,可按默认值"1"设置。

⑮ 屋面板能阻止檩条上翼缘侧向失稳。勾选,指屋面板具有一定的刚度,能够为檩条的上翼缘提供侧向支撑,正常设计的屋面板一般都能满足要求。

拉条和撑杆的设置

⑯ 构造保证下翼缘风吸力作用稳定性。根据拉条、撑杆设计情况确定是否勾选。当设置双层拉条、撑杆时,檩条上下翼缘均得到有效侧向支撑,可勾选;当仅在檩条下翼缘附近设置拉条、撑杆时,檩条下翼缘得到有效侧向支撑,也可勾选;当拉条、撑杆分别固定相邻檩条上翼缘或下翼缘时,应根据实际情况准确判断是否所有檩条的下翼缘均得到有效侧向支撑,若所有檩条的下翼缘均得到有效侧向支撑,可勾选。

拉条约束两个翼缘

⑰ 验算规范,选择"门规",即《门式刚架轻型房屋钢结构技术规范》(GB 51022—2015)。

⑱ 轴力设计值,一般输入"0"。

⑲ 净截面系数。在檩条弯矩内力最大的截面,可能设有拉条连接孔、吊挂物连接孔,该类孔洞削弱了檩条的有效截面,使其净截面抵抗矩减小,抗弯承载力下降。如存在该类现象,可用开洞后的截面抵抗矩除以开洞前的截面抵抗矩,得出一个小于1的净截面系数,以保证结构安全。

⑳ 风荷载-屋面形式按实际情况选择。

㉑ 建筑形式根据实际情况输入。

敞开式房屋指各墙面都至少有 80% 面积为孔口的房屋。

部分封闭式房屋是指受外部正风压力的墙面上孔口总面积超过该房屋其余外包面(墙面和屋面)上孔口面积的总和并超过该墙毛面积的 10%,其余外包面的开孔率不超过 20% 的房屋。

封闭式房屋是指在所封闭的空间中无符合部分封闭式房屋或敞开式房屋定义的那类孔口的房屋。

㉒ 风荷载分区按照檩条所在位置(见图 5-8-11)的实际情况输入。

计算围护结构构件时的房屋边缘带宽度,取房屋最小水平尺寸的 10% 和 0.4h 的较小值,但不得小于房屋最小尺寸的 4% 或 1 m。

中间区是在外墙和屋面上划分的不属于边缘带和端区的区域。

边缘带是确定围护结构构件和面板上风荷载系数时,在外墙和屋面上划分的位于房屋端部和边缘的区域。

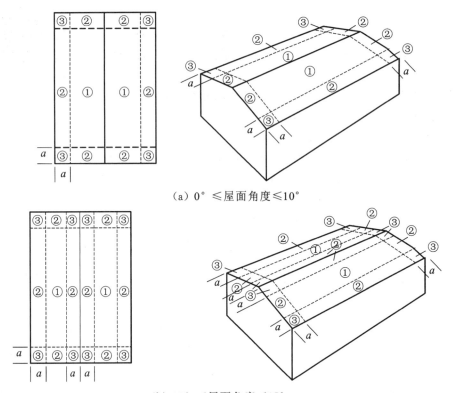

（a）0°≤屋面角度≤10°

（b）10°≤屋面角度≤45°

图 5-8-11　檩条所在位置图示

端区是确定主刚架上风荷载系数时，在外墙和屋面上划分的位于房屋端部和边缘的区域。

㉓ 风压高度变化系数可输入檩条的最大高度，即最不利位置；地面粗糙度可参考模块 2，按实际情况输入。

㉔ 风吸力荷载系数、风压力荷载系数由程序自动计算。

点击"计算"按钮后，程序自动计算并出具计算书，计算书结尾会显示该型号的檩条是否满足要求。设计者可根据计算结果进行调整，确保檩条型号既能满足承载力极限状态和正常使用极限状态的要求，又能满足经济性要求

（5）屋面连续檩条验算。

将鼠标放在"钢结构工具"菜单下的"屋面檩条"按钮上，在弹出来的选项中，点击"连续檩条"（见图 5-8-12），即可弹出"连续檩条设计工具"选项卡（见图 5-8-13 和图 5-8-14）。

图 5-8-12　"连续檩条"按钮选项

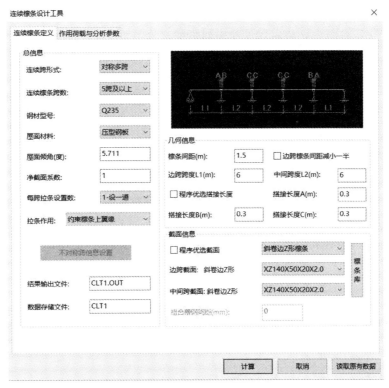

图 5-8-13 "连续檩条设计工具"选项卡 1

图 5-8-14 "连续檩条设计工具"选项卡 2

连续檩条计算参数大多数与简支檩条相同,不同处如下。

① 边跨跨度与中间跨度。从等跨度多跨连续梁的弯矩图中(参考建筑力学课程)可以得知,边跨弯矩绝对值大于中跨弯矩绝对值。因此,采用连续檩条的门式刚架结构房屋,常常将第1榀刚架和第2榀刚架的间距缩小,将倒数第1榀刚架和倒数第2榀刚架的间距缩小,使中间各榀刚架的间距略大,使连续梁各跨的弯矩绝对值相近并可以采用相同型号的檩条。

② 截面信息。一般采用Z形檩条,以便于相互搭接。如果边跨檩条弯矩较大,可采用与中跨檩条不同的截面。

③ 支座双檩条考虑连接弯矩调幅系数。连续檩条通过螺栓连接,螺栓直径小于螺栓孔直径,连接接头可能有轻微滑移,因此将连续檩条在支座处的负弯矩进行折减并增大正弯矩,达到平衡条件。此处可按程序默认值输入"0.9"。

3. 檩托结构设计

檩托是连接檩条与门式刚架梁的重要组件,檩托一端焊接在门式刚架梁上,另一端采用螺栓与檩条连接。檩托常用钢板式(见图5-8-15)、角钢式(见图5-8-16),根据构造需要可以带加劲肋、带底部支托。

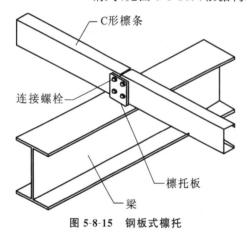

图 5-8-15　钢板式檩托

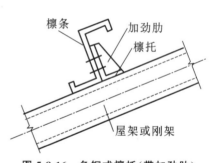

图 5-8-16　角钢式檩托(带加劲肋)

三、外纵墙围护结构设计

1. 墙面板结构设计

墙面板材料与屋面板基本相同,可采用单层压型钢板,也可采用夹心板、双层夹心钢板并填充保温棉等多种形式。

墙面板受到的主要荷载为风荷载,墙面板的支座为墙面檩条,也被称为墙梁,墙面与门窗交界处应设置墙梁。

2. 墙面檩条结构设计

将鼠标放在"钢结构工具"菜单下的"墙面檩条"按钮上,在弹出来的选项中,点击"简支墙梁"(见图5-8-17),即可弹出"墙梁设计"选项卡(见图5-8-18)。

图 5-8-17　"简支墙梁"按钮选项

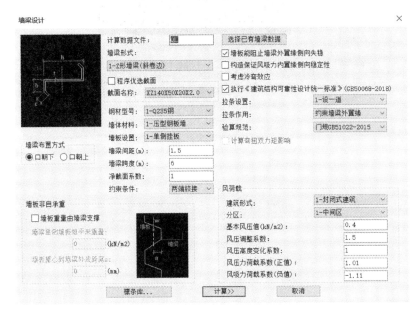

图 5-8-18　"墙梁设计"选项卡

墙面檩条布置

墙梁设计参数与屋面檩条设计参数的意义基本相同,此处不再赘述,仅对不同参数进行说明。

(1)墙梁布置方式。此处可选择口朝上或口朝下。为方便安装施工,设计时尽量使檩托在下、檩条在上。檩条一般是背面与檩托用螺栓连接,因此大多数檩条口朝上,但是在门窗位置,檩条应当背面朝向门窗,以方便门窗的安装。

(2)墙板非自承重。墙板所采用的压型钢板纵肋沿竖向布置,因此部分墙板可以自承重。但对于具有通窗的外墙面、高度较大的外墙面,墙板不能自承重,应根据实际情况勾选,并填写相关信息。

(3)约束条件。约束条件选择两端铰接。

将鼠标放在"钢结构工具"菜单下的"墙面檩条"按钮上,在弹出来的选项中,点击"连续墙梁",即可弹出"连续墙梁设计工具"选项卡(见图 5-8-19)。

墙面简支檩条计算书

3.门窗边框梁结构设计

门窗边框梁与一般墙梁的主要区别是受荷面积不同,在"墙梁设计"选项卡和"连续墙梁设计工具"选项卡中,体现在"墙梁间距"参数。

某门顶檩条(简称门梁)与上部檩条的间距为 1.5 m,门高 4 m,则该门梁的墙梁间距应为(1.5+4)÷2 m=2.75 m。

墙梁间距的取值

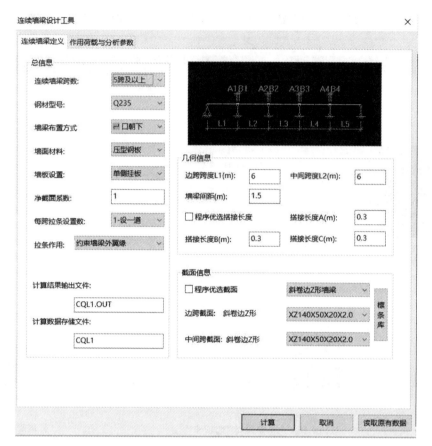

图 5-8-19 "连续墙梁设计工具"选项卡

4. 檩托结构设计

墙梁檩托设计方法与屋面檩托设计方法一致。

四、山墙面围护结构设计

山墙面围护结构设计方法与总墙面设计方法基本一致。

山墙面的柱间距较大,应增设抗风柱,以减小墙梁的跨度。抗风柱设计见门式刚架主结构设计。

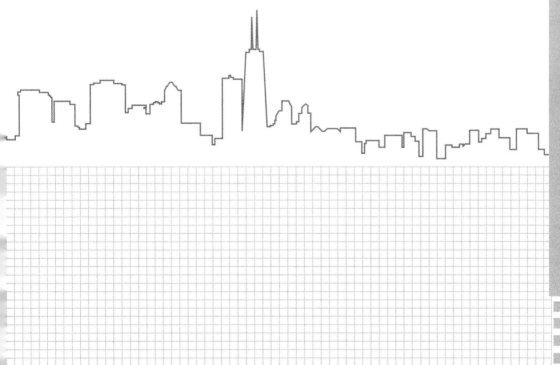

模块 6

钢框架结构设计

任务 6.1 典型钢框架及框架-支撑结构的组成

钢框架结构是钢结构的重要组成部分。与钢筋混凝土结构相似,钢框架结构的主要结构构件为柱、梁、板,其中柱、梁的主要材料为钢材,板可以分为钢板、钢筋混凝土板和钢混组合楼板。

钢材的强度更好,钢结构的高度更大,因此钢结构的侧向刚度往往小于混凝土结构。在钢框架结构中适量增加钢结构支撑,可以有效增强钢框架结构的侧向刚度和水平承载力。

钢框架结构也可与钢筋混凝土抗震墙共同组成框架-抗震墙结构、框架-筒体结构。

一、钢框架结构的基本规定

1. 最大适用高度

钢框架结构最大适用高度应符合表 6-1-1 的规定。平面和竖向均不规则的钢结构,适用的最大高度宜适当降低。

表 6-1-1　钢框架结构最大适用高度　　　　　　　　单位:m

结构类型	6、7 度 (0.1g)	7 度 (0.15g)	8 度		9 度 (0.4g)
			(0.2g)	(0.3g)	
框架结构	110	90	90	70	50
框架-中心支撑	220	200	180	150	120
框架-偏心支撑(延性墙板)	240	220	200	180	160
筒体(框筒)和巨型框架	300	280	260	240	180

注:1.房屋高度指室外地面到主要屋面板板顶的高度(不包括局部突出屋顶部分)。

2.超过表内高度的房屋,应进行专门研究和论证,采取有效的加强措施。

3.表内的筒体不包括混凝土筒。

2. 最大高宽比

钢结构民用建筑适用的最大高宽比不宜超过表 6-1-2 的规定。

表 6-1-2　钢结构民用建筑适用的最大高宽比

烈度	6、7 度	8 度	9 度
最大高宽比	6.5	6.0	5.5

3. 抗震等级

钢结构房屋应根据设防分类、烈度和房屋高度采用不同的抗震等级,并应符合相应的计算和构造措施要求。

4. 防震缝

(1) 钢框架结构(包括设置少量抗震墙的钢框架结构和钢框架-支撑结构)房屋的防震缝宽度,当高度不超过 15 m 时不应小于 150 mm;高度超过 15 m 时,6 度、7 度、8 度和 9 度分别每增加高度 5 m、4 m、3 m 和 2 m 加宽 30 mm。

(2) 钢框架-抗震墙结构房屋的防震缝宽度不应小于第(1)条规定数值的 70%,抗震墙结构房屋的防震缝宽度不应小于第(1)条规定数值的 50%,均不宜小于 150 mm。

(3) 防震缝两侧结构类型不同时,宜按需要较宽防震缝的结构类型和较低房屋高度确定缝宽。

5. 结构选型要求

一、二级抗震等级的钢结构房屋,宜设置偏心支撑、带竖缝钢筋混凝土抗震墙板、内藏钢支撑钢筋混凝土墙板、屈曲约束支撑等消能支撑或简体。

采用框架结构时,甲、乙类建筑和高层的丙类建筑不应采用单跨框架,多层的丙类建筑不宜采用单跨框架。

6. 框架-支撑结构构造要求

(1) 支撑框架在两个方向的布置均宜基本对称,支撑框架之间楼盖的长宽比不宜大于 3。

(2) 三、四级且高度不大于 50 m 的钢结构宜采用中心支撑,也可采用偏心支撑、屈曲约束支撑等消能支撑。

(3) 中心支撑框架宜采用交叉支撑,也可采用人字支撑或单斜杆支撑,不宜采用 K 形支撑;支撑的轴线宜交汇于梁柱构件轴线的交点,偏离交点时的偏心距不应超过支撑杆件宽度,并应计入由此产生的附加弯矩。当中心支撑采用只能受拉的单斜杆体系时,应同时设置不同倾斜方向的两组斜杆,且每组中不同方向单斜杆的截面面积在水平方向的投影面积之差不应大于 10%。

(4) 偏心支撑框架的每根支撑应至少有一端与框架梁连接,并在支撑与梁交点和柱之间、同一跨内另一支撑与梁交点之间形成消能梁段。

(5) 采用屈曲约束支撑时,宜采用人字支撑、成对布置的单斜杆支撑等形式,不应采用 K 形或 X 形,支撑与柱的夹角宜为 35°～55°。屈曲约束支撑受压时,其设计参数、性能检验和作为一种消能部件的计算方法可按相关要求设计。

7. 阻尼比

钢结构抗震计算的阻尼比宜符合下列规定。

(1) 多遇地震下的计算,高度不大于 50 m 时可取 0.04;高度大于 50 m 且小于 200 m 时,可取 0.03;高度不小于 200 m 时,宜取 0.02。

(2) 当偏心支撑框架部分承担的地震倾覆力矩大于结构总地震倾覆力矩的 50% 时,其阻尼比可比第(1)条相应增加 0.005。

(3) 在罕遇地震下的弹塑性分析,阻尼比可取 0.05。

8. 结构分析

钢结构在地震作用下的内力和变形分析,应符合下列规定。

(1) 钢结构应计入重力二阶效应。进行二阶效应的弹性分析时,应按现行国家标准《钢结构设计标准》(GB 50017—2017)的有关规定,在每层柱顶附加假想水平力。

(2) 框架梁可按梁端截面的内力设计。对工字形截面柱,宜计入梁柱节点域剪切变形对结构侧移的影响;对箱形柱框架、中心支撑框架和不超过 50 m 的钢结构,其层间位移计算可不计入梁柱节点域剪切变形的影响,近似按框架轴线进行分析。

(3) 钢框架-支撑结构的斜杆可按端部铰接杆计算;其框架部分按刚度分配计算得到的地震层剪力应乘以调整系数,达到不小于结构底部总地震剪力的 25% 和框架部分计算最大层剪力 1.8 倍二者的较小值。

(4) 中心支撑框架的斜杆轴线偏离梁柱轴线交点不超过支撑杆件的宽度时,仍可按中心支撑框架分析,但应计由此产生的附加弯矩。

(5) 偏心支撑框架中,与消能梁段相连构件的内力设计值,应按下列要求调整。

① 支撑斜杆的轴力设计值,应取与支撑斜杆连接的消能梁段达到受剪承载力时支撑斜杆轴力与增大系数的乘积;其增大系数,一级不应小于 1.4,二级不应小于 1.3,三级不应小于 1.2。

② 位于消能梁段同一跨的框架梁内力设计值,应取消能梁段达到受剪承载力时框架梁内力与增大系数的乘积;其增大系数,一级不应小于 1.3,二级不应小于 1.2,三级不应小于 1.1。

③ 框架柱的内力设计值,应取消能梁段达到受剪承载力时柱内力与增大系数的乘积;其增大系数,一级不应小于 1.3,二级不应小于 1.2,三级不应小于 1.1。

(6) 内藏钢支撑钢筋混凝土墙板和带竖缝钢筋混凝土墙板应按有关规定计算,带竖缝钢筋混凝土墙板可仅承受水平荷载产生的剪力,不承受竖向荷载产生的压力。

(7) 钢结构转换构件下的钢框架柱,地震内力应乘以增大系数(其值可采用 1.5)。

(8) 钢框架梁的上翼缘采用抗剪连接件与组合楼板连接时,可不验算地震作用下的整体稳定。

9. 抗震设计

钢框架抗震应进行"强柱弱梁""强剪弱弯""强节点弱构件"设计,即将构件实际承载力进行调整,保证结构中主要构件强于次要构件、弯曲破坏先于剪切破坏。

其中,节点处构件连接处的承载力应高于构件本身。钢结构抗震设计的连接系数如表 6-1-3 所示。

表 6-1-3　钢结构抗震设计的连接系数

母材牌号	梁柱连接		支撑连接、构件拼接		柱脚	
	焊接	螺栓连接	焊接	螺栓连接		
Q235	1.4	1.45	1.25	1.3	埋入式	1.2
Q345	1.3	1.35	1.2	1.25	外包式	1.2
					外露式	1.1

二、钢框架结构基础

钢框架结构的柱为钢柱,钢柱的基础一般为钢筋混凝土基础,钢筋混凝土基础埋置于地面以下,其耐久性和免维护性远高于钢结构。

钢柱可直接固定在钢筋混凝土基础或短柱之上,也可固定在钢筋混凝土短柱之内,也可以埋入钢筋混凝土基础当中,还可以插入钢筋混凝土杯口之中。

《钢结构设计标准》(GB 50017—2017)规定:多高层结构框架柱的柱脚可采用埋入式柱脚、插入式柱脚及外包式柱脚,多层结构框架柱尚可采用外露式柱脚。外包式、埋入式及插入式柱脚,钢柱与混凝土接触的范围内不得涂刷油漆;柱脚安装时,应将钢柱表面的泥土、油污、铁锈和焊渣等用砂轮清刷干净。轴心受压柱或压弯柱的端部为铣平端时,柱身的最大压力应直接由铣平端传递,其连接焊缝或螺栓应按最大压力的15%与最大剪力中的较大值进行抗剪计算;当压弯柱出现受拉区时,该区的连接尚应按最大拉力计算。

表面处理

1. 外露式柱脚

外露式柱脚(见图 6-1-1)即钢柱通过柱脚螺栓连接固定在钢筋混凝土基础或短柱之上。柱脚锚栓不宜用来承受柱脚底部的水平反力,此水平反力由底板与混凝土基础间的摩擦力(摩擦系数可取 0.4)或设置抗剪键承受。柱脚底板尺寸和厚度应根据柱端弯矩、轴心力、底板的支承条件和底板下混凝土的反力以及柱脚构造确定。外露式柱脚的锚栓应考虑使用环境由计算确定。柱脚锚栓应有足够的埋置深度,当埋置深度受限或锚栓在混凝土中的锚固较长时,可设置锚板或锚梁。

轴心受压柱的
柱头与柱脚

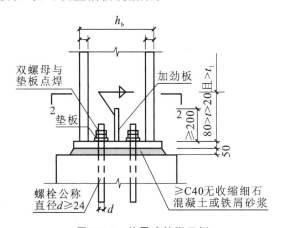

图 6-1-1　外露式柱脚示例

2. 外包式柱脚

外包式柱脚(见图 6-1-2)即钢柱固定在钢筋混凝土短柱之内。

外包式柱脚底板应位于基础梁或筏板的混凝土保护层内;外包混凝土厚度,对 H 形截面柱不宜小于 160 mm,对矩形管或圆管柱不宜小于 180 mm,同时不宜小于钢柱截面高度的 30%;混凝土强度等级不宜低于 C30;柱脚混凝土外包高度,H 形截面柱不宜小于柱截面高度的 2 倍,矩形管柱或圆管柱宜为矩形管截面长边尺寸或圆管直径的 2.5 倍;当没有地下室时,外包宽度和高度宜增大 20%;当仅有一层地下室时,外包宽度宜增大 10%。

柱脚底板尺寸和厚度应按结构安装阶段荷载作用下轴心力、底板的支承条件计算确定,其厚度不宜小于 16 mm。

柱脚锚栓应按构造要求设置,直径不宜小于 16 mm,锚固长度不宜小于其直径的 20 倍。

柱在外包混凝土的顶部箍筋处应设置水平加劲肋或横隔板,其宽厚比应符合局部稳定性要求。

当框架柱为圆管或矩形管时,应在管内浇灌混凝土,强度等级不应小于基础混凝土。浇灌高度应高于外包混凝土且不宜小于圆管直径或矩形管的长边。

外包钢筋混凝土的受弯和受剪承载力验算及受拉钢筋和箍筋的构造要求应符合现行国家标准《混凝土结构设计规范》(GB 50010—2010)的有关规定,主筋伸入基础内的长度不应小于25倍直径,四角主筋两端应加弯钩,下弯长度不应小于150 mm,下弯段宜与钢柱焊接,顶部箍筋应加强加密,并不应小于3根直径12 mm的HRB335级热轧钢筋。

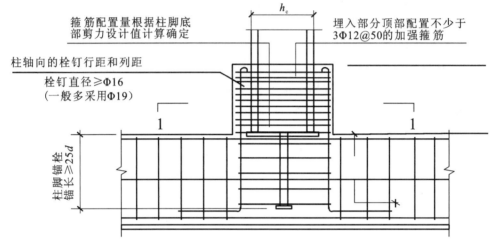

图 6-1-2　外包式柱脚示例

3. 埋入式柱脚

埋入式柱脚即钢柱埋入钢筋混凝土基础当中。

(1) 柱埋入部分四周设置的主筋、箍筋应根据柱脚底部弯矩和剪力按现行国家标准《混凝土结构设计规范》(GB 50010—2010)计算确定,并应符合相关的构造要求。柱翼缘或管柱外边缘混凝土保护层厚度(见图 6-1-3)、边列柱的翼缘或管柱外边缘至基础梁端部的距离不应小于 400 mm,中间柱翼缘或管柱外边缘至基础梁梁边相交线的距离不应小于 250 mm;基础梁梁边相交线的夹角应做成钝角,其坡度不应大于 1:4 的斜角;在基础护筏板的边部,应配置水平 U 形箍筋抵抗柱的水平冲切。

(2) 柱脚端部及底板、锚栓、水平加劲肋或横隔板的构造要求应符合外包式柱脚的规定。

(3) 圆管柱和矩形管柱应在管内浇灌混凝土。

(4) 对于有拔力的柱,宜在柱埋入混凝土部分设置栓钉。

(5) 埋入式柱脚埋入钢筋混凝土的深度 d 应符合式(6-1-1)和式(6-1-2)的要求且不得小于表 6-1-4 的要求。

H 形、箱形截面柱的要求为

$$\frac{V}{b_{\mathrm{f}}d}+\frac{2M}{b_{\mathrm{f}}d^{2}}+\frac{1}{2}\sqrt{\left(\frac{2V}{b_{\mathrm{f}}d}+\frac{4M}{b_{\mathrm{f}}d^{2}}\right)^{2}+\frac{4V^{2}}{b_{\mathrm{f}}^{2}d^{2}}}\leqslant f_{\mathrm{c}} \tag{6-1-1}$$

圆管柱的要求为

$$\frac{V}{Dd}+\frac{2M}{Dd^{2}}+\frac{1}{2}\sqrt{\left(\frac{2V}{Dd}+\frac{4M}{Dd^{2}}\right)^{2}+\frac{4V^{2}}{D^{2}d^{2}}}\leqslant 0.8f_{\mathrm{c}} \tag{6-1-2}$$

式中:M、V——柱脚底部的弯矩和剪力设计值;

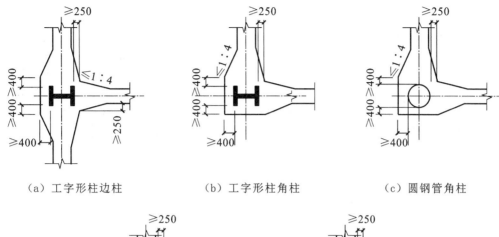

（a）工字形柱边柱　　　　　（b）工字形柱角柱　　　　　（c）圆钢管角柱

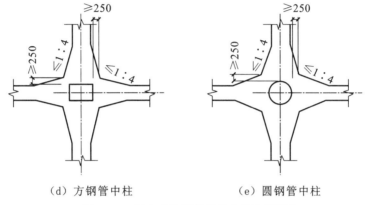

（d）方钢管中柱　　　　　　　（e）圆钢管中柱

图 6-1-3　埋入式柱脚的混凝土保护层厚度

d——柱脚埋深，mm；

b_f——柱翼缘宽度，mm；

D——钢管外径，mm；

f_c——混凝土抗压强度设计值，应按现行国家标准《混凝土结构设计规范》(GB 50010—2010)的规定采用，N/mm²。

表 6-1-4　钢柱插入混凝土的最小深度

柱截面形式	实腹式柱	双肢格构柱（单杯口或双杯口）
最小插入深度	$1.5h_c$ 或 $1.5D$	$0.5h_c$ 和 $1.5b_c$ (或 D)的较大值

4.插入式柱脚

插入式柱脚即钢框架柱埋入钢筋混凝土杯口之中，该做法在框架结构中应用较少，框架柱插入杯口的深度不小于表 6-1-4 的要求。

三、钢框架柱

框架柱是框架结构中的重要构件，常用类型有 H 型钢柱、箱形柱、圆管柱，如图 6-1-4 所示。

（a）H型钢柱　　　　　（b）箱形柱　　　　　（c）圆管柱

图 6-1-4　框架柱常用类型

1. 框架柱长细比

框架结构中的重框架柱的长细比，一级不应大于 $60\sqrt{235/f_{ay}}$，二级不应大于 $80\sqrt{235/f_{ay}}$，三级不应大于 $100\sqrt{235/f_{ay}}$，四级不应大于 $120\sqrt{235/f_{ay}}$。

2. 框架柱板件宽厚比

框架柱板件宽厚比，应符合表 6-1-5 的规定。

表 6-1-5　框架柱板件宽厚比限值

板件名称	抗震等级			
	一级	二级	三级	四级
工字形截面翼缘外伸部分	10	11	12	13
工字形截面腹板	43	45	48	52
箱形截面壁板	33	36	38	40

注：表中数据默认为 Q235，当采用其他牌号的钢材时，表中数据应乘以 $\sqrt{235/f_{ay}}$。

3. 框架柱侧向支撑和计算长度

梁柱构件的侧向支撑应符合下列要求：

（1）柱构件受压翼缘应根据需要设置侧向支撑。

（2）柱构件在出现塑性铰的截面，上下翼缘均应设置侧向支撑。

（3）相邻两侧向支撑点间的构件长细比，应符合现行国家标准《钢结构设计标准》（GB 50017—2017）的有关规定。

（4）当侧向支撑满足受压构件设计要求时，框架柱计算长度可为该方向侧向支撑的间距。

四、钢框架梁和非框架梁

框架梁和非框架梁都是框架结构中的重要构件，包括 H 型钢梁、组合钢梁，如图 6-1-5 所示。

1. 框架梁板件宽厚比

框架梁板件宽厚比，应符合表 6-1-6 的规定。

（a）H型钢梁

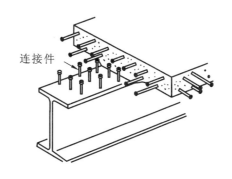

连接件

（b）组合钢梁

图 6-1-5 框架结构框架梁、非框架梁常用类型

梁板单元制造

表 6-1-6 框架梁板件宽厚比限值

板件名称	抗震等级			
	一级	二级	三级	四级
工字形截面和箱形截面翼缘外伸部分	9	9	10	11
箱形截面翼缘在腹板之间的部分	30	30	32	36
工字形截面和箱形截面腹板	$72-120N_b/(A_f)\leqslant 60$	$72-100N_b/(A_f)\leqslant 65$	$80-110N_b/(A_f)\leqslant 70$	$85-120N_b/(A_f)\leqslant 75$

注：表中数据默认为 Q235，当采用其他牌号的钢材时，表中数据应乘以 $\sqrt{235/f_{ay}}$。

2. 梁侧向支撑

（1）框架梁、非框架梁构件受压翼缘应根据需要设置侧向支撑。

（2）框架梁、非框架梁构件在出现塑性铰的截面，上下翼缘均应设置侧向支撑。

（3）相邻两侧向支撑点间的构件长细比，应符合现行国家标准《钢结构设计标准》（GB 50017—2017)的有关规定。

（4）当侧向支撑满足受压构件设计要求时，框架梁、非框架梁计算长度可为该方向侧向支撑的间距。

（5）当楼板采用刚性楼板，且与梁上翼缘有可靠连接时，刚性楼板可作为梁上翼缘的侧向支撑，侧向支撑的间距按抗剪键（见图 6-1-6)间距考虑。

图 6-1-6 框架梁与混凝土楼板之间的抗剪键（栓钉）

五、楼面板和屋面板

钢框架结构的楼面板一般采用钢板、钢筋混凝土板、组合板。组合板连接件如图 6-1-7 所示。

（a）栓钉连接件　　　　　（b）槽钢连接件　　　　　（c）弯筋连接件

图 6-1-7　组合板连接件

1.钢板

钢板楼面一般用于工业建筑,采用 4 mm 以上的平钢板或花纹钢板作为楼面结构层,兼作面层,钢板下方焊接角钢或竖放扁钢作为次梁。钢板楼面构造简单,施工快捷,但使用期间的振动和噪声较大,故一般用于工业楼面。

2.钢筋混凝土板

钢筋混凝土板楼面既可以用于工业建筑,也可以用于民用建筑,当不考虑钢梁与钢筋混凝土楼面的组合作用时,可不设置抗剪栓钉,仅设置少量栓钉、抗剪钢筋等,将楼板与钢梁连接成整体。

对 6、7 度时不超过 50 m 的钢结构,尚可采用装配整体式钢筋混凝土楼板,也可采用装配式楼板或其他轻型楼盖;但应将楼板预埋件与钢梁焊接,或采取其他保证楼盖整体性的措施。

3.组合板

组合板指楼板下部采用楼承板(见图 6-1-8),上部采用钢筋混凝土板的一种楼面板。下部楼承板可以作为混凝土楼板的模板使用,在楼承板和混凝土板之间加入栓钉抗剪键还可以使楼承板和混凝土板共同作用。

图 6-1-8　楼承板

组合板也可采用钢筋桁架楼承板(见图 6-1-9)。钢筋桁架楼承板作为模板使用时,可以实现更大的跨度,同时由于钢筋桁架与底部钢板有效焊接,起到抗剪作用,使钢板和混凝土板共同作用,无须另外焊接栓钉。由于钢筋桁架起到了主要的承重作用,因此钢筋桁架楼承板的底部相对普通楼承板来说更加平整,外观质量更好,甚至无须吊顶。

图 6-1-9　钢筋桁架楼承板

任务 6.2　钢框架结构布置及建模

钢框架结构结构设计,可采用 PKPM 软件的 STS 模块进行建模,建模之前,应充分理解建筑设计意图,将结构设计与建筑设计融二为一。框架结构的梁、柱、板布置应当做到事先心中有数,将设计软件作为一种辅助计算的工具,而不是受制于软件。

一、钢框架结构布置的规则性

1. 钢框架结构经济跨度

钢框架结构的材料强度高,可以做到比钢筋混凝土结构更大的跨度,但合理的跨度对经济性更有利。设计时需要根据楼板荷载来确定最优跨度,必要性应设计多种跨度进行计算和比较,选出最优方案。

2. 钢框架的规则性

建筑设计应根据抗震概念设计的要求明确建筑形体的规则性。不规则的建筑应按规定采取加强措施;特别不规则的建筑应进行专门研究和论证,采取特别的加强措施;严重不规则的建筑不应采用。

建筑设计应重视其平面、立面和竖向剖面的规则性对抗震性能及经济合理性的影响,宜择优选用规则的形体。其抗侧力构件的平面布置宜规则对称,侧向刚度沿竖向宜均匀变化,竖向抗侧力构件的截面尺寸和材料强度宜自下而上逐渐减小,避免侧向刚度和承载力突变。

(1)建筑形体及其构件布置的平面、竖向不规则性,应按表 6-2-1 和表 6-2-2 划分,超过 3 项不规则即为严重不规则的建筑,不应采用。

表 6-2-1 平面不规则的主要类型

不规则类型	定义和参考标准
扭转不规则	在具有偶然偏心的规定水平力作用下,楼层两端抗侧力构件弹性水平位移(或层间位移)的最大值与平均值的比值大于 1.2
凹凸不规则	平面凹进的尺寸,大于相应投影方向总尺寸的 30%
楼板局部不连续	楼板的尺寸和平面刚度急剧变化,如有效楼板宽度小于该层楼板典型宽度的 50%、开洞面积大于改成楼面面积的 30% 或较大的楼层错层

表 6-2-2 竖向不规则的主要类型

不规则类型	定义和参考标准
侧向刚度不规则	该层侧向刚度小于相邻上一层的 70% 或小于其上相邻三个楼层侧向刚度平均值的 80%。除顶层或出屋面小建筑外,局部收进的水平向尺寸大于相邻下一层的 25%
竖向抗侧力构件不连续	竖向抗侧力构件的内力由水平转换构件向下传递
楼层承载力突变	抗侧力结构的层间受剪承载力小于相邻上一楼层的 80%

(2)建筑形体及其构件布置不规则时,应按下列要求进行地震作用计算和内力调整,并应对薄弱部位采取有效的抗震构造措施。平面不规则而竖向规则的建筑,应采用空间结构计算模型,并应符合下列要求。

① 扭转不规则时,应计入扭转影响;在具有偶然偏心的规定水平力作用下,楼层两端抗侧力构件弹性水平位移或层间位移的最大值与平均值的比值不宜大于 1.5,当最大层间位移远小于规范限值时,可适当放宽。

② 凹凸不规则或楼板局部不连续时,应采用符合楼板平面内实际刚度变化的计算模型;高烈度或不规则程度较大时,宜计入楼板局部变形的影响。

③ 平面不对称且凹凸不规则或局部不连续,可根据实际情况分块计算扭转位移比,对扭转较大的部位采用局部的内力增大系数。

(3)平面规则而竖向不规则的建筑,应采用空间结构计算模型,刚度小的楼层的地震剪力应乘以不小于 1.15 的增大系数,其薄弱层应按本规范有关规定进行弹塑性变形分析,并应符合下列要求。

① 竖向抗侧力构件不连续时,该构件传递给水平转换构件的地震内力应根据烈度高低和水平转换构件的类型、受力情况、几何尺寸等,乘以 1.25~2.0 的增大系数。

② 侧向刚度不规则时,相邻层的侧向刚度比应依据其结构类型符合本规范相关章节的规定。

③ 楼层承载力突变时,薄弱层抗侧力结构的受剪承载力不应小于相邻上一楼层的65%。

（4）平面不规则且竖向不规则的建筑,应根据不规则类型的数量和程度,有针对性地采取不低于规范要求的各项抗震措施。特别不规则的建筑,应经专门研究,采取更有效的加强措施或对薄弱部位采用相应的抗震性能化设计方法。

（5）体型复杂、平立面不规则的建筑,应根据不规则程度、地基基础条件和技术经济等因素的比较分析,确定是否设置防震缝,并分别符合下列要求。

① 当不设置防震缝时,应采用符合实际的计算模型,分析判明其应力集中、变形集中或地震扭转效应等导致的易损部位,采取相应的加强措施。

② 当在适当部位设置防震缝时,宜形成多个较规则的抗侧力结构单元。防震缝应根据抗震设防烈度、结构材料种类、结构类型、结构单元的高度和高差以及可能的地震扭转效应的情况,留有足够的宽度,其两侧的上部结构应完全分开。

③ 当设置伸缩缝和沉降缝时,其宽度应符合防震缝的要求。

二、框架结构建模

1. 建立工作空间

在电脑合适位置新建文件夹"框架结构案例8",打开 PKPM 软件,选择"钢结构"菜单,选择"钢框架三维设计"模块,点击"新建/打开"按钮,选择"框架结构案例8"文件夹,则工作区域出现"框架结构案例8"按钮,如图 6-2-1 所示。

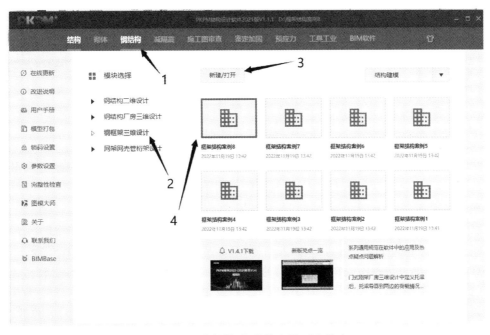

图 6-2-1　选择"框架结构案例8"文件夹

双击"框架结构案例8"按钮,即可进入工作空间,如图 6-2-2 所示。

输入工程名,如"框架结构8",即可进入建模空间,如图 6-2-3 所示。

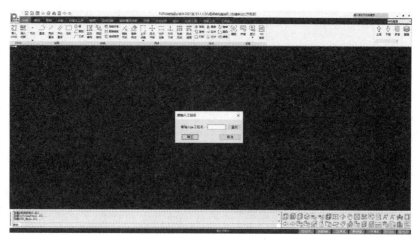

图 6-2-2　工作空间

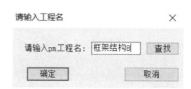

图 6-2-3　输入工程名进入建模空间

2. 输入轴网

选择"轴网"菜单，根据工程情况建立轴网，如图 6-2-4 所示。本案例以教学楼为例，建立正交轴网（左右方向和上下方向的轴线全部垂直）。

图 6-2-4　根据工程情况建立轴网

在弹出的对话框（见图 6-2-5）中，分别输入上、下、左、右各方向的轴线间距（左右开间从左到右输入，上下进深从下到上输入）。相邻轴线间距用逗号隔开，相邻轴线间距一样时，也可用乘号代替，如"3900,3900"可按"3900×2"输入。

点击对话框中的"输轴号"，可让程序自动为我们输入的轴线命名。开间指上下方轴线，从左到右依次命名为 1、2、3 等；进深指左右侧轴线，从下到上依次命名为 A、B、C 等。

点击确定，即可将轴网放在工作空间的任意位置，通过鼠标滚轮，使图形缩放到合适的大小，如图 6-2-6 所示。

如果设计案例中有一些非正交轴线，可通过"轴网"菜单下的各种按钮，增加、修改、删除轴线（操作方式与 CAD 软件类似，此处不再赘述），如图 6-2-7 所示。

需要指出的是，与 CAD 软件不同的是，在 PKPM 软件建模中，"节点"是非常重要的图素。"节点"不仅是平面上的轴线交汇点，更是三维空间中的竖线，是框架柱的布置点。当框架柱沿"节点"居中布置时，"节点"其实就是框架柱的轴向中心线。

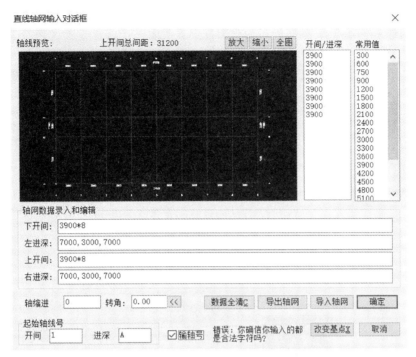

图 6-2-5 直线轴网对话框

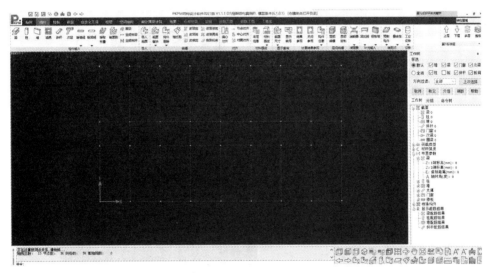

图 6-2-6 在工作空间放置轴网

图 6-2-7 增加、修改、删除轴线

3. 输入梁、柱

选择"构件"菜单，点击"柱"，即可为框架柱设置截面，如图 6-2-8 所示。

图 6-2-8   为框架柱设置截面

在弹出的对话框中，点击"增加"按钮，即可为柱设计截面，如图 6-2-9 所示。本工程暂未新建框架柱截面，因此列表为空。

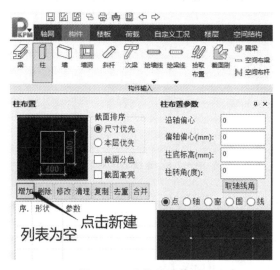

图 6-2-9   为柱设计截面

点击"增加"按钮后，在弹出的"截面参数"对话框中选择"2：工字形"截面，材料类别为"5：钢"，并输入 H500×300×12×20 截面参数，如图 6-2-10 所示。

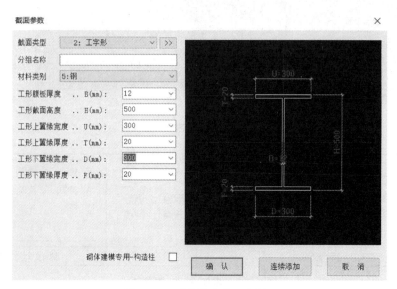

图 6-2-10   "截面参数"对话框

点击确认后,柱布置列表中出现柱。选择柱后,输入柱布置参数并点击布置方式,即可用鼠标在工作区域布置柱,如图 6-2-11 所示。

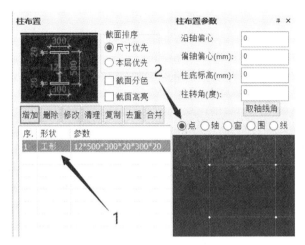

图 6-2-11　输入柱布置参数并点击布置方式

柱布置参数的意义如下。

(1) 沿轴偏心指柱中心与节点在左右方向(X 方向)的偏心,向右为正。

(2) 偏轴偏心指柱中心与节点在上下方向(Y 方向)的偏心,向上为正。

(3) 柱底标高指柱子底部标高与本层层底节点标高的差值,正数表示柱底高于本层层底,负数表示柱底低于本层层底。该参数不影响柱顶标高,柱顶标高可在"轴网"菜单的"上节点高"处修改。

(4) 柱转角指柱绕自身中心旋转的角度,逆时针为正。

(5) 点表示逐个节点直接输入柱;轴表示沿整根轴线输入柱;窗表示在鼠标划出的长方形窗口中全部输入柱;围表示在鼠标划出的任意围区中全部输入柱。

柱输入后,在工作界面显示本层已输入构件的平面视图,如图 6-2-12 所示。

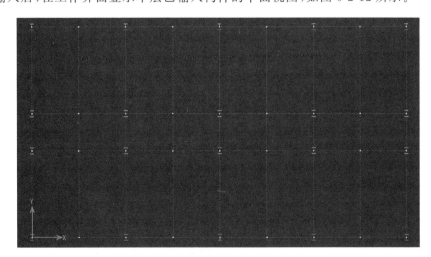

图 6-2-12　在工作界面显示本层已输入构件的平面视图

点击右下角的"轴侧视图"按钮和"平面视图"按钮(见图 6-2-13),可将本层的三维视图

（见图 6-2-14）和平面视图切换。点击 ，可调整三维视图的观察角度。

平面视图　　　　　　　　　　　　　轴侧视图

图 6-2-13　"轴侧视图"按钮和"平面视图"按钮

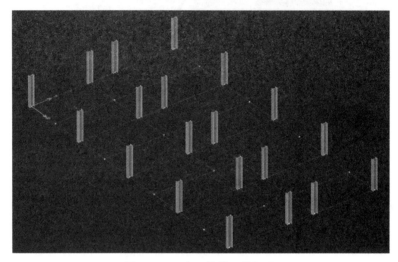

图 6-2-14　本层柱的三维视图

　　调整到平面视图，点击"构件"菜单下面的"梁"按钮，可设置梁截面并输入梁，如图 6-2-15 所示。

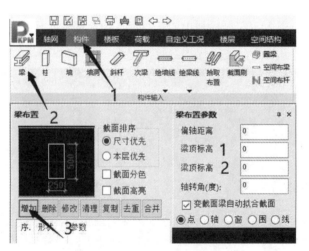

图 6-2-15　设置梁截面并输入梁

梁布置参数的意义如下。

（1）偏轴距离指梁轴线与网格轴线的距离，向右、上为正。

（2）梁顶标高 1 指梁左端或下端顶标高与节点标高的高差，向上为正。

（3）梁顶标高 2 指梁右端或上端顶标高与节点标高的高差，向上为正。

（4）轴转角指梁沿轴线转动的角度。

梁截面新建、布置的操作与柱相同。钢结构框架中，同一框架柱四周的梁截面尽量一致，以便后期节点设计时简化加劲板。次梁与主梁一起输入，梁输入完成后，显示三维视图，如图 6-2-16 所示。

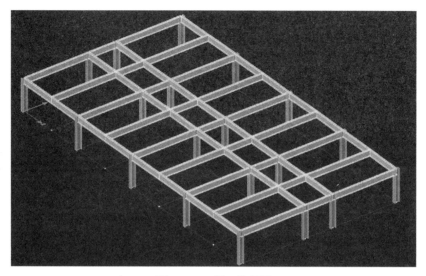

图 6-2-16　梁三维视图

点击"构件"菜单下的"偏心对齐"按钮，调整梁或柱的位置，可将所有梁与柱沿边缘对齐。

4.输入楼板、楼梯

点击"楼板"菜单下的"生成楼板"按钮，为本层自动生成楼面结构板，此时的楼面板为钢筋混凝土板，如图 6-2-17 所示。

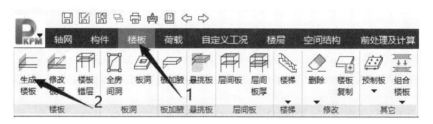

图 6-2-17　"楼板"菜单下的"生成楼板"按钮

点击"楼板"菜单下的"组合楼板"按钮，可将本层楼板修改为组合楼板，如图 6-2-18 所示。

图 6-2-18　"楼板"菜单下的"组合楼板"按钮

点击"楼板"菜单下的"板洞"按钮,可在本层楼板中定义洞口,如图 6-2-19 所示。

图 6-2-19　"楼板"菜单下的"板洞"按钮

点击"楼板"菜单下的"楼梯"按钮,可生成楼梯,如图 6-2-20 所示。

图 6-2-20　"楼板"菜单下的"楼梯"按钮

根据建筑设计要求修改模型,如图 6-2-21 所示。

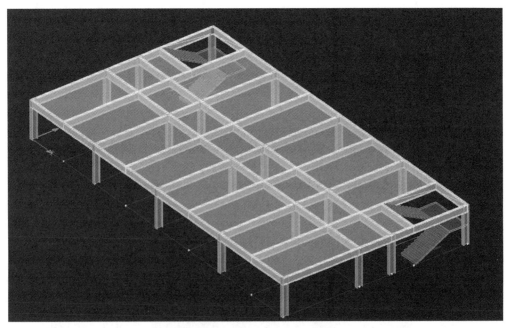

图 6-2-21　根据建筑设计要求修改模型

5. 输入荷载

点击"荷载"菜单下的按钮(见图 6-2-22),输入本层结构的各项荷载。

图 6-2-22 "荷载"菜单下的按钮

（1）楼层结构板自重，可在"恒活设置"中选择由程序自动计算。

（2）楼层装修荷载，包含楼面装修荷载和天花板吊顶荷载，在"恒载→板"中输入。

（3）楼层活荷载，在"活载→板"中输入。

（4）墙体自重，在"恒载→梁墙"中输入。

荷载输入完毕后，点击"恒载→板"可查看已输入的板上恒荷载，点击"活载→板"可查看已输入的板上活荷载，点击"恒载→梁墙"可查看已输入的梁上墙重荷载，如图 6-2-23 所示。

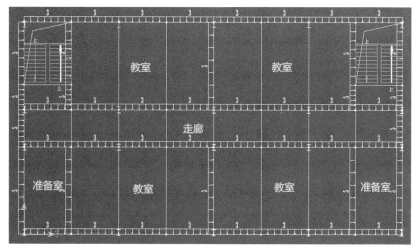

图 6-2-23 查看已输入的各种荷载

三、框架结构参数设置

点击"楼层"菜单下的"设计参数"按钮，可为本工程设置设计参数，如图 6-2-24 所示。

图 6-2-24 "楼层"菜单下的"设计参数"按钮

在弹出来的"楼层组装-设计参数"对话框中，各项参数的意义如下。

1."总信息"选项卡

"总信息"选项卡如图 6-2-25 所示。

（1）结构体系选择"钢框架结构"。

（2）结构主材选择"钢结构"。

（3）结构重要性系数。一般工程选择"1.0"。

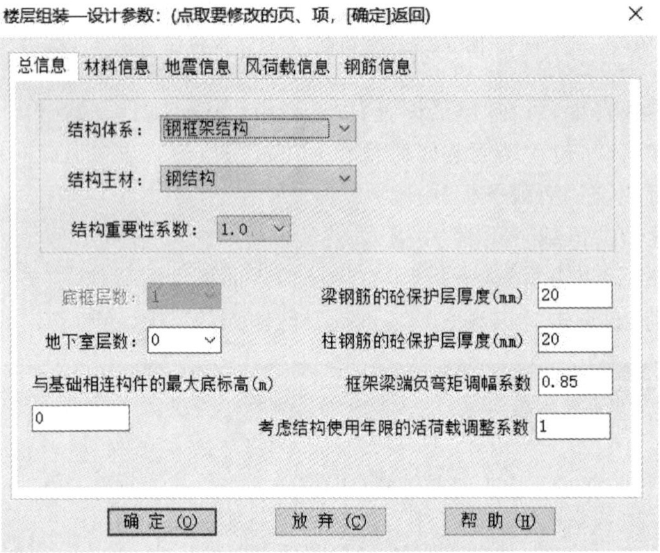

图 6-2-25　"总信息"选项卡

2."材料信息"选项卡

"材料信息"选项卡如图 6-2-26 所示。

（1）钢构件钢材根据设计情况选择，一般框架结构主材选用"Q355"。

（2）钢材容重一般选择"78"，若希望程序考虑钢构件表面防火涂料等重量，可适当增大。

（3）钢截面净毛面积比值指考虑构件螺栓孔对截面的削弱，一般选"0.85"。

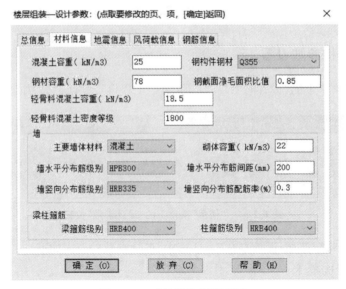

图 6-2-26　"材料信息"选项卡

3."地震信息"选项卡

"地震信息"选项卡如图 6-2-27 所示。

（1）设计地震分组根据《中国地震动参数区划图》（GB 18306—2015）查表输入。

（2）地震烈度根据《建筑抗震设计规范》（GB 50011—2010）（2016 年版）、《中国地震动参数区划图》（GB 18306—2015）、《建筑工程抗震设防分类标准》（GB 50223—2008）确定。

（3）场地类别。查询本工程的岩土工程勘察报告，按勘察单位提供的类别填入。

（4）钢框架抗震等级。根据《建筑与市政工程抗震通用规范》（GB 55002—2021）、《建筑抗震设计规范》（GB 50011—2010）（2016 年版），确定本工程抗震等级并填入。

（5）计算振型个数，一般按层数×3 所得出的数字填入，如 3 层框架结构可填入 9，也可填入比 9 略大的数字，表示每层有 X 方向平动、Y 方向平动、扭转 3 种振型。

（6）周期折减系数。框架结构中填入刚度较大的填充墙时，框架结构振动的频率将有所增加，周期随之降低。填充墙刚度较大、数量较多、对框架结构刚度贡献较大时应填入较小的值，无填充墙时填入 1，本工程可填入 0.7。

（7）抗震构造措施的抗震等级。框架结构抗震措施的抗震等级与抗震构造措施的抗震等级有可能不一致。《建筑与市政工程抗震通用规范》（GB 55002—2021）5.3.2 条规定：当房屋高度不高于 100 m 且无支撑框架部分的计算剪力不大于结构底部总地震剪力的 25％时，其抗震构造措施允许降低一级，但不得低于四级。本工程可选择"不改变"。

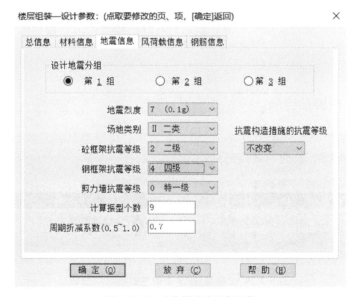

图 6-2-27 "地震信息"选项卡

4."风荷载信息"选项卡

"风荷载信息"选项卡如图 6-2-28 所示。

（1）修正后的基本风压。根据《建筑结构荷载规范》（GB 50009—2012）查询基本风压，根据《工程结构通用规范》（GB 55001—2021）、《钢结构设计标准》（GB 50017—2017）的要求乘以调整系数后输入。本工程的基本风压为 0.4，乘以修正系数 1.2，输入"0.48"。

（2）地面粗糙度类别。根据《建筑结构荷载规范》（GB 50009—2012），结合工程所在地的具体情况输入。本工程位于市郊，选择"B"类。

（3）体型系数。根据《建筑结构荷载规范》（GB 50009—2012），结合工程外表面形状输入。本工程外表面为长方体,各层平面均为长方形,因此分为"1"段,体型系数输入"1.3"。

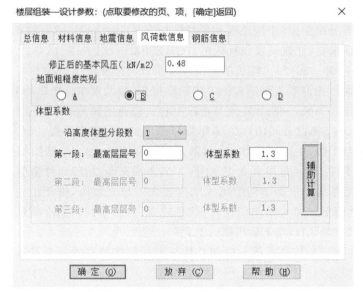

图 6-2-28   "风荷载信息"选项卡

5. "钢筋信息"选项卡

本工程为钢结构,钢筋信息可不输入。钢筋混凝土楼板或组合楼板的钢筋信息可在"砼施工图"部分调整。

四、框架结构楼层组装

点击"楼层"菜单下的"楼层组装"按钮,可将本工程各层模型组装成结构整体,如图 6-2-29 所示。在楼层组装之前,应先将各层的结构布置完成。

图 6-2-29   "楼层"菜单下的"楼层组装"按钮

1. 新增标准层

结构布置(除层高外)完全一致的楼层,视为标准层。

钢框架结构中,各层结构布置会有一些区别。以本工程为例,普通楼层每层均有 2 部楼梯,但顶层没有楼梯(屋面不上人),故顶层结构布置与普通楼层不一致,应当为顶层设计单独的标准层。

点击屏幕右侧的标准层下拉框,可以看到现有标准层 1 个,名为"第 1 标准层",当前标准层也是"第 1 标准层",如图 6-2-30 所示。

图 6-2-30   现有"第 1 标准层"

点击"添加新标准层",则可以新增"第2标准层",新增的"第2标准层"与当前标准层"第1标准层"完全一致,方便设计人员在"第1标准层"的基础上进行修改。

在弹出的"选择/添加标准层"对话框(见图6-2-31)中,可以看到现有标准层数为1,当前标准层为"第1标准层"。

选择"全部复制",并点击"确定"按钮,即可使新建的"第2标准层"与"第1标准层"完全一致。

2. 编辑屋面层

新增"第2标准层"后,第2标准层即为屋面层。点击"轴网""构件""楼板""荷载"菜单,编辑屋面层,如图6-2-32所示。

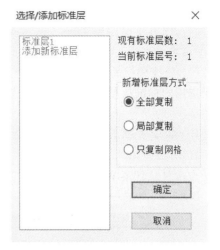

图6-2-31 "选择/添加标准层"对话框

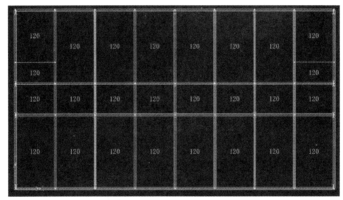

图6-2-32 编辑屋面层

3. 楼层组装

点击"楼层"菜单下的"楼层组装"按钮,可将本工程各层模型组装成结构整体。在弹出的"楼层组装"对话框中,可自下而上逐层组装,如图6-2-33所示。

图6-2-33 "楼层组装"对话框

（1）添加楼层的方法。点击"第1标准层"使其具有蓝色底纹，输入层高，然后点击"增加"按钮，即可将层高为3300 mm的第1标准层作为工程的第1自然层，再次点击"增加"按钮，即可将层高为3300 mm的第1标准层作为工程的第2自然层。

（2）修改楼层的方法。点击右侧"组装结果"中的自然层层号，则左侧自动显示该自然层所选用的标准层层号和层高，手动重选标准层层号和层高，点击"修改"按钮，即可修改该自然层。

（3）楼层组装完毕后，点击"确定"按钮，即可回到工作界面。

4. 模型查看及校核

点击"楼层"菜单下的"动态模型"按钮（见图6-2-34），即可观察到整栋建筑的三维模型。

图6-2-34　"楼层"菜单下的"动态模型"按钮

点击屏幕右下角的"三维旋转"按钮（见图6-2-35），即可在工作空间中动态旋转三维模型，也可利用鼠标滚轮对三维模型进行放大和缩小，便于对模型进行观察和校对，如图6-2-36所示。

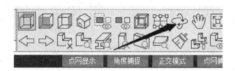

图6-2-35　"三维旋转"按钮

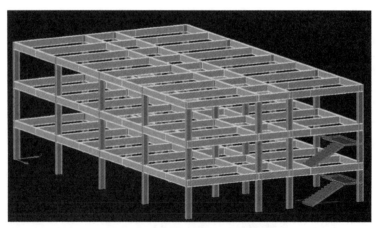

图6-2-36　对模型进行观察和校对

五、框架结构模型保存及接力计算

模型校核并修改完成后，点击"前处理及计算"菜单（见图6-2-37），接力结构计算。

图 6-2-37 "前处理及计算"菜单

在弹出的"保存提示"对话框中,点击"保存"按钮,即可保存模型,如图 6-2-38 所示。首次完成模型输入时,需要设置 SATWE 参数,故不应勾选"自动进行 SATWE 生成数据＋全部计算",后期修改模型无须修改 SATWE 参数时,可勾选"自动进行 SATWE 生成数据＋全部计算"。

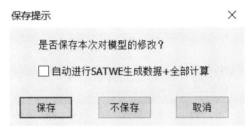

图 6-2-38 "保存提示"对话框

任务 6.3 钢框架设计参数设置

钢框架结构建模完成后,一般由 SATWE 模块进行计算,SATWE 是专门为高层结构分析与设计而开发的基于壳元理论的三维组合结构有限元分析软件,符合《建筑抗震设计规范》(GB 50011—2010)(2016 年版)3.4.4 条对于不规则建筑应采用空间结构计算模型的要求。

一、钢框架结构整体计算参数设置

建模完成后,选择"前处理及计算"菜单,点击"参数定义"按钮(见图 6-3-1),可以进行参数设置。

图 6-3-1 "前处理及计算"菜单"参数定义"按钮

在弹出的"分析和设计参数补充定义"对话框中,有"总信息"等 19 个选项卡。

1. 总信息

在"总信息"选项卡(见图 6-3-2)中,主要参数意义如下。

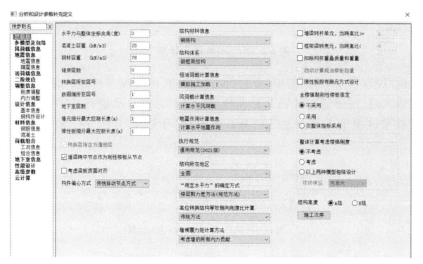

图 6-3-2   "分析和设计参数补充定义"对话框"总信息"选项卡

(1) 水平力与整体坐标夹角指水平地震和风作用方向与坐标轴 X 的夹角,逆时针为正,如果框架结构为纯正交轴网,可输入"0"。

(2) 钢材容重可输入"78",也可考虑涂料重量,输入"80"。

(3) 结构材料信息选择"钢结构"。

(4) 结构体系选择"钢框架结构"。

(5) 恒活荷载计算信息。钢结构可选择"模拟施工加载 1"。高层混凝土结构选择"模拟施工加载 3",该模式采用了分层刚度分层加载的模型,这种方式假定每个楼层加载时,它下面的楼层已经施工完毕,由于已经在楼层平面处找平,该层加载时下部没有变形,下面各层的受力变形不会影响本层以上各层,因此避开了一次性加载常见的梁受力异常的现象。

(6) 风荷载计算信息选择"计算水平风荷载"。

(7) 执行规范选择"通用规范(2021 版)"。

(8) "规定水平力"的确定方式选择"楼层剪力差方法(规范方法)"。

(9) 全楼强制刚性楼板假定即假定楼板在平面内无变形,水平荷载根据竖向构件的刚度进行分配,一般选择"仅整体指标采用"。

(10) 整体计算考虑楼梯刚度指楼梯是否参与整体计算,选"考虑"。

(11) 结构高度选择"A 级"。

(12) 施工次序。当前面的恒活荷载计算信息选择"模拟施工加载 3"时,需要设置施工次序。

2. 风荷载信息

在"风荷载信息"选项卡(见图 6-3-3)中,主要参数意义如下。

(1) 地面粗糙度类别按照《建筑结构荷载规范》(GB 50009—2012)8.2.1 条取值,用以描述周围地形和建筑对风的阻挡作用,一般空旷场地选 A,城市郊区选 B,城市市区选 C,大城市市区选 D。

图 6-3-3 "分析和设计参数补充定义"对话框"风荷载信息"选项卡

（2）修正后的基本风压。根据建筑所在位置查《建筑结构荷载规范》（GB 50009—2012）附录 E.2,确定基本风压;根据《工程结构通用规范》（GB 55001—2021）4.6.5 条,取一个不小于 1.2 的增大系数。将基本风压乘以增大系数即可填入。

（3）X 向结构基本周期、Y 向结构基本周期可根据《建筑结构荷载规范》（GB 50009—2012）附录 F 近似计算,也可填入"2"并进行本软件计算,再根据本软件计算后的结果精确填入。

（4）风荷载作用下结构的阻尼比。根据《建筑结构荷载规范》（GB 50009—2012）8.4.4 条,对钢结构可取 0.01,对有填充墙的钢结构房屋可取 0.02,对钢筋混凝土及砌体结构可取 0.05,对其他结构可根据工程经验确定。请注意,此处填写百分数,如 0.02 填写"2"即可。

（5）承载力设计时风荷载效应放大系数。多层框架钢结构可按缺省值"1"。

（6）顺风向风振。根据《建筑结构荷载规范》（GB 50009—2012）8.4.1 条,对于高度大于 30 m 且高宽比大于 1.5 的房屋,以及基本自振周期 T_1 大于 0.25 s 的各种高耸结构,应考虑风压脉动对结构产生顺风向风振的影响。根据工程情况进行判断是否需要考虑顺风向风振的影响。

（7）横风向风振。根据《建筑结构荷载规范》（GB 50009—2012）8.5.1 条,对于横风向风振作用效应明显的高层建筑以及细长圆形截面构筑物,宜考虑横风向风振的影响。

（8）扭转风振。根据《建筑结构荷载规范》（GB 50009—2012）8.5.4 条,扭转风荷载是由于建筑各个立面风压的非对称作用产生的,受截面形状和湍流度等因素的影响较大。判断高层建筑是否需要考虑扭转风振的影响,主要考虑建筑的高度、高宽比、深宽比、结构自振频率、结构刚度与质量的偏心等因素。建筑高度超过 150 m,同时满足式（6-3-1）、式（6-3-2）、式（6-3-3）的高层建筑[T_{T1} 为第 1 阶扭转周期（s）],扭转风振效应明显,宜考虑扭转风振的影响。

$$H/\sqrt{BD} \geqslant 3 \qquad (6\text{-}3\text{-}1)$$

$$D/B \geqslant 1.5 \qquad (6\text{-}3\text{-}2)$$

$$\frac{T_{T1}v_H}{\sqrt{BD}} \geqslant 0.4 \qquad (6\text{-}3\text{-}3)$$

程序中也可点击下方的"横风向或扭转风振校核",由程序协助计算。

（9）用于舒适度验算的风压可参考现行行业标准《高层民用建筑钢结构技术规程》（JGJ 99—2015）3.5.5 条，查《建筑结构荷载规范》（GB 50009—2012）附录 E 按 10 年一遇的基本风压取值。

（10）用于舒适度验算的结构阻尼比可按多遇地震取值，高度不大于 50 m 时可取 0.04，高度大于 50 m 且小于 200 m 时可取 0.03，高度不小于 200 m 时宜取 0.02。

（11）体型系数。结构建模时已经填写，此处无须修改。

3. 地震信息

在"地震信息"选项卡（见图 6-3-4）中，主要参数意义如下。

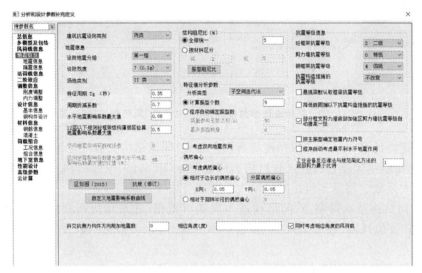

图 6-3-4　"分析和设计参数补充定义"对话框"地震信息"选项卡

（1）建筑抗震设防类别。《建筑与市政工程抗震通用规范》（GB 55002—2021）2.3.1 条规定：抗震设防的各类建筑与市政工程，均应根据其遭受地震破坏后可能造成的人员伤亡、经济损失、社会影响程度及其在抗震救灾中的作用等因素划分为下列四个抗震设防类别。

① 特殊设防类应为使用上有特殊要求的设施，涉及国家公共安全的重大建筑与市政工程和地震时可能发生严重次生灾害等特别重大灾害后果，需要进行特殊设防的建筑与市政工程，简称甲类。

② 重点设防类应为地震时使用功能不能中断或需尽快恢复的生命线相关建筑与市政工程，以及地震时可能导致大量人员伤亡等重大灾害后果，需要提高设防标准的建筑与市政工程，简称乙类。

③ 标准设防类应为除第①、②、④条规定以外按标准要求进行设防的建筑与市政工程，简称丙类。

④ 适度设防类应为使用上人员稀少且震损不致产生次生灾害，允许在一定条件下适度降低设防要求的建筑与市政工程，简称丁类。

（2）设防地震分组、设防烈度根据《中国地震动参数区划图》（GB 18306—2015）查表取值。

（3）场地类别根据本工程的岩土工程勘察报告查表取值。

（4）特征周期根据《建筑与市政工程抗震通用规范》（GB 55002—2021）4.2.2 条第 3 款规定，按表 6-3-1 取值。

表 6-3-1　特征周期取值

设计地震分组	场地类别				
	I_0	I_1	II	III	IV
第一组	0.20	0.25	0.35	0.45	0.65
第二组	0.25	0.30	0.40	0.55	0.75
第三组	0.30	0.35	0.45	0.65	0.90

（5）周期折减系数考虑填充墙对结构整体刚度的增强作用，有填充墙的钢结构可填入"0.7"。

（6）水平地震影响系数最大值根据《建筑与市政工程抗震通用规范》（GB 55002—2021）4.2.2 条第 2 款规定，按表 6-3-2 取值。

表 6-3-2　水平地震影响系数最大值

地震影响	6 度	7 度		8 度		9 度
	$0.05g$	$0.10g$	$0.15g$	$0.20g$	$0.30g$	$0.40g$
多遇地震	0.04	0.08	0.12	0.16	0.24	0.32
设防地震	0.12	0.23	0.34	0.45	0.68	0.90
罕遇地震	0.28	0.50	0.72	0.90	1.20	1.40

（7）结构阻尼比。《建筑抗震设计规范》（GB 50011—2010）（2016 年版）8.2.2 条指出，钢结构抗震计算的阻尼比宜符合下列规定。

① 多遇地震下的计算，高度不大于 50 m 时可取 0.04，高度大于 50 m 且小于 200 m 时可取 0.03；高度不小于 200 m 时，宜取 0.02。

② 当偏心支撑框架部分承担的地震倾覆力矩大于结构总地震倾覆力矩的 50% 时，其阻尼比可比第 ① 条相应增加 0.005。

③ 在罕遇地震下的弹塑性分析，阻尼比可取 0.05。

（8）计算振型个数一般为"层数×3"，但要满足质量参与系数≥90%，也可选择"程序自动确定振型数"并规定质量参与系数之和为"90"。

（9）考虑双向地震作用可勾选。

（10）偶然偏心应勾选"考虑偶然偏心"，相对于边长的偶然偏心，X 向和 Y 向均为 0.05。

（11）抗震等级信息。在结构建模中已经输入，此处可不修改。

4．活荷载信息

在"活荷载信息"选项卡（见图 6-3-5）中，主要参数意义如下。

（1）楼面活荷载折减方式。一般来说，规范所列活荷载取值为保证率约 90% 的分位值，是一个较大值，建筑各房间、各层同时达到最大值的可能性并不大，因此实际计算时，对于某一构件在承受大面积活荷载或承受多层累计活荷载时，应折减。具体折减方式可查阅《建筑结构荷载规范》（GB 50009—2012）或参考本书的模块 2。

（2）梁活荷不利布置用以描述相邻房间是否都达到满负荷的情况。对于多跨连续梁（框架梁），满布活荷载并不一定能在梁内造成最大弯矩，隔跨布置活荷载反而可能造成梁内最大弯矩。此处通过试算来确定活荷载不利布置时梁内的最大活荷载，最高层号取结构总

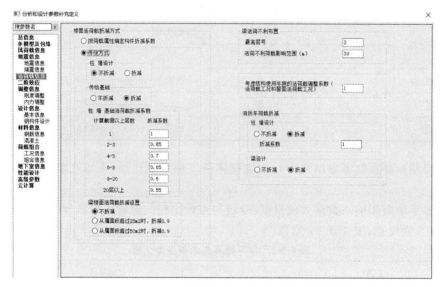

图 6-3-5 "分析和设计参数补充定义"对话框"活荷载信息"选项卡

层数,活荷不利荷载影响范围可取默认值。

(3)考虑结构使用年限的活荷载调整系数。规范所列的活荷载是根据 50 年使用年限取值的,当使用年限不是 50 年时,应调整,根据《工程结构通用规范》(GB 55001—2021)、《建筑结构可靠性设计统一标准》(GB 50068—2018)的要求取值或参考本书的模块 2。

图 6-3-6 "分析和设计参数补充定义"
对话框"二阶效应"选项卡

5. 二阶效应信息

在"二阶效应"选项卡(见图 6-3-6)中,钢结构设计方法应该选择"二阶弹性设计方法"。

《钢结构通用规范》(GB 55006—2021)5.2.3 条要求,结构稳定性验算应符合下列规定。

(1)二阶效应计算中,重力荷载应取设计值。

(2)高层钢结构的二阶效应系数不应大于 0.2,多层钢结构不应大于 0.25。

(3)一阶分析时,框架结构应根据抗侧刚度按照有侧移屈曲或无侧移屈曲的模式确定框架柱的计算长度系数。

(4)二阶分析时应考虑假想水平荷载,框架柱的计算长度系数应取 1.0。

(5)假想水平荷载的方向与风荷载或地震作用的方向应一致,假想水平荷载的荷载分项系数应取 1.0,风荷载参与组合的工况的组合系数应取 1.0,地震作用参与组合的工况的组合系数应取 0.5。

在结构二阶效应计算方法中,"直接几何刚度法"指按照"P-Δ 效应"计算二阶效应,"内力放大法"指按照《高层民用建筑钢结构技术规程》(JGJ 99—2015)7.3.2 条规定计算二阶效应。此处可选"内力放大法"。

6. 刚度调整

钢框架结构常用钢筋混凝土楼板或组合楼板,梁与楼板通过抗剪键相连,形成整体,因此计算梁的弯曲变形时必须考虑楼板的作用,将梁的刚度增大。

钢框架结构中,梁刚度调整(见图6-3-7)应选择"采用中梁刚度放大系数 Bk",再根据梁的大小和楼板厚度的关系输入合理的参数。一般情况下,中梁取1.5,边梁取1.2,楼板较厚时取值增大,梁高度较大时取值减小。

注意,对于底部有凹凸不平的楼承板的组合楼板,梁刚度不宜放大。

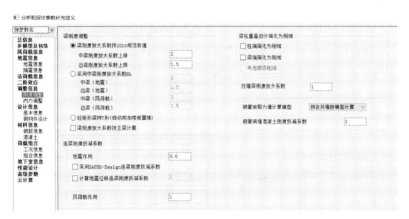

图6-3-7 "分析和设计参数补充定义"对话框"刚度调整"选项卡

7. 内力调整

在"内力调整"选项卡(见图6-3-8)中,主要参数意义如下。

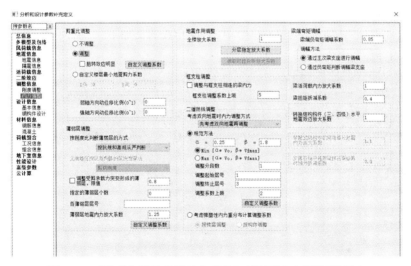

图6-3-8 "分析和设计参数补充定义"对话框"内力调整"选项卡

(1) 剪重比调整。按照《建筑与市政工程抗震通用规范》(GB 55002—2021)4.2.3 条规定,无论通过哪种方法(底部剪力法、振型分解法等)计算的水平地震剪力,都不得小于规范规定的最小地震剪力,对竖向不规则结构的薄弱层,尚应乘以1.15的增大系数。因此,此处应选择"调整"。

(2) 按刚度比判断薄弱层的方式。钢框架结构选择"仅按抗规判断"。

（3）调整受剪承载力突变形成的薄弱层，限值。《建筑抗震设计规范》（GB 50011—2010）（2016 年版）3.4.3 条规定的不规则建筑中，下部楼层的抗剪承载力小于上部楼层的 0.8 倍时，即可判别为薄弱层，可对 0.8 倍进行调整，此处可默认为"0.8"，但仍由程序通过计算自动判断某层是否为薄弱层。

（4）指定的薄弱层个数、各薄弱层层号。某些设计人员自认为楼层刚度或楼层抗剪承载力较低的楼层，可直接指定为薄弱层。先在"指定的薄弱层个数"处输入薄弱层的个数，然后在"各薄弱层层号"中分别输入各薄弱层层号，层号以结构层为准（建筑二层楼面处实际为结构第 1 层），各层号以空格隔开。

（5）薄弱层地震内力放大系数。《建筑抗震设计规范》（GB 50011—2010）（2016 年版）3.4.4 条规定：平面规则而竖向不规则的建筑，应采用空间结构计算模型，刚度小的楼层的地震剪力应乘以不小于 1.15 的增大系数。此处可填入"1.15"。

（6）梁端弯矩调幅主要指钢筋混凝土结构中梁端屈服形成塑性铰，负弯矩减小的情况。钢框架结构中，钢梁不调幅，此处可填入"1"。

（7）梁活荷载内力放大系数。考虑活荷载不利布置对梁的影响，前面活荷载信息中已经考虑的，此处不再考虑，应输入"1"。

（8）梁扭矩折减系数。考虑梁发生扭转时楼板对梁的约束作用，可填入"0.4"。

8. 基本信息

在"基本信息"选项卡中，主要是钢筋混凝土结构所需要调整的参数，钢框架结构无须修改。

结构重要性系数参考《建筑结构可靠性设计统一标准》（GB 50068—2018），也可参考本书的模块 1 的任务 1.3，一般性钢框架结构输入"1"即可。

9. 钢构件设计

在"钢构件设计"选项卡（见图 6-3-9）中，主要参数意义如下。

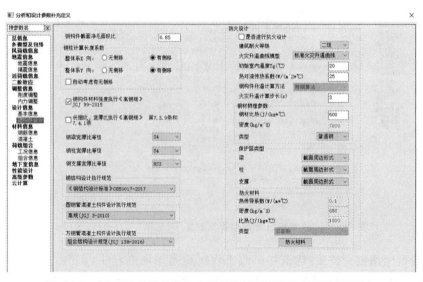

图 6-3-9　"分析和设计参数补充定义"对话框"钢构件设计"选项卡

（1）钢构件截面净毛面积比考虑钢构件上的螺栓孔削弱构件有效截面，一般按默认值"0.85"取值。

（2）钢柱计算长度系数通过判断结构整体是否有侧移，来确定钢柱的约束条件，然后确定计算长度。此处可勾选"自动考虑有无侧移"，则程序自动按照《钢结构设计标准》（GB 50017—2017)8.3.1条判断结构整体是否有侧移。

（3）钢构件材料强度执行《高钢规》应勾选。

（4）长细比、宽厚比执行《高钢规》：高层建筑应勾选，多层建筑可不勾选。

（5）钢梁宽厚比等级、钢柱宽厚比等级、钢支撑宽厚比等级即钢结构抗震性能化设计，采用低延性-高承载力思路进行钢结构设计。一般性工程此处按默认值"S4"选择。

（6）钢结构设计执行规范选择"《钢结构设计标准》GB 50017-2017"。

（7）防火设计。《钢结构设计标准》（GB 50017—2017)规定：钢结构防火保护措施及其构造应根据工程实际，考虑结构类型、耐火极限要求、工作环境等因素，按照安全可靠、经济合理的原则确定。当钢构件的耐火时间不能达到规定的设计耐火极限要求时，应进行防火保护设计，建筑钢结构应按现行国家标准《建筑钢结构防火技术规范》（GB 51249—2017)进行抗火性能验算。

设计者应根据《建筑防火设计规范》（GB 50016—2014)确定构件的耐火极限，并检查本工程构件是否满足要求，如果本工程构件厚度较薄，不能满足耐火极限的时间要求，则应进行防火保护设计，勾选"是否进行抗火设计"，相关参数按照《建筑钢结构防火技术规范》（GB 51249—2017)，结合实际情况输入。

10.钢筋信息、混凝土

与钢结构无关的选项卡可不修改。

11.工况信息、组合信息。

一般情况下，工况信息和组合信息按默认值取值。

12.性能设计

在"性能设计"选项卡（见图6-3-10）中，应勾选"按照钢结构设计标准进行性能设计"。

图6-3-10 "分析和设计参数补充定义"对话框"性能设计"选项卡

近年来,随着国家经济形势的变化,钢结构的应用急剧增加,结构形式日益丰富。不同结构体系和截面特性的钢结构,彼此间结构延性差异较大,为贯彻国家提出的"鼓励用钢、合理用钢"的经济政策,根据现行国家标准《建筑抗震设计规范》(GB 50011—2010)(2016 年版)及《构筑物抗震设计规范》(GB 50191—2012)规定的抗震设计原则,针对钢结构特点,我们增加了钢结构构件和节点的抗震性能化设计内容。根据性能化设计的钢结构的抗震设计准则如下:验算本地区抗震设防烈度的多遇地震作用的构件承载力和结构弹性变形(小震不坏)、根据其延性验算设防地震作用的承载力(中震可修)、验算其罕遇地震作用的弹塑性变形(大震不倒)。

虽然结构真正的设防目标为设防地震,但由于结构具有一定的延性,无须采用中震弹性的设计。在满足一定强度要求的前提下,让结构在设防地震强度最强的时段到来之前,结构部分构件先行屈服,削减刚度,增大结构的周期,使结构的周期与地震波强度最大时段的特征周期避开,从而使结构对地震具有一定程度的免疫功能。这种利用某些构件的塑性变形削减地震输入的抗震设计方法可降低假想弹性结构的受震承载力要求。基于这样的观点,结构的抗震设计均允许结构在地震过程中发生一定程度的塑性变形,但塑性变形必须控制在对结构整体危害较小的部位。梁端形成塑性铰是可以接受的,轴力较小,塑性转动能力很强,能够适应较大的塑性变形,因此结构的延性较好;当柱子截面内出现塑性变形时,后果就不易预料,因为柱子内出现塑性铰后,需要抵抗随后伴随侧移增加而出现的新增弯矩,而柱子内的轴力由竖向重力荷载产生的部分无法卸载,这样结构整体内将会发生较难把握的内力重分配。因此抗震设防的钢结构除应满足基本性能目标的承载力要求外,尚应采用能力设计法进行塑性机构控制,无法达成预想的破坏机构时,应采取补偿措施。

我国是一个多地震国家,性能化设计的适用面广,只要提出合适的性能目标,基本可适用于所有的结构,由于目前相关设计经验不多,抗震性能设计的适用范围暂时压缩在较小的范围内——不高于 8 度(0.20g),结构高度不高于 100 m 的框架结构、支撑结构和框架-支撑结构的构件和节点。

(1)塑性耗能区承载性能等级可按表 3-2-1 取值,低烈度区建筑,如住宅、办公建筑等抗震设防分类为丙类的钢框架结构可选择"性能 6",烈度越高、抗震设防分类越高的,性能等级应越高。

(2)塑性耗能区的性能系数最小值。程序根据"塑性耗能区承载性能等级"自动生成,无须填写。

(3)结构构件延性等级。结构构件延性等级应根据抗震设防类别和塑性耗能区承载性能等级,按表 3-2-3 取值。

(4)塑性耗能构件刚度折减系数。为实现"强柱弱梁",将梁的刚度进行折减,以实现罕遇地震情况下,梁端形成耗能区。此处可根据设防烈度填 0.85~1.0 的数字,烈度越高,折减系数越小。

(5)非塑性耗能区内力调整系数。为实现"强柱弱梁",将柱等非耗能区构件内力增大,以实现罕遇地震情况下,非耗能区不会率先破坏。取值按《钢结构设计标准》(GB 50017—2017)17.2.2 条确定,取值不小于 1.1,其中底层柱不小于 1.35。

(6)中震地震影响系数最大值按表 6-3-2 取值。

(7)中震设计阻尼比按多遇地震取值,一般钢框架结构可取 4%。

二、钢框架结构平面荷载校核

整体计算参数设置完成后,应再次检查荷载输入情况(见图 6-3-11),对各项荷载进行复核。

图 6-3-11 再次检查荷载输入情况

三、钢框架结构特殊构件设置

钢框架结构中,个别构件的支座条件、计算规则、规范要求等特殊属性与整体不同,在整体计算参数设置完成后,应对个别构件单独设置。

点击"前处理及计算"菜单中的"特殊梁"按钮(见图 6-3-12)、"特殊柱"按钮、"特殊支撑"按钮,在左侧弹出的工具条中,点击需要设置的项目,再点击工作区域对应的梁构件,误操作时再次点击即可取消。工作区域下方有相应的特殊构件图例可供参考(见图 6-3-13)。

图 6-3-12 "前处理及计算"菜单中的"特殊梁"按钮

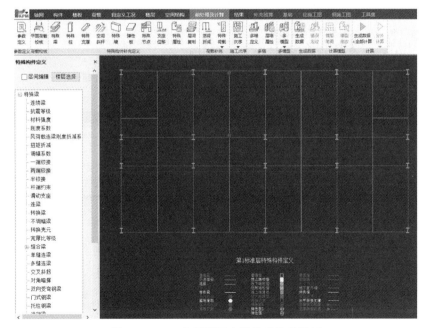

图 6-3-13 工作区域下方的特殊构件图例

（1）抗震等级。部分重要的梁、柱,如框支梁、框支柱的抗震等级应比其他梁有所提高。

（2）材料强度。部分梁、柱、支撑可能采用与其他梁、柱、支撑不同的钢。

（3）刚度系数。考虑梁板共同作用时,梁刚度应增大;考虑梁屈服形成塑性铰时,梁刚度应减小。

（4）一端铰接。钢框架结构中,常见的特殊梁为铰接梁,即次梁与主梁的连接为铰接,有的次梁两端均为铰接,有的次梁一端为铰接。

（5）宽厚比等级:调整个别构件的宽厚比等级,如《钢结构设计标准》(GB 50017—2017) 17.3.3 条规定,在支撑系统之间,直接与支撑系统构件相连的刚接钢梁,当其在受压斜杆屈曲前屈服时,应按框架结构的框架梁设计,非塑性耗能区内力调整系数可取 1.0,截面板件宽厚比等级宜满足受弯构件 S1 级要求。

（6）门式钢梁:主要用于结构下部采用框架结构、顶层采用门式刚架的情况,应对门式刚架梁、柱进行定义,以调整其计算长度和所执行的规范。

（7）上端铰接、下端铰接、两端铰接:用于特殊柱的定义,如某些结构为使刚度中心与重心重合,会在柱子较为密集处,将部分柱设置为两端铰接,以减小该处的刚度,又如某些带夹层的门式刚架,顶层门式刚架柱可设置为下端铰接。

四、生成数据

点击"前处理及计算"菜单中的"生成数据"按钮(见图 6-3-14),即可由程序自动生成计算需要的数据并进行检查,如果模型中存在错误,程序会提示。点击"前处理及计算"菜单中的"错误定位"按钮(见图 6-3-15),即可显示发生错误的构件,便于设计者返回建模或参数设置阶段进行修改。

图 6-3-14　"前处理及计算"菜单中的"生成数据"按钮

图 6-3-15　"前处理及计算"菜单中的"错误定位"按钮

五、结构计算

点击"前处理及计算"菜单中的"生成数据＋全部计算"按钮(见图 6-3-16),即可命令程序进行结构计算。

图 6-3-16　"前处理及计算"菜单中的"生成数据＋全部计算"按钮

任务 6.4　钢框架结构验算结果分析

钢框架结构计算完成后,可在"结果"菜单查看结果,并针对计算结果的分析,进一步修改模型和参数。

一、结构整体计算结果分析

选择"结果"菜单,点击"文本及计算书"按钮下的"新版文本查看"(见图 6-4-1),可以进行结构整体计算结果分析。

1. 结构整体指标

点击屏幕左侧的"指标汇总信息",即可检查结构整体指标(见表 6-4-1)。

(1) 质量比。本条对应《高层建筑混凝土结构技术规程》(JGJ 3—2010)3.5.6 条规定,钢框架结构可不执行。

图 6-4-1　"文本及计算书"按钮下的"新版文本查看"

(2) 结构自振周期用于验算周期比。T_1 表示结构第 1 自振周期,周期为 1.082 5 秒,振动方向为 X 方向;T_2 表示结构第 2 自振周期,周期为 0.541 5 秒,振动方向为 Y 方向;T_3 表示结构第 3 自振周期,周期为 0.512 0 秒,振动方向为扭转。周期根据周期长短排序,即第 1 周期的时长大于第 2 周期,以此类推。

《建筑抗震设计规范》(GB 50011—2010)(2016 年版)3.4.1 条及说明规定,第 1 扭转周期(振动方向为扭转且振动时间最长的周期)与第 1 平动周期(振动方向为 X 或 Y 且振动时间最长的周期)的比值必须大于 0.9,否则该结构属于特别不规则,应当弃用或组织专门论证。

注意,在钢框架结构参数设置中,风荷载信息里的自振周期可按此处的数据填入。

(3) 有效质量系数。SATWE 采用振型分解法计算地震力,所取的振型数量越少,有效质量系数越小。

《建筑抗震设计规范》(GB 50011—2010)(2016 年版)5.2.2 条及条文说明规定,为使高柔建筑的分析精度有所改进,其组合的振型个数适当增加。振型个数一般可以取振型参与质量达到总质量 90% 所需的振型数。

(4) 地震底部剪重比,指水平地震力所引起的结构底部剪力与重力的比值。

由于地震影响系数在长周期段下降较快,对于基本周期大于 3.5 s 的结构,计算所得的水平地震作用下的结构效应可能太小。而对于长周期结构,地震动态作用中的地面运动速度和位移可能对结构的破坏具有更大影响,但是规范所采用的振型分解反应谱法尚无法对此做出估计。出于结构安全的考虑,规范提出了对结构总水平地震剪力及各楼层水平地震剪力最小值的要求,规定了不同烈度下的剪力系数,当不满足时,需改变结构布置或调整结构总剪力和各楼层的水平地震剪力使之满足要求。

表 6-4-1　招标汇总

计算结果			计算值	规范(规程)限值	判别	备注
结构总质量/t			1636.53			
质量比			1.08	<1.5	满足	
结构自振周期/s		T_1	1.082 5(X)			
		T_2	0.541 5(Y)			
		T_3	0.512 0(T)			
有效质量系数		X	100.00%	>90%	满足	
		Y	100.00%		满足	
地震底部剪重比 (调整前/调整后)		X	3.65%	≥1.60%	满足	1层1塔
		Y	6.41%	≥1.60%	满足	1层1塔
水平力作用下的 楼层层间最大位 移与层高之比	地震	X	1/566	<1/250	满足	1层1塔
		Y	1/1162	<1/250	满足	2层1塔
	风荷载	X	1/2046	<1/250	满足	1层1塔
		Y	1/4581	<1/250	满足	2层1塔
地震作用下 (偶然偏心) 塔楼扭转参数	最大位 移/平 均位移	X	1.01	<1.50	满足	3层1塔
		Y	1.19		满足	1层1塔
	最大层 间位移/ 层间平 均位移	X	1.03	<1.50	满足	3层1塔
		Y	1.20		满足	3层1塔
楼层剪 力/层 间位移 刚度比	与相邻上一层侧向 刚度0.9(非框架)、 0.7及上三层0.8 (框架)的比值	X	1.00	≥1.00	满足	3层1塔
		Y	1.00		满足	3层1塔
	楼层层高大于相邻 楼层层高1.5倍时, 与相邻上一层侧向 刚度1.1的比值	X	1.18	≥1.50	不满足	1层1塔
		Y	1.00	≥1.00	满足	3层1塔
楼层抗剪承载力与相邻 上一层比值的最小值		X	0.92	≥0.80	满足	1层1塔
		Y	0.92		满足	1层1塔

　　《建筑抗震设计规范》(GB 50011—2010)(2016 年版)5.2.5 条规定,楼层最小地震剪力系数不得小于表 6-4-2 的要求。

表 6-4-2　楼层最小地震剪力系数

类别	6 度	7 度		8 度		9 度
	$0.05g$	$0.10g$	$0.15g$	$0.20g$	$0.30g$	$0.40g$
扭转效应明显或基本周期小于 3.5 s 的结构	0.008	0.016	0.024	0.032	0.048	0.064
基本周期大于 5.0 s 的结构	0.006	0.012	0.018	0.024	0.036	0.048

注:基本周期介于 3.5 s 和 5.0 s 之间的结构,按插入法取值。

　　需要注意以下几点。

　　① 当底部总剪力相差较多时,结构的选型和总体布置需重新调整,不能仅采用乘以增大系数的方法处理。

　　② 只要底部总剪力不满足要求,结构各楼层的剪力均需要调整,不能仅调整不满足的楼层。

　　③ 满足最小地震剪力是结构后续抗震计算的前提,只有调整到符合最小剪力要求才能进行相应的地震倾覆力矩、构件内力、位移等的计算分析;当各层的地震剪力需要调整时,原先计算的倾覆力矩、内力和位移均需要相应调整。

　　④ 采用时程分析法时,其计算的总剪力也需符合最小地震剪力的要求。

　　⑤ 本条规定不考虑阻尼比的不同,是最低要求,各类结构,包括钢结构、隔震和消能减震结构均需一律遵守。

　　(5) 水平力作用下的楼层层间最大位移与层高之比,也叫位移角,即在风荷载作用下或水平地震作用下,结构将发生晃动,为定量保证结构晃动幅度不致过大,规定各层顶部相对于底部的水平位移与本层层高的比值不宜过大。

　　《建筑抗震设计规范》(GB 50011—2010)(2016 年版)5.5.1 条规定,多、高层钢结构位移角不得大于 1/250。

　　(6) 地震作用下(偶然偏心)塔楼扭转参数,也叫位移比,即在水平地震作用下,结构发生水平晃动时的力的作用点通过结构重心,结构抵抗水平晃动的中心为刚度中心(简称刚心),当重心与刚心不重合时,结构将发生水平扭转,为定量保证这种扭转不致太大,规定各层最大位移点的位移与平均位移的比值不宜过大。

　　《建筑抗震设计规范》(GB 50011—2010)(2016 年版)规定,考虑偶然偏心时,风荷载和水平地震荷载作用下,楼层两端抗侧力构件弹性水平位移(或层间位移)的最大值与平均值的比值不宜大于 1.2,否则该结构应判定为扭转不规则,当该值大于 1.5 时,该结构应判定为扭转特别不规则。

　　(7) 楼层剪力/层间位移刚度比,简称刚度比,指各结构层抵抗水平变形的能力(刚度)之比,刚度的计算方法为剪力除以层间位移。规则的结构应当下部楼层刚度大、上部楼层刚度逐渐减小。

《建筑抗震设计规范》(GB 50011—2010)(2016 年版)规定,当结构中某层侧向刚度小于相邻上一层的 70% 或小于其上相邻三个楼层侧向刚度平均值的 80% 时,结构应判定为侧向刚度不规则。

(8) 楼层抗剪承载力与相邻上一层比值的最小值,即层间受剪承载力之比,指各结构层抵抗水平力破坏的能力。规则的结构应当下部楼层抗剪承载力大、上部楼层抗剪承载力逐渐减小。

《建筑抗震设计规范》(GB 50011—2010)(2016 年版)规定,抗侧力结构的层间抗剪承载力小于相邻上一层的 80% 时,结构应判别为楼层承载力突变不规则,当该值小于 65% 时,结构应判别为楼层承载力突变特别不规则。

2. 结构不规则类型及处理措施

《建筑抗震设计规范》(GB 50011—2010)(2016 年版)3.4.2 条规定:建筑设计应重视其平面、立面和竖向剖面的规则性对抗震性能及经济合理性的影响,宜择优选用规则的形体,其抗侧力构件的平面布置宜规则对称,侧向刚度沿竖向宜均匀变化,竖向抗侧力构件的截面尺寸和材料强度宜自下而上逐渐减小、避免侧向刚度和承载力突变。

合理的建筑形体和布置在抗震设计中是很重要的,提倡平、立面简单对称。因为震害表明,简单、对称的建筑在地震时较不容易破坏。简单、对称的结构容易估计其地震时的反应,容易采取抗震构造措施和进行细部处理。"规则"包含了对建筑的平、立面外形尺寸,抗侧力构件布置、质量分布,承载力分布等诸多因素的综合要求。"规则"的具体界限,随着结构类型的不同而异,需要建筑师和结构工程师互相配合,才能设计出抗震性能良好的建筑。

为提高建筑设计和结构设计的协调性,规范明确规定:建筑形体和布置应依据抗震概念设计原则划分为规则与不规则两大类;对于不规则的建筑,针对其不规则的具体情况,明确提出不同的要求;强调应避免采用严重不规则的设计方案。

规则的建筑方案体现在体型(平面和立面的形状)简单,抗侧力体系的刚度和承载力上下变化连续、均匀,平面布置基本对称,即在平立面、竖向剖面或抗侧力体系上,没有明显的、实质的不连续(突变)。

对于规则与不规则的区分,《建筑抗震设计规范》(GB 50011—2010)(2016 年版)规定了一些定量的参考界限,但实际上引起建筑不规则的因素还有很多,特别是复杂的建筑体型,很难一一用若干简化的定量指标来划分不规则程度并规定限制范围。但是,有经验的、有抗震知识素养的建筑设计人员,应该对所设计的建筑的抗震性能有所估计,要区分不规则、特别不规则和严重不规则等不规则程度,避免采用抗震性能差的严重不规则的设计方案。

(1) 一般不规则。

符合表 6-2-1 或表 6-2-2 中任意一条的结构,即为一般不规则结构,应当采用空间结构计算模型进行结构分析。对于表 6-2-2 所列的不规则结构,还应将刚度小的楼层的地震剪力乘以不小于 1.15 的增大系数。

(2) 特别不规则。

符合表 6-2-1 或表 6-2-2 中任意 3 条及以上的结构,即为特别不规则结构;符合表 6-4-3

中任意 1 条的结构,即为特别不规则结构。

表 6-4-3 特别不规则的主要类型

序号	不规则类型	定义和参考标准
1	扭转偏大	裙房以上有较多楼层考虑偶然偏心的扭转位移比大于 1.4
2	抗扭刚度小	扭转周期比大于 0.9,混合结构扭转周期比大于 0.85
3	层刚度偏小	本层侧向刚度小于相邻上层的 50%
4	高位转换	框支墙体的转换构件位置:7 度超过 5 层,8 度超过 3 层
5	厚板转换	7~9 度设防的厚板转换结构
6	塔楼偏置	单塔或多塔合质心与大底盘的质心偏心距大于底盘相应边长的 20%
7	复杂连接	各部分层数、刚度、布置不同的错层或连体两端塔楼显著不规则的结构
8	多种复杂	同时具有转换层、加强层、错层、连体、多塔类型中的 2 种以上

(3)严重不规则。

严重不规则指的是形体复杂,多项不规则指标超过表 6-2-1 或表 6-2-2 上限值或某一项大大超过规定值,具有现有技术和经济条件不能克服的严重的抗震薄弱环节,可能导致地震破坏的严重后果者。

二、结构构件整体计算结果分析

选择"结果"菜单,点击"配筋"按钮(见图 6-4-2),可以查看各层结构构件的应力比及轴压比(见图 6-4-3),屏幕右上角可在各楼层之间切换。

图 6-4-2 "结果"菜单的"配筋"按钮

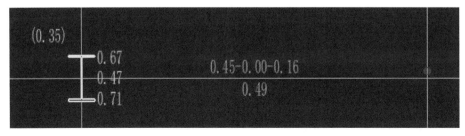

图 6-4-3 各层结构构件的应力比及轴压比

1. 柱构件信息

图 6-4-3 中,柱周围的数字表示其验算结果,其意义分别如下。

（1）0.35 为轴压比,表示柱实际承受的轴力与能够承受的轴力的比值,不应大于 1。

（2）0.67 为应力比,表示钢柱正应力与钢材抗拉、抗压强度设计值的比值,不应大于 1。

（3）0.47 为 X 方向稳定应力比,表示计算钢柱 X 方向整体稳定性时的应力与钢材抗拉、抗压强度设计值的比值,不应大于 1。

（4）0.71 为 Y 方向稳定应力比,表示计算钢柱 Y 方向整体稳定性时的应力与钢材抗拉、抗压强度设计值的比值,不应大于 1。

注意,以上数据中,除第（1）项外,所有应力比计算均为所有荷载组合（或称效应组合、工况）中最不利情况。

2. 梁构件承载力信息

图 6-4-3 中,梁周围的数字表示其验算结果,其意义分别如下。

（1）0.45 为梁正应力比,表示梁所有截面中,弯矩内力最大的截面边缘处的应力（该截面最大正应力）与钢材抗拉、抗压强度设计值的比值,不应大于 1。

（2）0.00 为梁上翼缘整体稳定应力比,表示梁计算整体稳定时的上翼缘最大应力与钢材抗拉、抗压强度设计值的比值,不应大于 1。《钢结构设计标准》(GB 50017—2017)6.2.1 条规定:当铺板密铺在梁的受压翼缘上并与其牢固相连,能阻止梁受压翼缘的侧向位移时,可不计算梁的整体稳定性。本工程采用钢筋混凝土组合楼板,梁整体稳定性可不计算,故为 0.00。

（3）0.16 为梁剪应力比,表示梁所有截面中,剪切内力最大的截面的最大应力（该截面最大剪应力）与钢材抗剪强度设计值的比值,不应大于 1。

（4）0.49 为梁下翼缘整体稳定应力比,表示梁计算整体稳定时的下翼缘最大应力与钢材抗拉、抗压强度设计值的比值,不应大于 1。本工程的钢筋混凝土组合楼板仅与上翼缘相连,所以下翼缘整体稳定性仍需要计算,当梁内出现负弯矩时,下翼缘受压。

注意,以上数据中,应力比计算均为所有工况中的最不利情况。

3. 梁构件变形信息

选择"结果"菜单,点击"弹性挠度"按钮（见图 6-4-4）,即可查看各层梁的挠度信息（见图 6-4-5）。

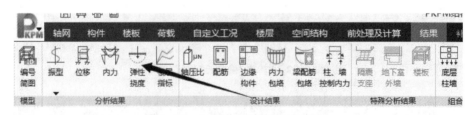

图 6-4-4 "结果"菜单的"配筋"按钮

图 6-4-5 中,屏幕左侧的菜单可使我们切换显示内容为"绝对挠度""相对挠度"。绝对挠度是指梁弯曲变形时最大下沉点所下沉的尺寸,相对挠度是指上述下沉尺寸与跨度的比值。梁的挠度太大会给人们造成心理上的不舒适,但挠度相同时,跨度越大的梁弯曲越不明显,因此,规范用相对挠度来控制梁的弯曲变形。

《钢结构设计标准》(GB 50017—2017)附录 B 规定,楼盖梁、屋盖梁的挠度不宜超过表 6-4-4 所列的容许值。

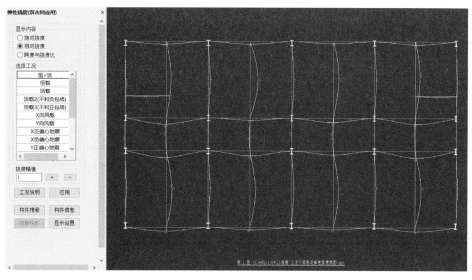

图 6-4-5 各层梁的挠度信息

表 6-4-4 受弯构件的挠度容许值

项次	构件类别	挠度容许值	
		$[v_\mathrm{T}]$	$[v_\mathrm{Q}]$
1	主梁	$l/400$	$l/500$
2	抹灰顶棚的次梁	$l/250$	$l/350$
3	其他梁(含楼梯梁)	$l/250$	$l/300$
4	屋盖檩条(仅支撑压型钢板)	$l/100$	
5	屋盖檩条(支撑其他屋面材料)	$l/200$	
6	屋盖檩条(有吊顶)	$l/240$	
7	平台板	$l/150$	

注:1.l 为受弯构件的跨度(对悬臂梁和伸臂梁为悬臂长度的 2 倍)。

2.$[v_\mathrm{T}]$为永久和可变荷载标准值产生的挠度(如有起拱应减去拱度)的容许值,$[v_\mathrm{Q}]$为可变荷载标准值产生的挠度的容许值。

三、结构构件局部稳定性计算结果分析

选择"结果"菜单,点击"文本及计算书"按钮下的"新版文本查看"(见图 6-4-6)。

图 6-4-6 "文本及计算书"按钮下的"新版文本查看"

在屏幕左侧弹出的"文本目录"中点击"超筋超限文件汇总",即可查看本工程中的其他问题信息,常见的问题信息如下。

（1）柱高厚比超限指框架柱腹板高度与腹板厚度的比值超过容许值。如图 6-4-7 所示,第一行为构件编号为 1 的框架柱,其计算高厚比为 38.33,容许高厚比为 37.55。

超筋超限信息汇总

表1 第1层

构件类型	构件号	超限内容
柱	1	类型:303 高厚比超限,高厚比, H/tw= 38.33 H/tw_max= 37.55
柱	2	类型:303 高厚比超限,高厚比, H/tw= 38.33 H/tw_max= 36.65
柱	3	类型:303 高厚比超限,高厚比, H/tw= 38.33 H/tw_max= 36.62
柱	4	类型:303 高厚比超限,高厚比, H/tw= 38.33 H/tw_max= 36.66

图 6-4-7　柱高厚比超限信息汇总

（2）柱宽厚比超限指框架柱翼缘外伸净宽度与翼缘厚度的比值超过容许值。

（3）梁宽厚比超限指梁翼缘外伸净宽度与翼缘厚度的比值超过容许值。

（4）梁高厚比超限指梁腹板高度与腹板厚度的比值超过容许值。

当采用箱形截面时,该数据也可能是翼缘内部净尺寸与翼缘厚度的比值超过容许值。无论哪种情况,适当加厚翼缘或腹板即可防止超限。

（5）局部稳定性的意义。

局部稳定性不足发生的失稳范围小、变形小,看起来是小问题,但其引发的后续问题可能很严重,不容忽视。局部稳定超限可能造成梁柱等构件在结构整体破坏之前发生局部失稳,即柱腹板发生局部弯曲、凹陷等变形,进而导致梁柱等构件承载力进一步降低,构件整体变形加大,甚至破坏,其他构件分担的荷载增多,其他构件也可能发生破坏,严重时甚至可能导致结构整体破坏。

实腹式轴心受压构件承载力计算中,当不允许板件局部屈曲时,板件的局部屈曲不应先于构件的整体失稳;当允许板件局部屈曲时,应考虑局部屈曲对截面强度和整体失稳的影响。

四、钢框架结构的调整和优化

钢框架结构建模、参数设置、计算及结果校核完成后,应该对超过规范允许值的问题进行思考,并返回建模环节进行修改,重新计算,直至所有项目均符合规范要求。同时,对于满足规范要求并远小于容许值的项目,可以适当减小,从而达到降低造价的目的。

优化设计是钢结构设计的重要组成内容,优化设计可以是钢结构设计人员在设计过程中的一个环节,也可以是针对已有工程进行全面优化的一项工作。需要注意的是,优化设计的重点是整体结构体系和结构布置的优化,而不仅仅是对构件截面尺寸的优化,结构体系和布置的优化能够降低的用钢量远远大于构件截面尺寸的优化。结构优化的目的也不仅仅是降低用钢量,通过优化提高结构的性能（如抗震性能、抗变形性能等）也是具有极强的应用意义的,通过一定程度的用钢量提升,换取结构性能的提升,往往是值得的。

任务 6.5　钢框架结构节点设计

　　钢框架结构建模、参数设置、计算结果校核、优化完成之后,可以确定结构中所有构件的截面尺寸。我们还需要对各构件之间的连接方式进行设计,以保证结构构件能够组成整体。

　　框架结构中,大多数情况下梁和柱的连接一般是固接。这种柱和梁分别称为框架柱和框架梁,框架梁和框架柱的固接可使其具有较强的侧向刚度,保证结构整体在水平作用下的承载力和刚度。不直接与框架柱相连的梁,或者与柱采用铰接方式连接的梁,属于非框架梁。

双角钢或槽钢斜支撑
节点板连接节点

　　框架结构中,梁与梁之间也存在主次关系,当一根梁将另一根梁作为支座时,我们将前者称为次梁,将后者称为主梁。需要注意的是,主梁和次梁是一种相对关系,有些梁(梁 A)既可能是其他梁(梁 B)的主梁,又可能是其他梁(梁 C)的次梁。

一、节点设计的原则

1. 基本规定

　　(1) 钢结构节点设计应根据结构的重要性、受力特点、荷载情况和工作环境等因素选用节点形式、材料与加工工艺。

　　(2) 节点设计应满足承载力极限状态要求,传力可靠,减少应力集中。

　　(3) 节点构造应符合结构计算假定,当构件在节点偏心相交时,尚应考虑局部弯矩的影响。

　　(4) 构造复杂的重要节点应通过有限元分析确定其承载力,并宜进行试验验证。

圆管柱外露式
刚接柱脚节点

　　(5) 节点构造应便于制作、运输、安装、维护,防止积水、积尘,并应采取防腐与防火措施。

　　(6) 拼接节点应保证被连接构件的连续性。

2. 梁柱节点基本要求

　　(1) 梁柱连接节点可采用栓焊混合连接、螺栓连接、焊接连接、端板连接、顶底角钢连接等构造。

　　(2) 梁柱采用刚性或半刚性节点时,节点应进行在弯矩和剪力作用下的强度验算。

　　(3) 当梁柱采用刚性连接,对应于梁翼缘的柱腹板部位设置横向加劲肋时,节点域梁腹板高厚比应通过计算确定,柱腹板厚度应通过计算确保其满足抗剪要求。

梁与 H 形柱中间层
刚性连接节点

3. 栓焊混合连接节点基本要求

悬臂梁端与柱焊
接连接节点

采用焊接连接或栓焊混合连接(梁翼缘与柱焊接、腹板与柱用高强度螺栓连接)的梁柱刚接节点,其构造应符合下列规定。

(1) H 形柱腹板对应于梁翼缘部位宜设置横向加劲肋,箱形(钢管)柱对应于梁翼缘的位置宜设置水平隔板。

(2) 梁柱节点宜采用柱贯通构造,当柱采用冷成型管截面或壁板厚度小于翼缘厚度较多时,梁柱节点宜采用隔板贯通式构造。

梁与箱形柱隔板
贯通式连接节点

(3) 节点采用隔板贯通式构造时,柱与贯通式隔板应采用全熔透坡口焊缝连接。贯通式隔板挑出长度 l 宜满足 25 mm≤l≤60 mm;隔板宜采用拘束度较小的焊接构造与工艺,其厚度不应小于梁翼缘厚度和柱壁板的厚度。当隔板厚度不小于 36 mm 时,宜选用厚度方向钢板。

(4) 梁柱节点区柱腹板加劲肋或隔板应符合下列规定。

① 横向加劲肋的截面尺寸应经计算确定,其厚度不宜小于梁翼缘厚度;其宽度应符合传力、构造和板件宽厚比限值的要求。

② 横向加劲肋的上表面宜与梁翼缘的上表面对齐,并以焊透的 T 形对接焊缝与柱翼缘连接,当梁与 H 形截面柱弱轴方向连接,即与腹板垂直相连形成刚接时,横向加劲肋与柱腹板的连接宜采用焊透对接焊缝。

梁与柱铰接连接
节点(螺栓连接)

③ 箱形柱中的横向隔板与柱翼缘的连接宜采用焊透的 T 形对接焊缝,对无法进行电弧焊的焊缝且柱壁板厚度不小于 16 mm 的可采用熔化嘴电渣。

④ 当采用斜向加劲肋加强节点域时,加劲肋及其连接应能传递柱腹板所能承担剪力之外的剪力;其截面尺寸应符合传力和板件宽厚比限值的要求。

二、梁柱节点常见连接形式

1. 箱形柱+工字梁节点铰接构造

梁与柱铰接连接
节点(加牛腿)

当框架柱采用箱形截面,框架梁采用工字形截面,梁柱采用铰接方式连接(见图 6-5-1)时,有 3 种常见形式。

(1) 第 1 种,在箱形柱上焊接角钢。角钢一肢与钢柱焊接;另一肢开螺栓孔,与梁腹板采用螺栓连接。梁翼缘与柱不连接。

(2) 第 2 种,在箱形柱上焊接 1 块钢板(或扁钢),钢板上开螺栓孔,与梁腹板采用螺栓连接。梁翼缘与柱不连接。

(3) 第 3 种,在箱形柱上焊接 2 块钢板(或扁钢),钢板上开螺栓孔,与梁腹板采用螺栓连接。梁翼缘与柱不连接。

2. 箱形柱+工字梁节点固接构造

当框架柱采用箱形截面,框架梁采用工字形截面,梁柱采用固接(也称刚接)方式连接(见图 6-5-2)时,有 3 种常见形式。

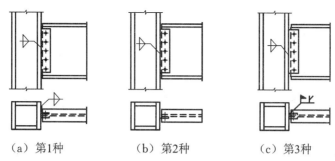

（a）第1种　　　　　（b）第2种　　　　　（c）第3种

图 6-5-1　箱形柱＋工字梁节点铰接构造

（1）第1种，在箱形柱上焊接1块钢板（或扁钢），钢板上开螺栓孔，与梁腹板采用螺栓连接。梁翼缘与柱采用对接焊缝连接。

（2）第2种，在箱形柱上焊接短梁，短梁翼缘与框架梁翼缘采用对接焊缝连接，短梁腹板与框架梁腹板采用螺栓连接。

（3）第3种，在第1种的基础上，将腹板处的钢板改为2块。

箱形柱外露式
刚接柱脚节点

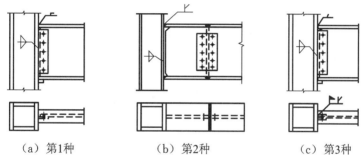

（a）第1种　　　　　（b）第2种　　　　　（c）第3种

图 6-5-2　箱形柱＋工字梁节点固接构造

3. 工字柱＋工字梁节点铰接构造

当框架柱采用工字形截面，框架梁采用工字形截面，梁柱采用铰接方式连接时，有梁与柱的翼缘侧连接、梁与柱的腹板侧连接等两种位置关系，这两种位置关系的构造做法不同。

（1）当梁与柱的翼缘侧连接，即柱强轴方向连接框架梁时，有3种常见形式，如图6-5-3所示。

① 第1种，在柱上焊接2根角钢。角钢一肢与钢柱焊接；另一肢开螺栓孔，与梁腹板采用螺栓连接。梁翼缘与柱不连接。

② 第2种，在柱翼缘上焊接1块钢板（或扁钢），钢板上开螺栓孔，与梁腹板采用螺栓连接，梁翼缘与柱不连接。

③ 第3种，在柱翼缘上焊接2块钢板（或扁钢），钢板上开螺栓孔，与梁腹板采用螺栓连接，梁翼缘与柱不连接。

（2）当梁与柱的腹板侧连接，即柱弱轴方向连接框架梁时，有2种常见形式，如图6-5-4所示。

① 第1种，在柱上焊接短梁（短梁长度可与翼缘平齐，也可略长），短梁腹板与框架梁腹板采用夹板＋螺栓连接。梁翼缘与柱不连接。

② 第2种，在柱上焊接短梁（短梁可与翼缘平齐，也可略长），短梁腹板略长，与框架梁腹板采用螺栓连接。梁翼缘与柱不连接。

H形柱外露式铰接
柱脚节点（双螺栓）

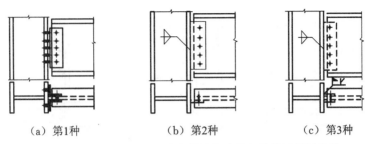

（a）第1种　　　　（b）第2种　　　　（c）第3种

图 6-5-3　工字柱＋工字梁节点铰接构造梁与柱的翼缘侧连接

H 形柱外露式铰接柱脚节点（多螺栓）

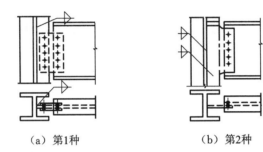

（a）第1种　　　　　　（b）第2种

图 6-5-4　工字柱＋工字梁节点铰接构造梁与柱的腹板侧连接

4. 工字柱＋工字梁节点固接构造

H 形柱外露式刚接柱脚节点

当框架柱采用工字形截面，框架梁采用工字形截面，梁柱采用固接（也称刚接）方式连接时，有梁与柱的翼缘侧连接、梁与柱的腹板侧连接等两种位置关系，这两种位置关系的构造做法不同。

（1）当梁与柱的翼缘侧连接，即柱强轴方向连接框架梁时，有 3 种常见形式，如图 6-5-5 所示。

① 第 1 种，在柱翼缘上焊接 1 块钢板（或扁钢），钢板上开螺栓孔，与梁腹板采用螺栓连接，梁翼缘与柱直接焊接连接，焊缝一般为质量等级为二级以上的对接焊缝。

② 第 2 种，在柱上焊接短梁，短梁腹板与框架梁腹板采用夹板＋螺栓连接，短梁翼缘与柱翼缘采用质量等级为二级以上的对接焊缝连接。

③ 第 3 种，大致与第 1 种相同，但柱上焊接的腹板连接板为 2 块。

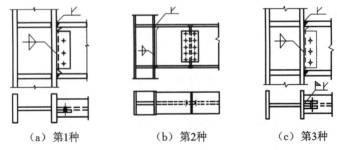

（a）第1种　　　　（b）第2种　　　　（c）第3种

图 6-5-5　工字柱＋工字梁节点固接构造梁与柱的翼缘侧连接

（2）当梁与柱的腹板侧连接，即柱弱轴方向连接框架梁时，有 2 种常见形式，如图 6-5-6 所示。

① 第 1 种，在柱上焊接短梁（短梁可与翼缘平齐，也可略长），短梁腹板与框架梁腹板直接采用螺栓连接（或通过夹板＋螺栓连接），梁翼缘与短梁采用质量等级为二级以上的对接

焊缝连接。

② 第 2 种,在柱上焊接短梁,短梁翼缘的长度主要由变截面坡度控制,短梁腹板略长,与框架梁腹板直接采用螺栓连接(或通过夹板＋螺栓连接),梁翼缘与短梁采用质量等级为二级以上的对接焊缝连接。

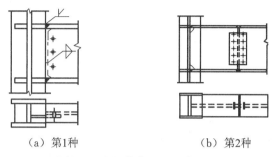

（a）第1种　　　　　　　　　（b）第2种

图 6-5-6　工字柱＋工字梁节点固接构造梁与柱腹板侧连接

三、梁柱栓焊混合连接节点构造

梁柱栓焊混合连接是指梁腹板采用螺栓连接,翼缘采用焊接连接,属于固接连接方式,它是框架结构梁柱连接节点的主要连接方式。

这种连接方式的主要优点是梁安装时可先将腹板螺栓固定,实现梁的初步就位并校对安装精度,拧紧螺栓,最后组织工人进行翼缘的焊接,无须额外增加安装螺栓,也无须搭设安装脚手架。主要缺点:一是翼缘焊接质量难以控制且返工难度大,二是腹板螺栓孔削弱有效截面。

1. 箱形柱＋工字梁节点构造

当框架柱采用箱形截面,框架梁采用工字形截面(见图 6-5-7)时,其栓焊混合连接节点构造有如下要点。

图 6-5-7　箱形柱＋工字梁栓焊混合连接节点构造

（1）钢梁上翼缘不宜与箱形柱在安装现场直接焊接,应在框架柱上焊接连接板,通过连接板与钢梁焊接。

（2）钢柱内部对应翼缘连接板的位置应设置内隔板(见图 6-5-8),内隔板将梁翼缘传递的轴力传递给对向梁翼缘或分配给柱整体。

（3）节点处板件多且位置复杂，为避免焊缝交叉，应慎重选择部分板件切角。

图 6-5-8　钢柱内部对应翼缘连接板的位置应设置内隔板

（4）梁腹板与柱上的连接板采用螺栓连接时，可直接连接，也可采用夹板连接。直接连接时，应将柱上连接板错开，梁腹板保持设计位置；夹板连接时，柱上连接板和梁腹板均处于设计位置。

（5）梁翼缘与柱上的连接板位置属于对接接头，只能采用对接焊缝，为确保焊接质量，需要设置通长垫板，该对接焊缝质量等级不低于二级。

（6）连接板为梯形或宽度变化时，斜面单边宽度与长度的比值不宜大于 1/6。

2. 工字柱＋工字梁节点构造

当框架柱采用工字形截面，框架梁采用工字形截面（见图 6-5-9）时，其栓焊混合连接节点构造有如下要点。

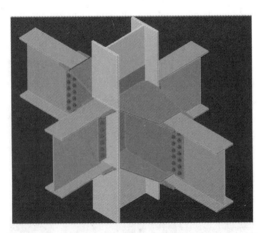

图 6-5-9　工字柱＋工字梁栓焊混合连接节点构造

（1）框架梁与框架柱强轴（翼缘侧）连接时，框架梁翼缘可直接与柱翼缘焊接，焊缝形式一般为对接焊缝，为确保节点承载力大于构件承载力，可在翼缘两侧设置贴板加宽翼缘或在翼缘上面设置盖板加厚翼缘。

（2）框架梁与框架柱翼缘连接时，梁腹板对应的连接板可采用单板，也可采用双板。

① 采用双板时，可以发挥螺栓的双剪作用，减少螺栓的数目；采用单板时，钢梁安装时

更容易就位。

② 连接板与柱一般采用对接焊缝连接,若采用双面角焊缝连接,焊脚尺寸太大将会使双板焊缝距离太近,也有可能影响梁腹板就位。

③ 连接板与梁直接连接时,要偏离梁腹板的位置,确保梁腹板位置与设计位置一致。当连接板与梁采用夹板+螺栓连接时,连接板位置应与梁腹板位置对齐。

④ 腹板螺栓宜采用摩擦型高强度螺栓,除满足计算要求外,螺栓间距应满足《钢结构设计标准》(GB 50017—2017)的要求。

⑤ 梁腹板上下应当切角,避免焊缝重叠,影响焊接质量,切角半径为 20～30 mm。

(3) 框架梁与框架柱弱轴(腹板侧)连接时,应当设置短梁,短梁在加工车间内便焊接在柱构件上,安装现场只需将短梁与框架梁连接。

梁与柱加强型连接节点(翼缘盖板型)

① 短梁上翼缘与柱连接的部分需要切角,避免焊缝与 H 型钢腹板边缘的焊缝重叠,切角尺寸为 20～30 mm。

② 当柱四周的框架梁标高或高度不一致时,短梁上、下翼缘的在柱内部分仍宜与对向短梁的上、下翼缘对齐,柱外部分倾斜过渡,过渡时的坡度不大于 1/6。

③ 当框架柱腹板高度大于梁翼缘宽度时,短梁上、下翼缘在柱内部分的宽度与柱腹板高度相同,柱外部分逐渐过渡,过渡时的坡度不大于1/6。为确保节点承载力不低于构件承载力,短梁翼缘宽度可大于框架梁翼缘宽度,并加贴板加宽,也可使短梁翼缘宽度等于框架梁翼缘宽度,并加盖板加厚。

梁与柱加强型连接节点(翼缘加宽型)

④ 短梁翼缘与框架梁翼缘采用质量等级不低于二级的对接焊缝连接,底部加垫板。

⑤ 短梁腹板与框架梁腹板可直接采用摩擦型高强度螺栓连接,也可采用夹板+摩擦型高强度螺栓连接。

四、主梁与次梁连接构造

主梁与次梁的连接既可以是固接,也可以是铰接,即主梁既可以是次梁的固定端支座,也可以是次梁的固定铰支座。

主梁与次梁的连接

1. 主梁和次梁固接连接

当主梁和次梁固接连接时,应在主梁腹板内焊接连接板,连接板伸出与次梁腹板采用螺栓连接或次梁腹板伸入主梁与连接板采用螺栓连接。

(1) 当主梁单侧有次梁,且次梁顶标高与主梁一致时,次梁上翼缘与主梁通过对接焊缝连接(见图 6-5-10)。

简支梁与主梁的叠接

(2) 当主梁两侧有次梁,且次梁顶标高与主梁一致时,次梁上翼缘可与主梁通过对接焊缝连接(见图 6-5-10),也可与主梁翼缘顶紧并通过盖板与对侧次梁采用螺栓连接(见图 6-5-11)。

(3) 当主梁单侧有次梁,且次梁底标高高于主梁时,次梁下翼缘通

简支梁与主梁的平接

主次梁刚性连接节点

过斜面过渡与主梁采用对接焊缝连接(见图 6-5-12)。

(4)当主梁两侧有次梁,且次梁底标高高于主梁时,次梁下翼缘可通过斜面过渡与主梁采用对接焊缝连接(见图 6-5-12),也可通过水平连接板与主梁连接(见图 6-5-13)。连接板必须两侧对称布置,连接板与主梁在加工厂焊接,连接板与次梁下翼缘在现场焊接。

(5)由于次梁剪力较小,腹板螺栓可采用摩擦型高强度螺栓,也可采用普通螺栓。除满足计算要求外,螺栓间距应满足《钢结构设计标准》(GB 50017—2017)的要求。

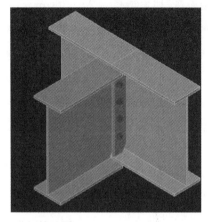

图 6-5-10　次梁上翼缘与主梁通过对接焊缝连接

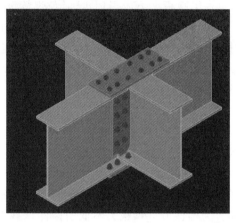

图 6-5-11　次梁上翼缘与主梁翼缘顶紧并通过盖板连接

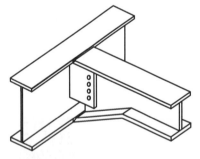

图 6-5-12　次梁下翼缘通过斜面与主梁连接

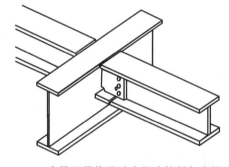

图 6-5-13　次梁下翼缘通过水平连接板与主梁连接

主次梁铰接节点
(单面加劲板连接)

主次梁铰接节点
(双面加劲板连接)

2. 主梁和次梁铰接连接

由于钢结构梁多为工字形截面,抗扭性能较差,当钢梁顶部没有刚性楼板作为抗扭支撑时,一般将次梁与主梁的连接设计为铰接。铰接连接与刚接连接的主要区别如下。

(1)理论上主、次梁连接节点可以自由转动,内力只有剪力,没有弯矩。

(2)腹板连接螺栓布置较为集中,避免腹板螺栓群布置得过于分散而具有较大的抗弯承载力,使次梁梁端倾向于刚接。

(3)次梁上、下翼缘均不与主梁连接,也不与对向的次梁连接。

参 考 文 献

[1] 中华人民共和国住房和城乡建设部.GB 50068—2018 建筑结构可靠性设计统一标准 [S].北京:中国建筑工业出版社,2019.

[2] 中华人民共和国住房和城乡建设部.GB 50153—2008 工程结构可靠性设计统一标准 [S].北京:中国建筑工业出版社,2009.

[3] 中华人民共和国住房和城乡建设部.GB 55006—2021 钢结构通用规范[S].北京:中国建筑工业出版社,2021.

[4] 中华人民共和国住房和城乡建设部.GB 55002—2021 建筑与市政工程抗震通用规范 [S].北京:中国建筑工业出版社,2021.

[5] 中华人民共和国住房和城乡建设部.GB 55001—2021 工程结构通用规范[S].北京:中国建筑工业出版社,2021.

[6] 中华人民共和国住房和城乡建设部.GB 50011—2010 建筑抗震设计规范[S].北京:中国建筑工业出版社,2016.

[7] 中华人民共和国住房和城乡建设部.GB 50017—2017 钢结构设计标准[S].北京:中国建筑工业出版社,2018.

[8] 中华人民共和国住房和城乡建设部.GB 51022—2015 门式刚架轻型房屋钢结构技术规范[S].北京:中国建筑工业出版社,2016.

[9] 中华人民共和国住房和城乡建设部.GB 50009—2012 建筑结构荷载规范[S].北京:中国建筑工业出版社,2012.

[10] 沈祖炎,陈以一,童乐为,等.房屋钢结构设计[M].2 版.北京:中国建筑工业出版社,2020.

[11] 陈绍蕃,郭成喜.钢结构(下册)——房屋建筑钢结构设计[M].4 版.北京:中国建筑工业出版社,2018.

[12] 崔佳,程睿.建筑钢结构设计[M].2 版.北京:中国建筑工业出版社,2021.

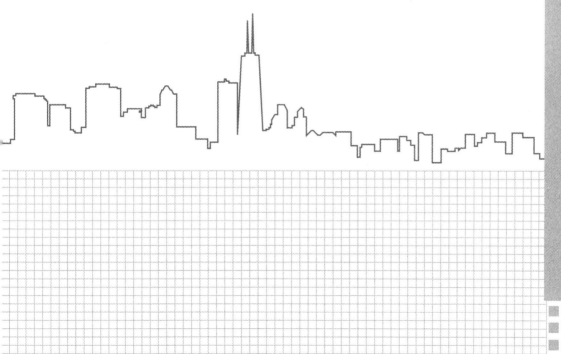

附录 A　全国各城市的雪压、风压和基本气温

全国各城市的雪压、风压和基本气温

省市名	城市名	海拔高度/m	风压/（kN/m²）			雪压/（kN/m²）			基本气温/℃		雪荷载准永久值系数分区
			$R=10$	$R=50$	$R=100$	$R=10$	$R=50$	$R=100$	最低	最高	
北京	北京市	54.0	0.30	0.45	0.50	0.25	0.40	0.45	−13	36	Ⅱ
天津	天津市	3.3	0.30	0.50	0.60	0.25	0.40	0.45	−12	35	Ⅱ
	塘沽	3.2	0.40	0.55	0.65	0.20	0.35	0.40	−12	35	Ⅱ
上海	上海市	2.8	0.40	0.55	0.60	0.10	0.20	0.25	−4	36	Ⅲ
重庆	重庆市	259.1	0.25	0.40	0.45				1	37	
	奉节	607.3	0.25	0.35	0.45	0.20	0.35	0.40	−1	35	Ⅲ
	梁平	454.6	0.20	0.30	0.35				−1	36	
	万州	186.7	0.20	0.35	0.45				0	38	
	涪陵	273.5	0.20	0.30	0.35				1	37	
	金佛山	1905.9				0.35	0.50	0.60	−10	25	Ⅱ
河北	石家庄市	80.5	0.25	0.35	0.40	0.20	0.30	0.35	−11	36	Ⅱ
	蔚县	909.5	0.20	0.30	0.35	0.20	0.30	0.35	−24	33	Ⅱ
	邢台市	76.8	0.20	0.30	0.35	0.25	0.35	0.40	−10	36	Ⅱ
	丰宁	659.7	0.30	0.40	0.45	0.15	0.25	0.30	−22	33	Ⅱ
	围场	842.8	0.35	0.45	0.50	0.20	0.30	0.35	−23	32	Ⅱ
	张家口市	724.2	0.35	0.55	0.60	0.15	0.25	0.30	−18	34	Ⅱ
	怀来	536.8	0.25	0.35	0.40	0.15	0.20	0.25	−17	35	Ⅱ
	承德市	377.2	0.30	0.40	0.45	0.20	0.30	0.35	−19	35	Ⅱ
	遵化	54.9	0.30	0.40	0.45	0.25	0.40	0.50	−18	35	Ⅱ
	青龙	227.2	0.25	0.30	0.35	0.25	0.40	0.45	−19	34	Ⅱ
	秦皇岛市	2.1	0.35	0.45	0.50	0.15	0.25	0.30	−15	33	Ⅱ
	霸州市	9.0	0.25	0.40	0.45	0.20	0.30	0.35	−14	36	Ⅱ
	唐山市	27.8	0.30	0.40	0.45	0.20	0.35	0.40	−15	35	Ⅱ
	乐亭	10.5	0.30	0.40	0.45	0.25	0.40	0.45	−16	34	Ⅱ
	保定市	17.2	0.30	0.40	0.45		0.35	0.40	−12	36	Ⅱ
	饶阳	18.9	0.30	0.35	0.40	0.20	0.30	0.35	−14	36	Ⅱ

续表

省市名	城市名	海拔高度/m	风压/(kN/m²)			雪压/(kN/m²)			基本气温/℃		雪荷载准永久值系数分区
			R=10	R=50	R=100	R=10	R=50	R=100	最低	最高	
河北	沧州市	9.6	0.30	0.40	0.45	0.20	0.30	0.35			Ⅱ
	黄骅	6.6	0.30	0.40	0.45	0.20	0.30	0.35	−13	36	Ⅱ
	南宫市	27.4	0.25	0.35	0.40	0.15	0.25	0.30	−13	37	Ⅱ
山西	太原市	778.3	0.30	0.40	0.45	0.25	0.35	0.40	−16	34	Ⅱ
	右玉	1345.8				0.20	0.30	0.35	−29	31	Ⅱ
	大同市	1067.2	0.35	0.55	0.65	0.15	0.25	0.30	−22	32	Ⅱ
	河曲	861.5	0.30	0.50	0.60	0.20	0.30	0.35	−24	35	Ⅱ
	五寨	1401.0	0.30	0.40	0.45	0.20	0.25	0.30	−25	31	Ⅱ
	兴县	1012.6	0.25	0.45	0.55	0.20	0.25	0.30	−19	34	Ⅱ
	原平	828.2	0.30	0.50	0.60	0.20	0.30	0.35	−19	34	Ⅱ
	离石	950.8	0.30	0.45	0.50	0.20	0.30	0.35	−19	34	Ⅱ
	阳泉市	741.9	0.30	0.40	0.45	0.20	0.35	0.40	−13	34	Ⅱ
	榆社	1041.4	0.20	0.30	0.35	0.20	0.30	0.35	−17	33	Ⅱ
	隰县	1052.7	0.25	0.35	0.40	0.20	0.30	0.35	−16	34	Ⅱ
	介休	743.9	0.25	0.40	0.45	0.20	0.30	0.35	−15	35	Ⅱ
	临汾市	449.5	0.25	0.40	0.45	0.15	0.25	0.30	−14	37	Ⅱ
	长治县	991.8	0.30	0.50	0.60				−15	32	
	运城市	376.0	0.30	0.45	0.50	0.15	0.25	0.30	−11	38	Ⅱ
	阳城	659.5	0.30	0.45	0.50	0.20	0.30	0.35	−12	34	Ⅱ
内蒙古	呼和浩特市	1063.0	0.35	0.55	0.60	0.25	0.40	0.45	−23	33	Ⅱ
	额右旗拉布达林	581.4	0.35	0.50	0.60	0.35	0.45	0.50	−41	30	Ⅰ
	牙克石市图里河	732.6	0.30	0.40	0.45	0.40	0.60	0.70	−42	28	Ⅰ
	满洲里市	661.7	0.50	0.65	0.70	0.20	0.30	0.35	−35	30	Ⅰ
	海拉尔区	610.2	0.45	0.65	0.75	0.35	0.45	0.50	−38	30	Ⅰ
	鄂伦春小二沟	286.1	0.30	0.40	0.45	0.35	0.50	0.55	−40	31	Ⅰ
	新巴尔虎右旗	554.2	0.45	0.60	0.65	0.25	0.40	0.45	−32	32	Ⅰ
	新巴尔虎左旗阿木古朗	642.0	0.40	0.55	0.60	0.25	0.35	0.40	−34	31	Ⅰ
	牙克石市博克图	739.7	0.40	0.55	0.60	0.35	0.55	0.45	−31	28	Ⅰ
	扎兰屯市	306.5	0.30	0.40	0.45	0.35	0.55	0.45	−28	32	Ⅰ
	科右翼前旗阿尔山	1027.4	0.35	0.50	0.55	0.45	0.60	0.70	−37	27	Ⅰ

省市名	城市名	海拔高度/m	风压/（kN/m²）			雪压/（kN/m²）			基本气温/℃		雪荷载准永久值系数分区
			$R=10$	$R=50$	$R=100$	$R=10$	$R=50$	$R=100$	最低	最高	
内蒙古	科右翼前旗索伦	501.8	0.45	0.55	0.60	0.25	0.35	0.40	−30	31	I
	乌兰浩特市	274.7	0.40	0.55	0.60	0.20	0.30	0.35	−27	32	I
	东乌珠穆沁旗	838.7	0.35	0.55	0.65	0.20	0.30	0.35	−33	32	I
	额济纳旗	940.5	0.40	0.60	0.70	0.05	0.10	0.15	−23	39	II
	额济纳旗拐子湖	960.0	0.45	0.55	0.60	0.05	0.10	0.10	−23	39	II
	阿左旗巴彦毛道	1328.1	0.40	0.55	0.60	0.10	0.15	0.20	−23	35	II
	阿拉善右旗	1510.1	0.45	0.55	0.60	0.05	0.10	0.10	−20	35	II
	二连浩特市	964.7	0.55	0.65	0.70	0.15	0.25	0.30	−30	34	II
	那仁宝力格	1181.6	0.40	0.55	0.60	0.20	0.30	0.35	−33	31	I
	达茂旗满都拉	1225.2	0.50	0.75	0.85	0.15	0.20	0.25	−25	34	II
	阿巴嘎旗	1126.1	0.35	0.50	0.55	0.30	0.45	0.50	−33	31	I
	苏尼特左旗	1111.4	0.40	0.50	0.55	0.25	0.35	0.40	−32	33	I
	乌拉特后旗海力素	1509.6	0.45	0.50	0.55	0.10	0.15	0.20	−25	33	II
	苏尼特右旗朱日和	1150.8	0.50	0.65	0.75	0.15	0.20	0.25	−26	33	II
	乌拉特中旗海流图	1288.0	0.45	0.60	0.65	0.20	0.30	0.35	−26	33	II
	百灵庙	1376.6	0.50	0.75	0.85	0.25	0.35	0.40	−27	32	II
	四子王旗	1490.1	0.40	0.60	0.70	0.30	0.45	0.55	−26	30	II
	化德	1482.7	0.45	0.75	0.85	0.15	0.25	0.30	−26	29	II
	杭锦后旗陕坝	1056.7	0.30	0.45	0.50	0.15	0.20	0.25			II
	包头市	1067.2	0.35	0.55	0.60	0.15	0.25	0.30	−23	34	II
	集宁区	1419.3	0.40	0.60	0.70	0.25	0.35	0.40	−25	30	II
	阿拉善左旗吉兰泰	1031.8	0.35	0.50	0.55	0.05	0.10	0.15	−23	37	II
	临河区	1039.3	0.30	0.50	0.60	0.15	0.25	0.30	−21	35	II
	鄂托克旗	1380.3	0.35	0.55	0.65	0.15	0.20	0.20	−23	33	II
	东胜区	1460.4	0.30	0.50	0.60	0.25	0.35	0.40	−21	31	II
	阿腾席连	1329.3	0.40	0.50	0.55	0.20	0.30	0.35			II 1
	巴彦浩特	1561.4	0.40	0.60	0.70	0.15	0.20	0.25	−19	33	II
	西乌珠穆沁旗	995.9	0.45	0.55	0.60	0.30	0.40	0.45	−30	30	I
	扎鲁特鲁北	265.0	0.40	0.55	0.60	0.20	0.30	0.35	−23	34	II
	巴林左旗林东	484.4	0.40	0.55	0.60	0.20	0.30	0.35	−26	32	II

省市名	城市名	海拔高度/m	风压/(kN/m²)			雪压/(kN/m²)			基本气温/℃		雪荷载准永久值系数分区
			$R=10$	$R=50$	$R=100$	$R=10$	$R=50$	$R=100$	最低	最高	
内蒙古	锡林浩特市	989.5	0.40	0.55	0.60	0.20	0.40	0.45	−30	31	Ⅰ
	林西	799.0	0.45	0.60	0.70	0.25	0.40	0.45	−25	32	Ⅰ
	开鲁	241.0	0.40	0.55	0.60	0.20	0.30	0.35	−25	34	Ⅱ
	通辽	178.5	0.40	0.55	0.60	0.20	0.30	0.35	−25	33	Ⅱ
	多伦	1245.4	0.40	0.55	0.60	0.20	0.30	0.35	−28	30	Ⅰ
	翁牛特旗乌丹	631.8				0.20	0.30	0.35	−23	32	Ⅱ
	赤峰市	571.1	0.30	0.55	0.65	0.20	0.30	0.35	−23	33	Ⅱ
	敖汉旗宝国图	400.5	0.40	0.50	0.55	0.25	0.40	0.45	−23	33	Ⅱ
辽宁	沈阳市	42.8	0.40	0.55	0.60	0.30	0.50	0.55	−24	33	Ⅰ
	彰武	79.4	0.35	0.45	0.50	0.20	0.30	0.35	−22	33	Ⅱ
	阜新市	144.0	0.40	0.60	0.70	0.25	0.40	0.45	−23	33	Ⅱ
	开原	98.2	0.30	0.45	0.50	0.35	0.45	0.55	−27	33	Ⅰ
	清原	234.1	0.25	0.40	0.45	0.45	0.70	0.80	−27	33	Ⅰ
	朝阳市	169.2	0.40	0.55	0.60	0.30	0.45	0.55	−23	35	Ⅱ
	建平县叶柏寿	421.7	0.30	0.35	0.40	0.25	0.35	0.40	−22	35	Ⅱ
	黑山	37.5	0.45	0.65	0.75	0.30	0.45	0.50	−21	33	Ⅱ
	锦州市	65.9	0.40	0.60	0.70	0.30	0.40	0.45	−18	33	Ⅱ
	鞍山市	77.3	0.30	0.50	0.60	0.30	0.45	0.55	−18	34	Ⅱ
	本溪市	185.2	0.35	0.45	0.50	0.40	0.55	0.60	−24	33	Ⅰ
	抚顺市章党	118.5	0.30	0.45	0.50	0.35	0.45	0.50	−28	33	Ⅰ
	桓仁	240.3	0.25	0.30	0.35	0.35	0.50	0.55	−25	32	Ⅰ
	绥中	15.3	0.25	0.40	0.45	0.25	0.35	0.40	−19	33	Ⅱ
	兴城市	8.8	0.35	0.45	0.50	0.20	0.30	0.35	−19	32	Ⅱ
	营口市	3.3	0.40	0.65	0.75	0.30	0.40	0.45	−20	33	Ⅱ
	熊岳	20.4	0.30	0.40	0.45	0.25	0.40	0.45	−22	33	Ⅱ
	本溪县草河口	233.4	0.25	0.45	0.55	0.35	0.55	0.60			Ⅰ
	岫岩	79.3	0.30	0.45	0.50	0.35	0.50	0.55	−22	33	Ⅱ
	宽甸	260.1	0.30	0.50	0.60	0.40	0.60	0.70	−26	32	Ⅱ
	丹东市	15.1	0.35	0.55	0.65	0.30	0.40	0.45	−18	32	Ⅱ
	瓦房店市	29.3	0.35	0.50	0.55	0.20	0.30	0.35	−17	32	Ⅱ
	新金县皮口	43.2	0.35	0.50	0.55	0.20	0.30	0.35			Ⅱ

续表

省市名	城市名	海拔高度/m	风压/(kN/m²)			雪压/(kN/m²)			基本气温/℃		雪荷载准永久值系数分区
			R=10	R=50	R=100	R=10	R=50	R=100	最低	最高	
辽宁	庄河	34.8	0.35	0.50	0.55	0.25	0.35	0.40	−19	32	Ⅱ
	大连市	91.5	0.40	0.65	0.75	0.25	0.40	0.45	−13	32	Ⅱ
吉林	长春市	236.8	0.45	0.65	0.75	0.30	0.45	0.50	−26	32	Ⅰ
	白城市	155.4	0.45	0.65	0.75	0.15	0.20	0.25	−29	33	Ⅱ
	乾安	146.3	0.35	0.45	0.55	0.15	0.20	0.23	−28	33	Ⅱ
	前郭尔罗斯	134.7	0.30	0.45	0.50	0.15	0.25	0.30	−28	33	Ⅱ
	通榆	149.5	0.35	0.50	0.55	0.15	0.25	0.30	−28	33	Ⅱ
	长岭	189.3	0.30	0.45	0.50	0.15	0.20	0.25	−27	32	Ⅱ
	扶余市三岔河	196.6	0.40	0.60	0.70	0.25	0.35	0.40	−29	32	Ⅱ
	双辽	114.9	0.35	0.50	0.55	0.20	0.30	0.35	−27	33	Ⅰ
	四平市	164.2	0.40	0.55	0.60	0.20	0.35	0.40	−24	33	Ⅱ
	磐石市烟筒山	271.6	0.30	0.40	0.45	0.25	0.40	0.45	−31	31	Ⅰ
	吉林市	183.4	0.40	0.50	0.55	0.30	0.45	0.50	−31	32	Ⅰ
	蛟河	295.0	0.30	0.45	0.50	0.50	0.75	0.85	−31	32	Ⅰ
	敦化市	523.7	0.30	0.45	0.50	0.30	0.50	0.60	−29	30	Ⅰ
	梅河口市	339.9	0.30	0.40	0.45	0.30	0.45	0.50	−27	32	Ⅰ
	桦甸	263.8	0.30	0.40	0.45	0.40	0.65	0.75	−33	32	Ⅰ
	靖宇	549.2	0.25	0.35	0.40	0.40	0.60	0.70	−32	31	Ⅰ
	抚松县东岗	774.2	0.30	0.45	0.55	0.80	1.15	1.30	−27	30	Ⅰ
	延吉市	176.8	0.35	0.50	0.55	0.35	0.55	0.65	−26	32	Ⅰ
	通化市	402.9	0.30	0.50	0.60	0.50	0.80	0.90	−27	32	Ⅰ
	白山市临江	332.7	0.20	0.30	0.30	0.45	0.70	0.80	−27	33	Ⅰ
	集安市	177.7	0.20	0.30	0.35	0.45	0.70	0.80	−26	33	Ⅰ
	长白	1016.7	0.35	0.45	0.50	0.40	0.60	0.70	−28	29	Ⅰ
黑龙江	哈尔滨市	142.3	0.35	0.55	0.70	0.30	0.45	0.50	−31	32	Ⅰ
	漠河	296.0	0.25	0.35	0.40	0.60	0.75	0.85	−42	30	Ⅰ
	塔河	357.4	0.25	0.30	0.35	0.50	0.65	0.75	−38	30	Ⅰ
	新林	494.6	0.25	0.35	0.40	0.50	0.65	0.75	−40	29	Ⅰ
	呼玛	177.4	0.30	0.50	0.60	0.45	0.60	0.70	−40	31	Ⅰ
	加格达奇	371.7	0.25	0.35	0.40	0.45	0.65	0.70	−38	30	Ⅰ
	黑河市	166.4	0.35	0.50	0.55	0.60	0.75	0.85	−35	31	Ⅰ

省市名	城市名	海拔高度/m	风压/（kN/m²）			雪压/（kN/m²）			基本气温/℃		雪荷载准永久值系数分区
			$R=10$	$R=50$	$R=100$	$R=10$	$R=50$	$R=100$	最低	最高	
黑龙江	嫩江	242.2	0.40	0.55	0.60	0.40	0.55	0.60	−39	31	I
	孙吴	234.5	0.40	0.60	0.70	0.45	0.60	0.70	−40	31	I
	北安市	269.7	0.30	0.50	0.60	0.40	0.55	0.60	−36	31	I
	克山	234.6	0.30	0.45	0.50	0.30	0.50	0.55	−34	31	I
	富裕	162.4	0.30	0.40	0.45	0.25	0.35	0.40	−34	32	I
	齐齐哈尔市	145.9	0.35	0.45	0.50	0.25	0.40	0.45	−30	32	I
	海伦	239.2	0.35	0.55	0.65	0.30	0.40	0.45	−32	31	I
	明水	249.2	0.35	0.45	0.50	0.25	0.40	0.45	−30	31	I
	伊春市	240.9	0.25	0.35	0.40	0.50	0.65	0.75	−36	31	I
	鹤岗市	227.9	0.30	0.40	0.45	0.45	0.65	0.70	−27	31	I
	富锦	64.2	0.30	0.45	0.50	0.40	0.55	0.60	−30	31	I
	泰来	149.5	0.30	0.45	0.50	0.20	0.30	0.35	−28	33	I
	绥化市	179.6	0.35	0.55	0.65	0.35	0.50	0.60	−32	31	I
	安达市	149.3	0.35	0.55	0.65	0.20	0.30	0.35	−31	32	I
	铁力	210.5	0.25	0.35	0.40	0.50	0.75	0.85	−34	31	I
	佳木斯市	81.2	0.40	0.65	0.75	0.60	0.85	0.95	−30	32	I
	依兰	100.1	0.45	0.65	0.75	0.30	0.45	0.50	−29	32	I
	宝清	83.0	0.30	0.40	0.45	0.55	0.85	1.00	−30	31	I
	通河	108.6	0.35	0.50	0.55	0.50	0.75	0.85	−33	32	I
	尚志	189.7	0.35	0.55	0.60	0.40	0.55	0.60	−32	32	I
	鸡西市	233.6	0.40	0.55	0.65	0.45	0.65	0.75	−27	32	I
	虎林	100.2	0.35	0.45	0.50	0.95	1.40	1.60	−29	31	I
	牡丹江市	241.4	0.35	0.50	0.55	0.50	0.75	0.85	−28	32	I
	绥芬河市	496.7	0.40	0.60	0.70	0.60	0.75	0.85	−30	29	I
山东	济南市	51.6	0.30	0.45	0.50	0.20	0.30	0.35	−9	36	II
	德州市	21.2	0.30	0.45	0.50	0.20	0.35	0.40	−11	36	II
	惠民	11.3	0.40	0.50	0.55	0.25	0.35	0.40	−13	36	II
	寿光市羊角沟	4.4	0.30	0.45	0.50	0.15	0.25	0.30	−11	36	II
	龙口市	4.8	0.45	0.60	0.65	0.25	0.35	0.40	−11	35	II
	烟台市	46.7	0.40	0.55	0.60	0.30	0.40	0.45	−8	32	II
	威海市	46.6	0.45	0.65	0.75	0.30	0.50	0.60	−8	32	II

省市名	城市名	海拔高度/m	风压/(kN/m²)			雪压/(kN/m²)			基本气温/℃		雪荷载准永久值系数分区
			R=10	R=50	R=100	R=10	R=50	R=100	最低	最高	
山东	荣成市成山头	47.7	0.60	0.70	0.75	0.25	0.40	0.45	−7	30	Ⅱ
	莘县朝城	42.7	0.35	0.45	0.50	0.25	0.35	0.40	−12	36	Ⅱ
	泰安市泰山	1533.7	0.65	0.85	0.95	0.40	0.55	0.60	−16	25	Ⅱ
	泰安市	128.8	0.30	0.40	0.45	0.20	0.35	0.40	−12	33	Ⅱ
	淄博市张店	34.0	0.30	0.40	0.45	0.30	0.45	0.50	−12	36	Ⅱ
	沂源	304.5	0.30	0.35	0.40	0.20	0.30	0.35	−13	35	Ⅱ
	潍坊市	44.1	0.30	0.40	0.45	0.25	0.35	0.40	−12	36	Ⅱ
	莱阳市	30.5	0.30	0.40	0.45	0.15	0.25	0.30	−13	35	Ⅱ
	青岛市	76.0	0.45	0.60	0.70	0.15	0.20	0.25	−9	33	Ⅱ
	海阳	65.2	0.40	0.55	0.60	0.10	0.15	0.15	−10	33	Ⅱ
	荣成市石岛	33.7	0.40	0.55	0.65	0.10	0.15	0.15	−8	31	Ⅱ
	菏泽市	49.7	0.25	0.40	0.45	0.20	0.30	0.35	−10	36	Ⅱ
	兖州	51.7	0.25	0.40	0.45	0.25	0.35	0.45	−11	36	Ⅱ
	莒县	107.4	0.25	0.35	0.40	0.20	0.35	0.40	−11	35	Ⅱ
	临沂	87.9	0.30	0.40	0.45	0.25	0.40	0.45	−10	35	Ⅱ
	日照市	16.1	0.30	0.40	0.45				−8	33	
江苏	南京市	8.9	0.25	0.40	0.45	0.40	0.65	0.75	−6	37	Ⅱ
	徐州市	41.0	0.25	0.35	0.40	0.25	0.35	0.40	−8	35	Ⅱ
	赣榆	2.1	0.30	0.45	0.50	0.25	0.35	0.40	−8	35	Ⅱ
	盱眙	34.5	0.25	0.35	0.40	0.20	0.30	0.35	−7	36	Ⅱ
	淮阴市	17.5	0.25	0.40	0.45	0.25	0.40	0.45	−7	35	Ⅱ
	射阳	2.0	0.30	0.40	0.45	0.15	0.20	0.25	−7	35	Ⅲ
	镇江	26.5	0.30	0.40	0.45	0.25	0.35	0.40			Ⅲ
	无锡	6.7	0.30	0.45	0.50	0.30	0.40	0.45			Ⅲ
	泰州	6.6	0.25	0.40	0.45	0.25	0.35	0.40			Ⅲ
	连云港	3.7	0.35	0.55	0.45	0.25	0.40	0.45			Ⅱ
	盐城	3.6	0.25	0.45	0.55	0.20	0.35	0.40			Ⅲ
	高邮	5.4	0.25	0.40	0.45	0.20	0.35	0.40	−6	36	Ⅲ
	东台市	4.3	0.30	0.40	0.45	0.20	0.30	0.35	−6	36	Ⅲ
	南通市	5.3	0.30	0.45	0.50	0.15	0.25	0.30	−4	36	Ⅲ
	启东市吕四	5.5	0.35	0.50	0.55	0.10	0.20	0.25	−4	35	Ⅲ

续表

省市名	城市名	海拔高度/m	风压/(kN/m²)			雪压/(kN/m²)			基本气温/℃		雪荷载准永久值系数分区
			R＝10	R＝50	R＝100	R＝10	R＝50	R＝100	最低	最高	
江苏	常州市	4.9	0.25	0.40	0.45	0.20	0.35	0.40	−4	37	Ⅲ
	溧阳	7.2	0.25	0.40	0.45	0.30	0.50	0.55	−5	37	Ⅲ
	东山	17.5	0.30	0.45	0.50	0.25	0.40	0.45	−5	36	Ⅲ
浙江	杭州市	41.7	0.30	0.45	0.50	0.30	0.45	0.50	−4	38	Ⅲ
	临安区天目山	1505.9	0.55	0.75	0.85	1.00	1.60	1.85	−11	28	Ⅱ
	平湖市乍浦	5.4	0.35	0.45	0.50	0.25	0.35	0.40	−5	36	Ⅲ
	慈溪市	7.1	0.30	0.45	0.50	0.25	0.35	0.40	−4	37	Ⅲ
	嵊泗	79.6	0.85	1.30	1.55				−2	34	
	嵊泗县嵊山	124.6	1.00	1.65	1.95				0	30	
	舟山市	35.7	0.50	0.85	1.00	0.30	0.50	0.60	−2	35	Ⅲ
	金华市	62.6	0.25	0.35	0.40	0.35	0.55	0.65	−3	39	Ⅲ
	嵊州市	104.3	0.25	0.40	0.50	0.35	0.55	0.65	−3	39	Ⅲ
	宁波市	4.2	0.30	0.50	0.60	0.20	0.30	0.35	−3	37	Ⅲ
	象山县石浦	128.4	0.75	1.20	1.45	0.20	0.30	0.35	−3	35	Ⅲ
	衢州市	66.9	0.25	0.35	0.40	0.30	0.50	0.60	−3	38	Ⅲ
	丽水市	60.8	0.20	0.30	0.35	0.30	0.45	0.50	−3	39	Ⅲ
	龙泉	198.4	0.20	0.30	0.35	0.35	0.55	0.65	−2	38	Ⅲ
	临海市括苍山	1383.1	0.60	0.90	1.05	0.45	0.65	0.75	−8	29	Ⅲ
	温州市	6.0	0.35	0.60	0.70	0.25	0.35	0.40	0	36	Ⅲ
	椒江区洪家	1.3	0.35	0.55	0.65	0.20	0.30	0.35	−2	36	Ⅲ
	椒江区下大陈	86.2	0.95	1.45	1.75	0.25	0.35	0.40	−1	33	Ⅲ
	玉环市坎门	95.9	0.70	1.20	1.45	0.20	0.35	0.40	0	34	Ⅲ
	瑞安市北麂	42.3	1.00	1.80	2.20				2	33	
安徽	合肥市	27.9	0.25	0.35	0.40	0.40	0.60	0.70	−6	37	Ⅱ
	砀山	43.2	0.25	0.35	0.40	0.25	0.40	0.45	−9	36	Ⅱ
	亳州市	37.7	0.25	0.45	0.55	0.25	0.40	0.45	−8	37	Ⅱ
	宿县	25.9	0.25	0.40	0.50	0.25	0.40	0.45	−8	36	Ⅱ
	寿县	22.7	0.25	0.35	0.40	0.30	0.50	0.55	−7	35	Ⅱ
	蚌埠市	18.7	0.25	0.35	0.40	0.30	0.45	0.55	−6	36	Ⅱ
	滁县	25.3	0.25	0.35	0.40	0.30	0.50	0.60	−6	36	Ⅱ
	六安市	60.5	0.20	0.35	0.40	0.35	0.55	0.60	−5	37	Ⅱ

续表

省市名	城市名	海拔高度/m	风压/(kN/m²) R=10	R=50	R=100	雪压/(kN/m²) R=10	R=50	R=100	基本气温/℃ 最低	最高	雪荷载准永久值系数分区
安徽	霍山	68.1	0.20	0.35	0.40	0.45	0.65	0.75	−6	37	Ⅱ
	巢湖	22.4	0.25	0.35	0.40	0.30	0.45	0.50	−5	37	Ⅱ
	安庆市	19.8	0.25	0.40	0.45	0.20	0.35	0.40	−3	36	Ⅲ
	宁国	89.4	0.25	0.35	0.40	0.30	0.50	0.55	−6	38	Ⅲ
	黄山	1840.4	0.50	0.70	0.80	0.35	0.45	0.50	−11	24	Ⅲ
	黄山市	142.7	0.25	0.35	0.40	0.30	0.45	0.50	−3	38	Ⅲ
	阜阳市	30.6				0.35	0.55	0.60	−7	36	Ⅱ
江西	南昌市	46.7	0.30	0.45	0.55	0.30	0.45	0.50	−3	38	Ⅲ
	修水	146.8	0.20	0.30	0.35	0.25	0.40	0.50	−4	37	Ⅲ
	宜春市	131.3	0.20	0.30	0.35	0.25	0.40	0.45	−3	38	Ⅲ
	吉安	76.4	0.25	0.30	0.35	0.25	0.35	0.45	−2	38	Ⅲ
	宁冈	263.1	0.20	0.30	0.35	0.30	0.45	0.50	−3	38	Ⅲ
	遂川	126.1	0.20	0.30	0.35	0.30	0.45	0.55	−1	38	Ⅲ
	赣州市	123.8	0.20	0.30	0.35	0.20	0.35	0.40	0	38	Ⅲ
	九江	36.1	0.25	0.35	0.40	0.30	0.40	0.45	−2	38	Ⅲ
	庐山	1164.5	0.40	0.55	0.60	0.60	0.95	1.05	−9	29	Ⅲ
	波阳	40.1	0.25	0.40	0.45	0.35	0.60	0.70	−3	38	Ⅲ
	景德镇市	61.5	0.25	0.35	0.40	0.25	0.35	0.40	−3	38	Ⅲ
	樟树市	30.4	0.20	0.30	0.35	0.25	0.40	0.45	−3	38	Ⅲ
	贵溪	51.2	0.20	0.30	0.35	0.35	0.50	0.60	−2	38	Ⅲ
	玉山	116.3	0.20	0.30	0.35	0.35	0.55	0.65	−3	38	Ⅲ
	南城	80.8	0.25	0.30	0.35	0.20	0.35	0.40	−3	37	Ⅲ
	广昌	143.8	0.20	0.30	0.35	0.30	0.45	0.50	−2	38	Ⅲ
	寻乌	303.9	0.25	0.30	0.35				−0.3	37	
福建	福州市	83.8	0.40	0.70	0.85				3	37	
	邵武市	191.5	0.20	0.30	0.35	0.25	0.35	0.40	−1	37	Ⅲ
	崇安县七仙山	1401.9	0.55	0.70	0.80	0.40	0.60	0.70	−5	28	Ⅲ
	浦城	276.9	0.20	0.30	0.35	0.35	0.55	0.65	−2	37	Ⅲ
	建阳	196.9	0.25	0.35	0.40	0.35	0.50	0.55	−2	38	Ⅲ
	建瓯	154.9	0.25	0.35	0.40	0.25	0.35	0.40	0	38	Ⅲ
	福鼎	36.2	0.35	0.70	0.90				1	37	

省市名	城市名	海拔高度/m	风压/(kN/m²)			雪压/(kN/m²)			基本气温/℃		雪荷载准永久值系数分区
			R=10	R=50	R=100	R=10	R=50	R=100	最低	最高	
福建	泰宁	342.9	0.20	0.30	0.35	0.30	0.50	0.60	−2	37	Ⅲ
	南平市	125.6	0.20	0.35	0.45				2	38	
	福鼎市台山	106.6	0.75	1.00	1.10				4	30	
	长汀	310.0	0.20	0.35	0.40	0.15	0.25	0.30	0	36	Ⅲ
	上杭	197.9	0.25	0.30	0.35				2	36	
	永安市	206.0	0.25	0.40	0.45				2	38	
	龙岩市	342.3	0.20	0.35	0.45				3	36	
	德化县九仙山	1653.5	0.60	0.80	0.90	0.25	0.40	0.50	−3	25	Ⅲ
	屏南	896.5	0.20	0.30	0.35	0.25	0.45	0.50	−2	32	Ⅲ
	平潭	32.4	0.75	1.30	1.60				4	34	
	崇武	21.8	0.55	0.85	1.05				5	33	
	厦门市	139.4	0.50	0.80	0.95				5	35	
	东山	53.3	0.80	1.25	1.45				7	34	
陕西	西安市	397.5	0.25	0.35	0.40	0.20	0.25	0.30	−9	37	Ⅱ
	榆林市	1057.5	0.25	0.40	0.45	0.20	0.25	0.30	−22	35	Ⅱ
	吴旗	1272.6	0.25	0.40	0.50	0.15	0.20	0.20	−20	33	Ⅱ
	横山	1111.0	0.30	0.40	0.45	0.15	0.25	0.30	−21	35	Ⅱ
	绥德	929.7	0.30	0.40	0.45	0.20	0.35	0.40	−19	35	Ⅱ
	延安市	957.8	0.25	0.35	0.40	0.15	0.25	0.30	−17	34	Ⅱ
	长武	1206.5	0.20	0.30	0.35	0.20	0.30	0.35	−15	32	Ⅱ
	洛川	1158.3	0.25	0.35	0.40	0.25	0.35	0.40	−15	32	Ⅱ
	铜川市	978.9	0.20	0.35	0.40	0.15	0.20	0.25	−12	33	Ⅱ
	宝鸡市	612.4	0.20	0.35	0.40	0.15	0.20	0.25	−8	37	Ⅱ
	武功	447.8	0.20	0.35	0.40	0.20	0.25	0.30	−9	37	Ⅱ
	华阴市华山	2064.9	0.40	0.50	0.55	0.50	0.70	0.75	−15	25	Ⅱ
	略阳	794.2	0.25	0.35	0.40	0.10	0.15	0.15	−6	34	Ⅲ
	汉中市	508.4	0.20	0.30	0.35	0.15	0.20	0.25	−5	34	Ⅲ
	佛坪	1087.7	0.25	0.35	0.45	0.15	0.25	0.30	−8	33	Ⅲ
	商州区	742.2	0.25	0.30	0.35	0.20	0.30	0.35	−8	35	Ⅱ
	镇安	693.7	0.20	0.35	0.40	0.20	0.30	0.35	−7	36	Ⅲ
	石泉	484.9	0.20	0.30	0.35	0.20	0.30	0.35	−5	35	Ⅲ

省市名	城市名	海拔高度/m	风压/(kN/m²)			雪压/(kN/m²)			基本气温/℃		雪荷载准永久值系数分区
			$R=10$	$R=50$	$R=100$	$R=10$	$R=50$	$R=100$	最低	最高	
陕西	安康市	290.8	0.30	0.45	0.50	0.10	0.15	0.20	−4	37	Ⅲ
甘肃	兰州	1517.2	0.20	0.30	0.35	0.10	0.15	0.20	−15	34	Ⅱ
	吉诃德	966.5	0.45	0.55	0.60						
	安西	1170.8	0.40	0.55	0.60	0.10	0.20	0.25	−22	37	Ⅱ
	酒泉市	1477.2	0.40	0.55	0.60	0.20	0.30	0.35	−21	33	Ⅱ
	张掖市	1482.7	0.30	0.50	0.60	0.05	0.10	0.15	−22	34	Ⅱ
	武威市	1530.9	0.35	0.55	0.65	0.15	0.20	0.25	−20	33	Ⅱ
	民勤	1367.0	0.40	0.50	0.55	0.05	0.10	0.10	−21	35	Ⅱ
	乌鞘岭	3045.1	0.35	0.40	0.45	0.35	0.55	0.60	−22	21	Ⅱ
	景泰	1630.5	0.25	0.40	0.45	0.10	0.15	0.20	−18	33	Ⅱ
	靖远	1398.2	0.20	0.30	0.35	0.15	0.20	0.25	−18	33	Ⅱ
	临夏市	1917.0	0.20	0.30	0.35	0.15	0.25	0.30	−18	30	Ⅱ
	临洮	1886.6	0.20	0.30	0.35	0.30	0.50	0.55	−19	30	Ⅱ
	华家岭	2450.6	0.30	0.40	0.45	0.25	0.40	0.45	−17	24	Ⅱ
	环县	1255.6	0.20	0.30	0.35	0.15	0.25	0.30	−18	33	Ⅱ
	平凉市	1346.6	0.25	0.30	0.35	0.15	0.25	0.30	−14	32	Ⅱ
	西峰镇	1421.0	0.20	0.30	0.35	0.25	0.40	0.45	−14	31	Ⅱ
	玛曲	3471.4	0.25	0.30	0.35	0.15	0.20	0.25	−23	21	Ⅱ
	夏河县合作	2910.0	0.25	0.30	0.35	0.25	0.40	0.45	−23	24	Ⅱ
	武都	1079.1	0.25	0.35	0.40	0.05	0.10	0.15	−5	35	Ⅲ
	天水市	1141.7	0.20	0.35	0.40	0.15	0.20	0.25	−11	34	Ⅱ
	马宗山	1962.7				0.10	0.15	0.20	−25	32	Ⅱ
	敦煌	1139.0				0.10	0.15	0.20	−20	37	Ⅱ
	玉门市	1526.0				0.15	0.20	0.25	−21	33	Ⅱ
	金塔县鼎新	1177.4				0.05	0.10	0.15	−21	36	Ⅱ
	高台	1332.2				0.10	0.15	0.20	−21	34	Ⅱ
	山丹	1764.6				0.15	0.20	0.25	−21	32	Ⅱ
	永昌	1976.1				0.10	0.15	0.20	−22	29	Ⅱ
	榆中	1874.1				0.15	0.20	0.25	−19	30	Ⅱ
	会宁	2012.2				0.20	0.30	0.35			Ⅱ
	岷县	2315.0				0.10	0.15	0.20	−19	27	Ⅱ

续表

省市名	城市名	海拔高度/m	风压/（kN/m²）			雪压/（kN/m²）			基本气温/℃		雪荷载准永久值系数分区
			R＝10	R＝50	R＝100	R＝10	R＝50	R＝100	最低	最高	
宁夏	银川	1111.4	0.40	0.65	0.75	0.15	0.20	0.25	−19	34	Ⅱ
	惠农	1091.0	0.45	0.65	0.70	0.05	0.10	0.10	−20	35	Ⅱ
	陶乐	1101.6				0.05	0.10	0.10	−20	35	Ⅱ
	中卫	1225.7	0.30	0.45	0.50	0.05	0.10	0.15	−18	33	Ⅱ
	中宁	1183.3	0.30	0.35	0.40	0.10	0.15	0.20	−18	34	Ⅱ
	盐池	1347.8	0.30	0.40	0.45	0.20	0.30	0.35	−20	34	Ⅱ
	海源	1854.2	0.25	0.35	0.40	0.25	0.40	0.45	−17	30	Ⅱ
	同心	1343.9	0.20	0.30	0.35	0.10	0.15	0.15	−18	34	Ⅱ
	固原	1753.0	0.25	0.35	0.40	0.30	0.40	0.45	−20	29	Ⅱ
	西吉	1916.5	0.20	0.30	0.35	0.15	0.20	0.20	−20	29	Ⅱ
青海	西宁	2261.2	0.25	0.35	0.40	0.15	0.20	0.25	−19	29	Ⅱ
	茫崖	3138.5	0.30	0.40	0.45	0.05	0.10	0.10			Ⅱ
	冷湖	2733.0	0.40	0.55	0.60	0.05	0.10	0.10	−26	29	Ⅱ
	祁连县托勒	3367.0	0.30	0.40	0.45	0.20	0.25	0.30	−32	22	Ⅱ
	祁连县野牛沟	3180.0	0.30	0.40	0.45	0.15	0.20	0.20	−31	21	Ⅱ
	祁连县	2787.4	0.30	0.35	0.40	0.10	0.15	0.15	−25	25	Ⅱ
	格尔木市小灶火	2767.0	0.30	0.40	0.45	0.05	0.10	0.10	−25	30	Ⅱ
	大柴旦	3173.2	0.30	0.40	0.45	0.10	0.15	0.15	−27	26	Ⅱ
	德令哈市	2981.5	0.25	0.35	0.40	0.10	0.15	0.20	−22	28	Ⅱ
	刚察	3301.5	0.25	0.35	0.40	0.20	0.25	0.30	−26	21	Ⅱ
	门源	2850.0	0.25	0.35	0.40	0.20	0.30	0.30	−27	24	Ⅱ
	格尔木市	2807.6	0.30	0.40	0.45	0.10	0.20	0.25	−21	29	Ⅱ
	都兰县诺木洪	2790.4	0.35	0.50	0.60	0.05	0.10	0.10	−22	30	Ⅱ
	都兰	3191.1	0.30	0.45	0.55	0.20	0.25	0.30	−21	26	Ⅱ
	乌兰县茶卡	3087.6	0.25	0.35	0.40	0.15	0.20	0.25	−25	25	Ⅱ
	共和县恰卜恰	2835.0	0.25	0.35	0.40	0.10	0.15	0.20	−22	26	Ⅱ
	贵德	2237.1	0.25	0.30	0.35	0.05	0.10	0.10	−18	30	Ⅱ
	民和	1813.9	0.20	0.30	0.35	0.10	0.15	0.15	−17	31	Ⅱ
	唐古拉山五道梁	4612.2	0.35	0.45	0.50	0.20	0.25	0.30	−29	17	Ⅰ
	兴海	3323.2	0.25	0.35	0.40	0.15	0.20	0.20	−25	23	Ⅱ
	同德	3289.4	0.25	0.35	0.40	0.20	0.30	0.35	−28	23	Ⅱ

省市名	城市名	海拔高度/m	风压/(kN/m²)			雪压/(kN/m²)			基本气温/℃		雪荷载准永久值系数分区
			$R=10$	$R=50$	$R=100$	$R=10$	$R=50$	$R=100$	最低	最高	
青海	泽库	3662.8	0.25	0.30	0.35	0.20	0.40	0.45			Ⅱ
	格尔木市托托河	4533.1	0.40	0.50	0.55	0.25	0.35	0.40	−33	19	Ⅰ
	治多	4179.0	0.25	0.30	0.35	0.15	0.20	0.25			Ⅰ
	杂多	4066.4	0.25	0.35	0.40	0.20	0.25	0.30	−25	22	Ⅱ
	曲麻莱	4231.2	0.25	0.35	0.40	0.15	0.25	0.30	−28	20	Ⅰ
	玉树	3681.2	0.20	0.30	0.35	0.15	0.20	0.25	−20	24.4	Ⅱ
	玛多	4272.3	0.30	0.40	0.45	0.25	0.35	0.40	−33	18	Ⅰ
	称多县清水河	4415.4	0.25	0.30	0.35	0.25	0.30	0.35	−33	17	Ⅰ
	玛沁县仁峡姆	4211.1	0.30	0.35	0.40	0.20	0.30	0.35	−33	18	Ⅰ
	达日县吉迈	3967.5	0.25	0.35	0.40	0.20	0.25	0.30	−27	20	Ⅰ
	河南	3500.0	0.25	0.40	0.45	0.20	0.25	0.30	−29	21	Ⅱ
	久治	3628.5	0.20	0.30	0.35	0.20	0.25	0.30	−24	21	Ⅱ
	昂欠	3643.7	0.25	0.30	0.35	0.10	0.20	0.25	−18	25	Ⅱ
	班玛	3750.0	0.20	0.30	0.35	0.15	0.20	0.25	−20	22	Ⅱ
新疆	乌鲁木齐市	917.9	0.40	0.60	0.70	0.65	0.90	1.00	−23	34	Ⅰ
	阿勒泰市	735.3	0.40	0.70	0.85	1.20	1.65	1.85	−28	32	Ⅰ
	阿拉山口	284.8	0.95	1.35	1.55	0.20	0.25	0.25	−25	39	Ⅰ
	克拉玛依市	427.3	0.65	0.90	1.00	0.30	0.30	0.35	−27	38	Ⅰ
	伊宁市	662.5	0.40	0.60	0.70	1.00	1.40	1.55	−23	35	Ⅰ
	昭苏	1851.0	0.25	0.40	0.45	0.65	0.85	0.95	−23	26	Ⅰ
	达坂城	1103.5	0.55	0.80	0.90	0.15	0.20	0.20	−21	32	Ⅰ
	巴音布鲁克	2458.0	0.25	0.35	0.40	0.55	0.75	0.85	−40	22	Ⅰ
	吐鲁番市	34.5	0.50	0.85	1.00	0.15	0.20	0.25	−20	44	Ⅱ
	阿克苏市	1103.8	0.30	0.45	0.50	0.15	0.25	0.30	−20	36	Ⅱ
	库车	1099.0	0.35	0.50	0.60	0.15	0.20	0.30	−19	36	Ⅱ
	库尔勒	931.5	0.30	0.45	0.50	0.15	0.20	0.30	−18	37	Ⅱ
	乌恰	2175.7	0.25	0.35	0.40	0.35	0.50	0.60	−20	31	Ⅱ
	喀什	1288.7	0.35	0.55	0.65	0.30	0.45	0.50	−17	36	Ⅱ
	阿合奇	1984.9	0.25	0.35	0.40	0.25	0.35	0.40	−21	31	Ⅱ
	皮山	1375.4	0.20	0.30	0.35	0.15	0.20	0.25	−18	37	Ⅱ
	和田	1374.6	0.25	0.40	0.45	0.10	0.20	0.25	−15	37	Ⅱ

续表

省市名	城市名	海拔高度/m	风压/(kN/m²)			雪压/(kN/m²)			基本气温/℃		雪荷载准永久值系数分区
			R=10	R=50	R=100	R=10	R=50	R=100	最低	最高	
新疆	民丰	1409.3	0.20	0.30	0.35	0.10	0.15	0.15	−19	37	Ⅱ
	安德河	1262.8	0.20	0.30	0.35	0.05	0.05	0.05	−23	39	Ⅱ
	于田	1422.0	0.20	0.30	0.35	0.10	0.15	0.15	−17	36	Ⅱ
	哈密	737.2	0.40	0.60	0.70	0.15	0.25	0.30	−23	38	Ⅱ
	哈巴河	532.6				0.70	1.00	1.15	−26	33.6	Ⅰ
	吉木乃	984.1				0.85	1.15	1.35	−24	31	Ⅰ
	福海	500.9				0.30	0.45	0.50	−31	34	Ⅰ
	富蕴	807.5				0.95	1.35	1.50	−33	34	Ⅰ
	塔城	534.9				1.10	1.55	1.75	−23	35	Ⅰ
	和布克塞尔	1291.6				0.25	0.40	0.45	−23	30	Ⅰ
	青河	1218.2				0.90	1.30	1.45	−35	31	Ⅰ
	托里	1077.8				0.55	0.75	0.85	−24	32	Ⅰ
	北塔山	1653.7				0.55	0.65	0.70	−25	28	Ⅰ
	温泉	1354.6				0.35	0.45	0.50	−25	30	Ⅰ
	精河	320.1				0.20	0.30	0.35	−27	38	Ⅰ
	乌苏	478.7				0.40	0.55	0.60	−26	37	Ⅰ
	石河子	442.9				0.50	0.70	0.80	−28	37	Ⅰ
	蔡家湖	440.5				0.40	0.50	0.55	−32	38	Ⅰ
	奇台	793.5				0.55	0.75	0.85	−31	34	Ⅰ
	巴仑台	1752.5				0.20	0.30	0.35	−20	30	Ⅱ
	七角井	873.2				0.05	0.10	0.15	−23	38	Ⅱ
	库米什	922.4				0.10	0.15	0.15	−25	38	Ⅱ
	焉耆	1055.8				0.15	0.20	0.25	−24	35	Ⅱ
	拜城	1229.2				0.20	0.30	0.35	−26	34	Ⅱ
	轮台	976.1				0.15	0.20	0.30	−19	38	Ⅱ
	吐尔格特	3504.4				0.40	0.55	0.65	−27	18	Ⅱ
	巴楚	1116.5				0.10	0.15	0.20	−19	38	Ⅱ
	柯坪	1161.8				0.05	0.10	0.15	−20	37	Ⅱ
	阿拉尔	1012.2				0.05	0.10	0.10	−20	36	Ⅱ
	铁干里克	846.0				0.10	0.15	0.15	−20	39	Ⅱ

省市名	城市名	海拔高度/m	风压/(kN/m²)			雪压/(kN/m²)			基本气温/℃		雪荷载准永久值系数分区
			R=10	R=50	R=100	R=10	R=50	R=100	最低	最高	
新疆	若羌	888.3				0.10	0.15	0.20	−18	40	Ⅱ
	塔吉克	3090.9				0.15	0.25	0.30	−28	28	Ⅱ
	莎车	1231.2				0.15	0.20	0.25	−17	37	Ⅱ
	且末	1247.5				0.10	0.15	0.20	−20	37	Ⅱ
	红柳河	1700.0				0.10	0.15	0.15	−25	35	Ⅱ
河南	郑州市	110.4	0.30	0.45	0.50	0.25	0.40	0.45	−8	36	Ⅱ
	安阳市	75.5	0.25	0.45	0.55	0.25	0.40	0.45	−8	36	Ⅱ
	新乡市	72.7	0.30	0.40	0.45	0.20	0.30	0.35	−8	36	Ⅱ
	三门峡市	410.1	0.25	0.40	0.45	0.15	0.20	0.25	−8	36	Ⅱ
	卢氏	568.8	0.20	0.30	0.35	0.20	0.30	0.35	−10	35	Ⅱ
	孟津	323.3	0.30	0.45	0.50	0.30	0.40	0.50	−8	35	Ⅱ
	洛阳市	137.1	0.25	0.40	0.45	0.25	0.35	0.40	−6	36	Ⅱ
	栾川	750.1	0.20	0.30	0.35	0.25	0.40	0.45	−9	34	Ⅱ
	许昌市	66.8	0.30	0.40	0.45	0.25	0.40	0.45	−8	36	Ⅱ
	开封市	72.5	0.30	0.45	0.50	0.20	0.30	0.35	−8	36	Ⅱ
	西峡	250.3	0.25	0.35	0.40	0.20	0.30	0.35	−6	36	Ⅱ
	南阳市	129.2	0.25	0.35	0.40	0.30	0.45	0.50	−7	36	Ⅱ
	宝丰	136.4	0.25	0.35	0.40	0.20	0.30	0.35	−8	36	Ⅱ
	四华	52.6	0.25	0.45	0.55	0.30	0.45	0.50	−8	37	Ⅱ
	驻马店市	82.7	0.25	0.40	0.45	0.30	0.45	0.50	−8	36	Ⅱ
	信阳市	114.5	0.25	0.35	0.40	0.35	0.55	0.65	−6	36	Ⅱ
	商丘市	50.1	0.20	0.35	0.45	0.30	0.45	0.50	−8	36	Ⅱ
	固始	57.1	0.20	0.35	0.40	0.35	0.55	0.65	−6	36	Ⅱ
湖北	武汉市	23.3	0.25	0.35	0.40	0.30	0.50	0.60	−5	37	Ⅱ
	郧阳区	201.9	0.20	0.30	0.35	0.25	0.40	0.45	−3	37	Ⅱ
	房县	434.4	0.20	0.30	0.35	0.20	0.30	0.35	−7	35	Ⅲ
	老河口市	90.0	0.20	0.30	0.35	0.25	0.35	0.40	−6	36	Ⅱ
	枣阳	125.5	0.25	0.40	0.45	0.25	0.40	0.45	−6	36	Ⅱ
	巴东	294.5	0.15	0.30	0.35	0.15	0.20	0.25	−2	38	Ⅲ
	钟祥	65.8	0.20	0.30	0.35	0.25	0.35	0.40	−4	36	Ⅱ
	麻城市	59.3	0.20	0.35	0.45	0.35	0.55	0.65	−4	37	Ⅱ

省市名	城市名	海拔高度/m	风压/（kN/m²）			雪压/（kN/m²）			基本气温/℃		雪荷载准永久值系数分区
			$R=10$	$R=50$	$R=100$	$R=10$	$R=50$	$R=100$	最低	最高	
湖北	恩施市	457.1	0.20	0.30	0.35	0.15	0.20	0.25	−2	36	Ⅲ
	巴东县绿葱坡	1819.3	0.30	0.35	0.40	0.65	0.95	1.10	−10	26	Ⅲ
	五峰县	908.4	0.20	0.30	0.35	0.25	0.35	0.40	−5	34	Ⅲ
	宜昌市	133.1	0.20	0.30	0.35	0.20	0.30	0.35	−3	37	Ⅲ
	荆州	32.6	0.20	0.30	0.35	0.25	0.40	0.45	−4	36	Ⅱ
	天门市	34.1	0.20	0.30	0.35	0.25	0.35	0.45	−5	36	Ⅱ
	来凤	459.5	0.20	0.30	0.35	0.15	0.20	0.25	−3	35	Ⅲ
	嘉鱼	36.0	0.20	0.35	0.45	0.25	0.35	0.40	−3	37	Ⅲ
	英山	123.8	0.20	0.30	0.35	0.25	0.40	0.45	−5	37	Ⅲ
	黄石市	19.6	0.25	0.35	0.40	0.25	0.35	0.40	−3	38	Ⅲ
湖南	长沙市	44.9	0.25	0.35	0.40	0.30	0.45	0.50	−3	38	Ⅲ
	桑植	322.2	0.20	0.30	0.35	0.25	0.35	0.40	−3	36	Ⅲ
	石门	116.9	0.25	0.30	0.35	0.25	0.35	0.40	−3	36	Ⅲ
	南县	36.0	0.25	0.40	0.50	0.30	0.45	0.50	−3	36	Ⅲ
	岳阳市	53.0	0.25	0.40	0.45	0.35	0.55	0.65	−2	36	Ⅲ
	吉首市	206.6	0.20	0.30	0.35	0.20	0.30	0.35	−2	36	Ⅲ
	沅陵	151.6	0.20	0.30	0.35	0.20	0.35	0.40	−3	37	Ⅲ
	常德市	35.0	0.25	0.40	0.50	0.30	0.45	0.60	−3	36	Ⅱ
	安化	128.3	0.20	0.30	0.35	0.30	0.45	0.50	−3	38	Ⅱ
	沅江市	36.0	0.25	0.40	0.45	0.35	0.55	0.65	−3	37	Ⅲ
	平江	106.3	0.20	0.30	0.35	0.25	0.40	0.45	−4	37	Ⅲ
	芷江	272.2	0.20	0.30	0.35	0.25	0.35	0.45	−3	36	Ⅲ
	雪峰山	1404.9				0.50	0.75	0.85	−8	27	Ⅱ
	邵阳市	248.4	0.20	0.30	0.35	0.20	0.30	0.35	−3	37	Ⅲ
	双峰	100.0	0.20	0.30	0.35	0.25	0.40	0.45	−4	38	Ⅲ
	南岳	1265.9	0.60	0.75	0.85	0.50	0.75	0.85	−8	28	Ⅲ
	通道	397.5	0.25	0.30	0.35	0.15	0.25	0.30	−3	35	Ⅲ
	武岗	341.0	0.20	0.30	0.35	0.20	0.30	0.35	−3	36	Ⅲ
	零陵	172.6	0.25	0.40	0.45	0.15	0.25	0.30	−2	37	Ⅲ
	衡阳市	103.2	0.25	0.40	0.45	0.20	0.35	0.40	−2	38	Ⅲ
	道县	192.2	0.25	0.35	0.40	0.15	0.20	0.25	−1	37	Ⅲ

省市名	城市名	海拔高度/m	风压/(kN/m²)			雪压/(kN/m²)			基本气温/℃		雪荷载准永久值系数分区
			R=10	R=50	R=100	R=10	R=50	R=100	最低	最高	
湖南	郴州市	184.9	0.20	0.30	0.35	0.20	0.30	0.35	−2	38	Ⅲ
广东	广州市	6.6	0.30	0.50	0.60				6	36	
	南雄	133.8	0.20	0.30	0.35				1	37	
	连州市	97.6	0.20	0.30	0.35				2	37	
	韶关	69.3	0.20	0.35	0.45				2	37	
	佛岗	67.8	0.20	0.30	0.35				4	36	
	连平	214.5	0.20	0.30	0.35				2	36	
	梅县	87.8	0.20	0.30	0.35				4	37	
	广宁	56.8	0.20	0.30	0.35				4	36	
	高要	7.1	0.30	0.50	0.60				6	36	
	河源	40.6	0.20	0.30	0.35				5	36	
	惠阳	22.4	0.35	0.55	0.60				6	36	
	五华	120.9	0.20	0.30	0.35				4	36	
	汕头市	1.1	0.50	0.80	0.95				6	35	
	惠来	12.9	0.45	0.75	0.90				7	35	
	南澳	7.2	0.50	0.80	0.95				9	32	
	信宜	84.6	0.35	0.60	0.70				7	36	
	罗定	53.3	0.20	0.30	0.35				6	37	
	台山	32.7	0.35	0.55	0.65				6	35	
	深圳市	18.2	0.45	0.75	0.90				8	35	
	汕尾	4.6	0.50	0.85	1.00				7	34	
	湛江市	25.3	0.50	0.80	0.95				9	36	
	阳江	23.3	0.45	0.75	0.90				7	35	
	电白	11.8	0.45	0.70	0.80				8	35	
	台山县上川岛	21.5	0.75	1.05	1.20				8	35	
	徐闻	67.9	0.45	0.75	0.90				10	36	
广西	南宁市	73.1	0.25	0.35	0.40				6	36	
	桂林市	164.4	0.20	0.30	0.35				1	36	
	柳州市	96.8	0.20	0.30	0.35				3	36	
	蒙山	145.7	0.20	0.30	0.35				2	36	
	贺山	108.8	0.20	0.30	0.35				2	36	

省市名	城市名	海拔高度/m	风压/(kN/m²)			雪压/(kN/m²)			基本气温/℃		雪荷载准永久值系数分区
			$R=10$	$R=50$	$R=100$	$R=10$	$R=50$	$R=100$	最低	最高	
广西	百色市	173.5	0.25	0.45	0.55				5	37	
	靖西	739.4	0.20	0.30	0.35				4	32	
	桂平	42.5	0.20	0.30	0.35				5	36	
	梧州市	114.8	0.20	0.30	0.35				4	36	
	龙舟	128.8	0.20	0.30	0.35				7	36	
	灵山	66.0	0.20	0.30	0.35				5	35	
	玉林	81.8	0.20	0.30	0.35				5	36	
	东兴	18.2	0.45	0.75	0.90				8	34	
	北海市	15.3	0.45	0.75	0.90				7	35	
	涠洲岛	55.2	0.70	1.10	1.30				9	34	
海南	海口市	14.1	0.45	0.75	0.90				10	37	
	东方	8.4	0.55	0.85	1.00				10	37	
	儋州市	168.7	0.40	0.70	0.85				9	37	
	琼中	250.9	0.30	0.45	0.55				8	36	
	琼海	24.0	0.50	0.85	1.05				10	37	
	三亚市	5.5	0.50	0.85	1.05				14	36	
	陵水	13.9	0.50	0.85	1.05				12	36	
	西沙岛	4.7	1.05	1.80	2.20				18	35	
	珊瑚岛	4.0	0.70	1.10	1.30				16	36	
四川	成都市	506.1	0.20	0.30	0.35	0.10	0.10	0.15	−1	34	Ⅲ
	石渠	4200.0	0.25	0.30	0.35	0.35	0.50	0.60	−28	19	Ⅱ
	若尔盖	3439.6	0.25	0.30	0.35	0.30	0.40	0.45	−24	21	Ⅱ
	甘孜	3393.5	0.35	0.45	0.50	0.30	0.50	0.55	−17	25	Ⅱ
	都江堰市	706.7	0.20	0.30	0.35	0.15	0.25	0.30			Ⅲ
	绵阳市	470.8	0.20	0.30	0.35				−3	35	
	雅安市	627.6	0.20	0.30	0.35	0.10	0.20	0.20	0	34	Ⅲ
	资阳	357.0	0.20	0.30	0.35				1	33	
	康定	2615.7	0.30	0.35	0.40	0.30	0.50	0.55	−10	23	Ⅱ
	汉源	795.9	0.20	0.30	0.35				2	34	
	九龙	2987.3	0.20	0.30	0.35	0.15	0.20	0.20	−10	25	Ⅲ
	越西	1659.0	0.25	0.30	0.35	0.15	0.25	0.30	−4	31	Ⅲ

省市名	城市名	海拔高度/m	风压/(kN/m²)			雪压/(kN/m²)			基本气温/℃		雪荷载准永久值系数分区
			R=10	R=50	R=100	R=10	R=50	R=100	最低	最高	
四川	昭觉	2132.4	0.25	0.30	0.35	0.25	0.35	0.40	−6	28	Ⅲ
	雷波	1474.9	0.20	0.30	0.40	0.20	0.30	0.35	−4	29	Ⅲ
	宜宾市	340.8	0.20	0.30	0.35				2	35	
	盐源	2545.0	0.20	0.30	0.35	0.20	0.30	0.35	−6	27	Ⅲ
	西昌市	1590.9	0.20	0.30	0.35	0.20	0.30	0.35	−1	32	Ⅲ
	会理	1787.1	0.20	0.30	0.35				−4	30	
	万源	674.0	0.20	0.30	0.35	0.05	0.10	0.15	−3	35	Ⅲ
	阆中	382.6	0.20	0.30	0.35				−1	36	
	巴中	358.9	0.20	0.30	0.35				−1	36	
	达县市	310.4	0.20	0.35	0.45				0	37	
	遂宁市	278.2	0.20	0.30	0.35				0	36	
	南充市	309.3	0.20	0.30	0.35				0	36	
	内江市	347.1	0.25	0.40	0.50				0	36	
	泸州市	334.8	0.20	0.30	0.35				1	36	
	叙永	377.5	0.20	0.30	0.35				1	36	
	德格	3201.2				0.15	0.20	0.25	−15	26	Ⅲ
	色达	3893.9				0.30	0.40	0.45	−24	21	Ⅲ
	道孚	2957.2				0.15	0.20	0.25	−16	28	Ⅲ
	阿坝	3275.1				0.25	0.40	0.45	−19	22	Ⅲ
	马尔康	2664.4				0.15	0.25	0.30	−12	29	Ⅲ
	红原	3491.6				0.25	0.40	0.45	−26	22	Ⅱ
	小金	2369.2				0.10	0.15	0.15	−8	31	Ⅱ
	松潘	2850.7				0.20	0.30	0.35	−16	26	Ⅱ
	新龙	3000.0				0.10	0.15	0.15	−16	27	Ⅱ
	理唐	3948.9				0.35	0.50	0.60	−19	21	Ⅱ
	稻城	3727.7				0.20	0.30	0.30	−19	23	Ⅲ
	峨眉山	3047.4				0.40	0.55	0.60	−15	19	Ⅱ
贵州	贵阳市	1074.3	0.20	0.30	0.35	0.10	0.20	0.25	−3	32	Ⅲ
	威宁	2237.5	0.25	0.35	0.40	0.25	0.35	0.40	−6	26	Ⅲ
	盘州市	1515.2	0.25	0.35	0.40	0.25	0.35	0.45	−3	30	Ⅲ
	桐梓	972.0	0.20	0.30	0.35	0.10	0.15	0.20	−4	33	Ⅲ

续表

省市名	城市名	海拔高度/m	风压/(kN/m²)			雪压/(kN/m²)			基本气温/℃		雪荷载准永久值系数分区
			$R=10$	$R=50$	$R=100$	$R=10$	$R=50$	$R=100$	最低	最高	
贵州	习水	1180.2	0.20	0.30	0.35	0.15	0.20	0.25	−5	31	Ⅲ
	毕节	1510.6	0.20	0.30	0.35	0.15	0.25	0.30	−4	30	Ⅲ
	遵义市	843.9	0.20	0.30	0.35	0.10	0.15	0.20	−2	34	Ⅲ
	湄潭	791.8				0.15	0.20	0.25	−3	34	Ⅲ
	思南	416.3	0.20	0.30	0.35	0.10	0.20	0.25	−1	36	Ⅲ
	铜仁	279.7	0.20	0.30	0.35	0.20	0.30	0.35	−2	37	Ⅲ
	黔西	1251.8				0.15	0.20	0.25	−4	32	Ⅲ
	安顺市	1392.9	0.20	0.30	0.35	0.20	0.30	0.35	−3	30	Ⅲ
	凯里市	720.3	0.20	0.30	0.35	0.15	0.20	0.25	−3	34	Ⅲ
	三穗	610.5				0.20	0.30	0.35	−4	34	Ⅲ
	兴仁	1378.5	0.20	0.30	0.35	0.20	0.35	0.40	−2	30	Ⅲ
	罗甸	440.3	0.20	0.30	0.35				1	37	
	独山	1013.3				0.20	0.30	0.35	−3	32	Ⅲ
	榕江	285.7				0.10	0.15	0.20	−1	37	
云南	昆明市	1891.4	0.20	0.30	0.35	0.20	0.30	0.35	−1	28	Ⅲ
	德钦	3485.0	0.25	0.35	0.40	0.60	0.90	1.05	−12	22	Ⅱ
	贡山	1591.3	0.20	0.30	0.35	0.45	0.75	0.90	−3	30	Ⅱ
	中甸	3276.1	0.20	0.30	0.35	0.50	0.80	0.90	−15	22	Ⅱ
	维西	2325.6	0.20	0.30	0.35	0.45	0.65	0.75	−6	28	Ⅲ
	昭通市	1949.5	0.25	0.35	0.40	0.15	0.25	0.30	−6	28	Ⅲ
	丽江	2393.2	0.25	0.30	0.35	0.20	0.30	0.35	−5	27	Ⅲ
	华坪	1244.8	0.30	0.45	0.55				−1	35	
	会泽	2109.5	0.25	0.35	0.40	0.25	0.35	0.40	−4	26	Ⅲ
	腾冲	1654.6	0.20	0.30	0.35				−3	27	
	泸水	1804.9	0.20	0.30	0.35				1	26	
	保山市	1653.5	0.20	0.30	0.35				−2	29	
	大理市	1990.5	0.45	0.65	0.75				−2	28	
	元谋	1120.2	0.25	0.35	0.40				2	35	
	楚雄市	1772.0	0.20	0.35	0.40				−2	29	
	曲靖市沾益	1898.7	0.25	0.30	0.35	0.25	0.40	0.45	−1	28	Ⅲ
	瑞丽	776.6	0.20	0.30	0.35				3	32	

省市名	城市名	海拔高度/m	风压/(kN/m²)			雪压/(kN/m²)			基本气温/℃		雪荷载准永久值系数分区
			$R=10$	$R=50$	$R=100$	$R=10$	$R=50$	$R=100$	最低	最高	
云南	景东	1162.3	0.20	0.30	0.35				1	32	
	玉溪	1636.7	0.20	0.30	0.35				−1	30	
	宜良	1532.1	0.25	0.45	0.55				1	28	
	泸西	1704.3	0.25	0.30	0.35				−2	29	
	孟定	511.4	0.25	0.40	0.45				−5	32	
	临沧	1502.4	0.20	0.30	0.35				0	29	
	澜沧	1054.8	0.20	0.30	0.35				1	32	
	景洪	552.7	0.20	0.40	0.50				7	35	
	恩茅	1302.1	0.25	0.45	0.50				3	30	
	元江	400.9	0.25	0.30	0.35				7	37	
	勐腊	631.9	0.20	0.30	0.35				7	34	
	江城	1119.5	0.20	0.40	0.50				4	30	
	蒙自	1300.7	0.25	0.35	0.45				3	31	
	屏边	1414.1	0.20	0.40	0.35				2	28	
	文山	1271.6	0.20	0.30	0.35				3	31	
	广南	1249.6	0.25	0.35	0.40				0	31	
西藏	拉萨市	3658.0	0.20	0.30	0.35	0.10	0.15	0.20	−13	27	Ⅲ
	班戈	4700.0	0.35	0.55	0.65	0.20	0.25	0.30	−22	18	Ⅰ
	安多	4800.0	0.45	0.75	0.90	0.25	0.40	0.45	−28	17	Ⅰ
	那曲	4507.0	0.30	0.45	0.50	0.30	0.40	0.45	−25	19	Ⅰ
	日喀则市	3836.0	0.20	0.30	0.35	0.10	0.15	0.15	−17	25	Ⅲ
	乃东区泽当	3551.7	0.20	0.30	0.35	0.10	0.15	0.15	−12	26	Ⅲ
	隆子	3860.0	0.30	0.45	0.50	0.10	0.15	0.20	−18	24	Ⅲ
	索县	4022.8	0.30	0.40	0.50	0.20	0.25	0.30	−23	22	Ⅰ
	昌都	3306.0	0.20	0.30	0.35	0.15	0.20	0.20	−15	27	Ⅱ
	林芝	3000.0	0.25	0.35	0.45	0.10	0.15	0.15	−9	25	Ⅲ
	葛尔	4278.0				0.10	0.15	0.15	−27	25	Ⅰ
	改则	4414.9				0.20	0.30	0.35	−29	23	Ⅰ
	普兰	3900.0				0.50	0.70	0.80	−21	25	Ⅰ
	申扎	4672.0				0.15	0.20	0.20	−22	19	Ⅰ
	当雄	4200.0				0.30	0.45	0.50	−23	21	Ⅱ

续表

省市名	城市名	海拔高度/m	风压/(kN/m²)			雪压/(kN/m²)			基本气温/℃		雪荷载准永久值系数分区
			R=10	R=50	R=100	R=10	R=50	R=100	最低	最高	
西藏	尼木	3809.4				0.15	0.20	0.25	−17	26	Ⅲ
	聂拉木	3810.0				2.00	3.30	3.75	−13	18	Ⅰ
	定日	4300.0				0.15	0.25	0.30	−22	23	Ⅱ
	江孜	4040.01				0.10	0.10	0.15	−19	24	Ⅲ
	错那	4280.0				0.60	0.90	1.00	−24	16	Ⅲ
	帕里	4300.0				0.95	1.50	1.75	−23	16	Ⅱ
	丁青	3873.1				0.25	0.35	0.40	−17	22	Ⅱ
	波密	2736.0				0.25	0.35	0.40	−9	27	Ⅲ
	察隅	2327.6				0.35	0.55	0.65	−4	29	Ⅲ
台湾	台北	8.0	0.40	0.70	0.85						
	新竹	8.0	0.50	0.80	0.95						
	宜兰	9.0	1.10	1.85	2.30						
	台中	78.0	0.50	0.80	0.90						
	花莲	14.0	0.40	0.70	0.85						
	嘉义	20.0	0.50	0.80	0.95						
	马公	22.0	0.85	1.30	1.55						
	台东	10.0	0.65	0.90	1.05						
	冈山	10.0	0.55	0.80	0.95						
	恒春	24.0	0.70	1.05	1.20						
	阿里山	2406.0	0.25	0.35	0.40						
	台南	14.0	0.60	0.85	1.00						
香港	香港	50.0	0.80	0.90	0.95						
	横澜岛	55.0	0.95	1.25	1.40						
澳门	澳门	57.0	0.75	0.85	0.90						

附录B 风荷载体型系数

风荷载体型系数

项次	类别	体型及体型系数 μ_s	备注
1	封闭式落地双坡屋面	 $\begin{array}{c\|c} \alpha & \mu_s \\ \hline 0° & 0.0 \\ 30° & +0.2 \\ \geqslant 60° & +0.8 \end{array}$	中间值按线性插值法计算
2	封闭式双坡屋面	 $\begin{array}{c\|c} \alpha & \mu_s \\ \hline \leqslant 15° & -0.6 \\ 30° & 0.0 \\ \geqslant 60° & +0.8 \end{array}$	1. 中间值按线性插值法计算； 2. μ_s 的绝对值不小于0.1
3	封闭式落地拱形屋面	 $\begin{array}{c\|c} f/l & \mu_s \\ \hline 0.1 & +0.1 \\ 0.2 & +0.2 \\ 0.5 & +0.5 \end{array}$	中间值按线性插值法计算
4	封闭式拱形屋面	 $\begin{array}{c\|c} f/l & \mu_s \\ \hline 0.1 & -0.8 \\ 0.2 & 0.0 \\ 0.5 & +0.6 \end{array}$	1. 中间值按线性插值法计算； 2. μ_s 的绝对值不小于0.1
5	封闭式单坡屋面		迎风坡面的 μ_s 按第2项采用
6	封闭式高低双坡屋面		迎风坡面的 μ_s 按第2项采用
7	封闭式带天窗双坡屋面		带天窗的拱形屋面可按照本图采用
8	封闭式双跨双坡屋面		迎风坡面的 μ_s 按第2项采用

项次	类别	体型及体型系数 μ_s	备注
9	封闭式不等高不等跨的双跨双坡屋面		迎风坡面的 μ_s 按第 2 项采用
10	封闭式不等高不等跨的三跨双坡屋面		1. 迎风坡面的 μ_s 按第 2 项采用； 2. 中跨上部迎风墙面的 μ_{s1} 按 $\mu_{s1}=0.5(1-2h_1/h)$ 采用，当 $h_1=h$ 时取 $\mu_{a1}=-0.6$
11	封闭式带天窗带坡的双坡屋面		
12	封闭式带天窗带双坡的双坡屋面		
13	封闭式不等高不等跨且中跨带天窗的三跨双坡屋面		1. 迎风坡面的 μ_s 按第 2 项采用； 2. 中跨上部迎风墙面的 μ_{s1} 按 $\mu_{s1}=0.6(1-2h_1/h)$ 采用，当 $h_1=h$ 时取 $\mu_{s1}=-0.6$
14	封闭式带天窗的双跨双坡屋面		迎风面第 2 跨的天窗面的 μ_s 按下列规定采用：①当 $a\leqslant 4h$ 时，取 $\mu_s=0.2$；②当 $a\leqslant 4h$ 时，取 $\mu_s=0.6$
15	封闭式带女儿墙的双坡屋面		当屋面坡度不大于 $15°$ 时，屋面上的体型系数可按无女儿墙的屋面采用

续表

项次	类别	体型及体型系数 μ_s	备注
16	封闭式带雨棚的双坡屋面	(a) $+0.8$ μ_s α -0.6 -0.3 -0.5　(b) -1.4 -0.9 -0.5 $+0.8$ -0.5	迎风坡面的 μ_s 按第 2 项采用
17	封闭式对立两个带雨棚的双坡屋面	μ_s α $+0.8$ -0.4 -0.3 -0.2 -0.4 -0.5 -0.4 $+0.2$ -0.3 s	1. 本图适用于 s 为 $8\sim20$ m 的情况; 2. 迎风坡面的 μ_s 按第 2 项采用
18	封闭式带下沉天窗的双坡屋面或拱形屋面	-0.8 -0.5 $+0.8$ -1.2 -0.5	
19	封闭式带下沉天窗的双跨双坡或拱形屋面	-0.8 -0.5 -0.4 $+0.8$ -1.2 -1.2 -0.4	
20	封闭式带天窗挡风板的坡屋面	$+0.3$ $+1.4$ -0.8 -0.7 -0.6 0 -0.6 $+0.8$ -0.8 -0.6 -0.5	
21	封闭式带天窗挡风板的双跨坡屋面	$+0.3$ $+1.4$ -0.8 -0.7 -0.6 -0.1 -0.5 -0.6 0 $+0.8$ -0.8 -0.6 -0.5 -0.4 -0.4	
22	封闭式锯齿形屋面	(1) μ_s α $+0.8$ -0.6 -0.5 -0.5 -0.4 -0.4 -0.4　(2)(3) -0.6 -0.6 -0.5 -0.5 -0.4 -0.4 $+0.8$ -0.4 (1)(2)(3)	1. 迎风坡面的 μ_s 按第 2 项采用; 2. 齿面增多或减少时,可均匀地在(1)、(2)、(3)三个区段内调节
23	封闭式复杂多跨屋面	a a a h $+0.6$ -0.7 -0.6 -0.6 $+0.6$ -0.7 μ_s -0.2 -0.5 -0.2 -0.6 -0.5 -0.4 $+0.8$ -0.2 -0.6 -0.5 -0.5 -0.4 -0.4 -0.4	天窗面的 μ_s 按下列规定采用:①当 $a\leqslant4h$ 时,取 $\mu_s=0.2$;②当 $a>4h$ 时,取 $\mu_s=0.6$

项次	类别	体型及体型系数 μ_s	备注

体型系数 μ_s 按下表采用

β	α	A	B	C	D	E
	15°	+0.9	−0.4	0.0	+0.2	−0.2
30°	30°	+0.9	+0.2	−0.2	−0.2	−0.3
	60°	+1.0	+0.7	−0.4	−0.2	−0.5
	15°	+1.0	+0.3	+0.4	+0.5	+0.4
60°	30°	+1.0	+0.4	+0.3	+0.4	+0.2
	60°	+1.0	+0.8	−0.3	0.0	−0.5
	15°	+1.0	+0.5	+0.7	+0.8	+0.6
90°	30°	+1.0	+0.6	+0.8	+0.9	+0.7
	60°	+1.0	+0.9	−0.1	+0.2	−0.4

项次 24　类别：靠山封闭式双坡屋面

备注：本图适用于 $H_m/H \geqslant 2$ 及 $s/H = 0.2 \sim 0.4$ 的情况

体型系数 μ_s 按下表采用

β	$ABCD$	E	$A'B'C'D'$	F
15°	−0.8	+0.9	−0.2	−0.2
30°	−0.9	+0.9	−0.2	−0.2
60°	−0.9	+0.9	−0.2	−0.2

项次 25　类别：靠山封闭式带天窗的双坡屋面

体型系数 μ_s 按下表采用

β	A	B	C	D	D'	C'	B'	A'	E
30°	+0.9	+0.2	−0.6	−0.4	−0.3	−0.3	−0.3	−0.2	−0.5
60°	+0.9	+0.6	+0.1	+0.1	+0.2	+0.2	+0.2	+0.4	+0.1
90°	+1.0	+0.8	+0.6	+0.2	+0.6	+0.6	+0.6	+0.8	+0.6

备注：本图适用于 $H_m/H \geqslant 2$ 及 $s/H = 0.2 \sim 0.4$ 的情况

项次	类别	体型及体型系数 μ_s	备注
26	单面开敞式双坡屋面	（a）开口迎风　（b）开口背风	迎风坡面的 μ_s 按第 2 项采用
27	双面开敞及四面开敞式双坡屋面	（a）两端有山墙　（b）四面开敞 表1	1. 中间值按线性插值法计算； 2. 本图屋面对风作用敏感，风压时正时负，设计时应考虑 μ_s 值变号的情况； 3. 纵向风荷载对屋面的总水平力，当 $\alpha \geqslant 30°$ 时为 $0.05A\omega_h$，当 $\alpha < 30°$ 时为 $0.10A\omega_h$，A 为屋面的水平投影面积，ω_h 为屋面高度 h 处的风压； 4. 当室内堆放物品或房屋处于山坡时，屋面吸力应增大，可按第 26 项（a）图采用
28	前后纵墙半开敞双坡屋面		1. 迎风坡面的 μ_s 按第 2 项采用； 2. 本图适用于墙的上部集中开放面积不小于 10% 且小于 50% 的房屋； 3. 当开敞面积达 50% 时，背风墙面的系数改为 -1.1
29	单坡及双坡顶盖	（a） 表2	1. 中间值按线性插值法计算； 2.（b）图体型系数按第 27 项采用； 3.（b）、（c）图应考虑第 27 项备注 2 和备注 3

表1：

α	μ_{s1}	μ_{s2}
$\leqslant 10°$	-1.3	-0.7
$30°$	$+1.6$	$+0.4$

表2：

α	μ_{s1}	μ_{s2}	μ_{s3}	μ_{s4}
$\leqslant 10°$	-1.3	-0.5	$+1.3$	$+0.5$
$30°$	-1.4	-0.6	$+1.4$	$+0.6$

续表

项次	类别	体型及体型系数 μ_s	备注
29	单坡及双坡顶盖	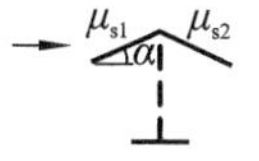 （b） 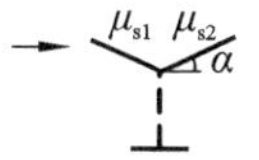 （c） （表） α / μ_{s1} / μ_{s2} $\leqslant 10°$ / $+1.0$ / $+0.7$ $30°$ / -1.6 / -0.4	1. 中间值按线性插值法计算； 2.（b）图体型系数按第27项采用； 3.（b）、（c）图应考虑第27项备注2和备注3
30	封闭式房屋和构筑物	 （a）正多边形（包括矩形）平面 （b）Y形平面 （c）L形平面　　（d）Π形平面 （e）十字形平面　　（f）截角三边形平面	
31	高度超过45 m的矩形截面高层建筑		

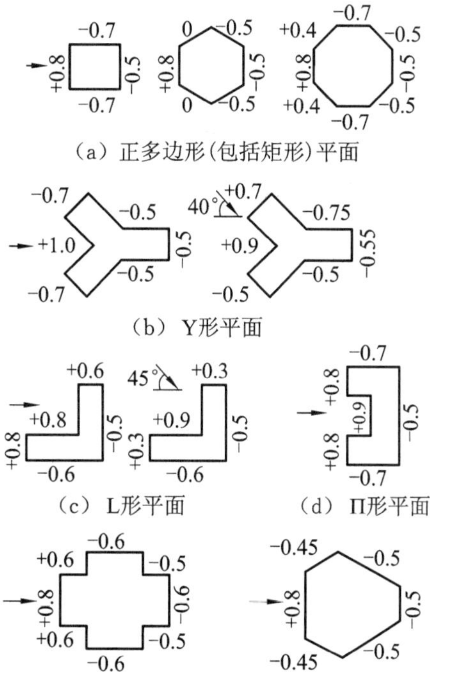

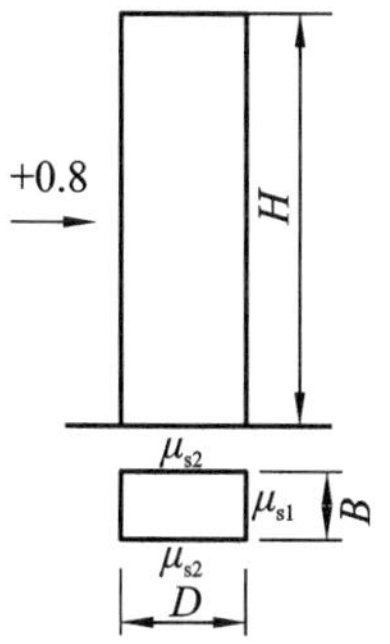

体型及体型系数表（29项）

α	μ_{s1}	μ_{s2}
$\leqslant 10°$	$+1.0$	$+0.7$
$30°$	-1.6	-0.4

体型及体型系数表（31项）

D/B	$\leqslant 1$	1.2	2	$\geqslant 4$
μ_{s1}	-0.6	-0.5	-0.4	-0.3
μ_{s2}	-0.7			

续表

项次	类别	体型及体型系数 μ_s	备注
32	各种截面的杆件	$\llcorner \quad \text{H} \quad + \quad \mu=+1.3$ $\diamondsuit \quad \text{I} \quad \vdash$	
33	桁架	 （a） 单榀桁架的体型系数 $\mu_{st}=\phi\mu_s$ （b） n 榀平行桁架的整体体型系数 $\mu_{stw}=\mu_{st}\dfrac{1-\eta^n}{1-\eta}$ η 系数按下表采用 <table><tr><td rowspan="2">ϕ</td><td colspan="4">b/h</td></tr><tr><td>$\leqslant 1$</td><td>2</td><td>4</td><td>6</td></tr><tr><td>$\leqslant 0.1$</td><td>1.00</td><td>1.00</td><td>1.00</td><td>1.00</td></tr><tr><td>0.2</td><td>0.85</td><td>0.90</td><td>0.93</td><td>0.97</td></tr><tr><td>0.3</td><td>0.66</td><td>0.75</td><td>0.80</td><td>0.85</td></tr><tr><td>0.4</td><td>0.50</td><td>0.60</td><td>0.67</td><td>0.73</td></tr><tr><td>0.5</td><td>0.33</td><td>0.45</td><td>0.53</td><td>0.62</td></tr><tr><td>0.6</td><td>0.15</td><td>0.30</td><td>0.40</td><td>0.50</td></tr></table>	μ_s 为桁架构件的体型系数，对型钢杆件按第32项采用，对圆管杆件按第37（b）项采用；$\phi=A_n/A$，为桁架的挡风系数；A_n 为桁架杆件和节点挡风的净投影面积；$A=hl$ 为桁架的轮廓面积；μ_{st} 为单榀桁架的体型系数
34	独立墙壁及围墙	$\longrightarrow +1.3 \llcorner$	

续表

项次	类别	体型及体型系数 μ_s	备注
35	塔架	角钢塔架整体计算时的体型系数 μ_s 按下表采用 角钢塔架整体计算时的体型系数表 （见下表）	1. 中间值按线性插值法计算 2. 管子及圆钢塔架整体计算时的体型系数 μ_s 按以下方法计算：当 $\mu_z \omega_0 d^2$ 不大于 0.002 时，μ_s 按角钢塔架的 μ_s 值乘以 0.8 采用；当 $\mu_z \omega_0 d^2$ 不小于 0.015 时，μ_s 按角钢塔架的 μ_s 值乘以 0.6 采用

角钢塔架整体计算时的体型系数 μ_s 按下表采用

挡风系数 ϕ	方形			三角形 风向 ③④⑤
	风向①	风向②		
		单角钢	组合角钢	
≤0.1	2.6	2.9	3.1	2.4
0.2	2.4	2.7	2.9	2.2
0.3	2.2	2.4	2.7	2.0
0.4	2.0	2.2	2.4	1.8
0.5	1.9	1.9	2.0	1.6

项次	类别	体型及体型系数 μ_s	备注
36	旋转壳顶	 $\mu_s = -\cos^2\phi$ （b）$f/l \leqslant \dfrac{1}{4}$ $\mu_s = 0.5\sin^2\psi\sin\phi - \cos^2\phi$ （a）$f/l > \dfrac{1}{4}$	ψ 为平面角，ϕ 为仰角
37	圆截面构筑物（包括烟囱、塔桅等）	 （a）局部计算时表面分布的体型系数	1.（a）项局部计算用表中的值适用于 $\mu_z \omega_0 d^2$ 大于 0.015 的表面光滑情况，其中 ω_0 以 kN/m² 计，d 以 m 计。 2.（b）项整体计算用表中的中间值按线性插值法计算，Δ 为表面凸出高度

项次	类别	体型及体型系数 μ_s	备注

α	$H/d \geqslant 25$	$H/d = 7$	$H/d = 1$
0°	+1.0	+1.0	+1.0
15°	+0.8	+0.8	+0.8
30°	+0.1	+0.1	+0.1
45°	−0.9	−0.8	−0.7
60°	−1.9	−1.7	−1.2
75°	−2.5	−2.2	−1.5
90°	−2.6	−2.2	−1.7
105°	−1.9	−1.7	−1.2
120°	−0.9	−0.8	−0.7
135°	−0.7	−0.6	−0.5
150°	−0.6	−0.5	−0.4
165°	−0.6	−0.5	−0.4
180°	−0.6	−0.5	−0.4

项次 37　类别：圆截面构筑物（包括烟囱、塔桅等）

(b)整体计算时的体型系数

$\mu_z \omega_0 d^2$	表面情况	$H/d \geqslant 25$	$H/d = 7$	$H/d = 1$
$\geqslant 0.015$	$\Delta \approx 0$	0.6	0.5	0.5
	$\Delta = 0.02d$	0.9	0.8	0.7
	$\Delta = 0.08d$	1.2	1.0	0.8
$\leqslant 0.002$		1.2	0.8	0.7

备注：
1. (a)项局部计算用表中的值适用于 $\mu_z \omega_0 d^2$ 大于 0.015 的表面光滑情况，其中 ω_0 以 kN/m² 计，d 以 m 计。
2. (b)项整体计算用表中的中间值按线性插值法计算，Δ 为表面凸出高度

项次	类别	体型及体型系数 μ_s	备注
38	架空管道	（a）上下双管 （b）前后双管 （c）密排多管 $\mu_s=+1.4$	1. 本图适用于 $\mu_z \omega_0 d^2 \geqslant 0.015$ 的情况； 2.（b）项前后双管的 μ_s 值为前后两管之和，其中前管为 0.6； 3.（c）项密排多管的 μ_s 值为各管的总和
39	拉索	风荷载水平分量 w_x 的体型系数 μ_{sx} 及垂直分量 w_y 的体型系数 μ_{sy} 按下表采用。	

（a）上下双管

s/d	$\leqslant 0.25$	0.5	0.75	1.0	1.5	2.0	$\geqslant 3.0$
μ_s	+1.20	+0.90	+0.75	+0.70	+0.65	+0.63	+0.60

s/d	$\leqslant 0.25$	0.5	1.5	3.0	4.0	6.0	8.0	$\geqslant 10.0$
μ_s	+0.68	+0.86	+0.94	+0.99	+1.08	+1.11	+1.14	+1.20

α	μ_{sx}	μ_{sy}	α	μ_{sx}	μ_{sy}
0°	0.00	0.00	50°	0.60	0.40
10°	0.05	0.05	60°	0.85	0.40
20°	0.10	0.10	70°	1.10	0.30
30°	0.20	0.25	80°	1.20	0.20
40°	0.35	0.40	90°	1.25	0.00

附录 C　封闭式矩形平面房屋的局部体型系数

封闭式矩形平面房屋的局部体型系数

项次	类别	体型及局部体型系数					备注
1	封闭式矩形平面房屋的墙面						E 应取 $2H$ 和迎风宽度 B 中较小者
		迎风面		1.0			
		侧面	S_a	-1.4			
			S_b	-1.0			
		背风面		-0.6			

项次	类别	体型及局部体型系数					备注
2	封闭式矩形平面房屋的双坡屋面						1. E 应取 $2H$ 和迎风宽度 B 中较小者； 2. 中间值可按线性插值法计算（应对相同符号项插值）； 3. 同时给出两个值的区域应分别考虑正负风压的作用； 4. 风沿纵轴吹来时，靠近山墙的屋面可参照表中 $\alpha \leqslant 5°$ 时的 R_a 和 R_b 取值
		α		$\leqslant 5°$	$15°$	$30°$	$\geqslant 45°$	
		R_a	$H/D \leqslant 0.5$	-1.8 / 0.0	-1.5 / $+0.2$	-1.5 / $+0.7$	0.0 / $+0.7$	
			$H/D \geqslant 1.0$	-2.0 / 0.0	-2.0 / $+0.2$			
		R_b		-1.8 / 0.0	-1.5 / $+0.2$	-1.5 / $+0.7$	0.0 / $+0.7$	
		R_c		-1.2 / 0.0	-0.6 / $+0.2$	-0.3 / $+0.4$	0.0 / $+0.6$	
		R_d		-0.6 / $+0.2$	-1.5 / 0.0	-0.5 / 0.0	-0.3 / 0.0	
		R_e		-0.6 / 0.0	-0.4 / 0.0	-0.4 / 0.0	-0.2 / 0.0	

续表

项次	类别	体型及局部体型系数				备注
3	封闭式矩形平面房屋的单坡屋面					1. E 应取 $2H$ 和迎风宽度 B 中的较小者； 2. 中间值可按线性插值法计算； 3. 迎风坡面可参考第 2 项取值
		α	$\leqslant 5°$	$15°$	$30°$	$\geqslant 45°$
		R_a	-2.0	-2.5	-2.3	-1.2
		R_b	-2.0	-2.0	-1.5	-0.5
		R_c	-1.2	-1.2	-0.8	-0.5

附录 D 屋面积雪分布系数

屋面积雪分布系数

项次	类别	屋面形式及积雪分布系数 μ_r	备注
1	单跨单坡屋面	 | α	$\leqslant25°$	30°	35°	40°	45°	50°	55°	$\geqslant60°$
μ_r	1.0	0.85	0.7	0.55	0.4	0.25	0.1	0		
2	单跨双坡屋面	均匀分布的情况 μ_r 不均匀分布的情况 $0.75\mu_r$ $1.25\mu_r$ 	μ_r 按第 1 项规定采用
3	拱形屋面	均匀分布的情况 μ_r 不均匀分布的情况 $0.5\mu_{r,m}$ $\mu_{r,m}$ $l_e/4$ $l_e/4$ $l_e/4$ $l_e/4$ $\mu_r=l/(8f)$ $(0.4\leqslant\mu_r\leqslant1.0)$ 60° f l $\mu_{r,m}=0.2+10f/l(\mu_{r,m}\leqslant2.0)$	
4	带天窗的坡屋面	均匀分布的情况 1.0 不均匀分布的情况 1.1 0.8 1.1 	

项次	类别	屋面形式及积雪分布系数 μ_r	备注
5	带天窗有挡风板的坡屋面		
6	多跨单坡屋面（锯齿形屋面）		μ_r 按第 1 项规定采用
7	双跨双坡或拱形屋面		μ_r 按第 1 或 3 项规定采用
8	高低屋面	$a=2h(4\,\text{m}<a<4\,\text{m})$ $\mu_{r,m}=(b_1+b_2/2h(2.0 \leqslant \mu_{r,m} \leqslant 4.0)$	

项次	类别	屋面形式及积雪分布系数 μ_r	备注
9	有女儿墙及其他突起物的屋面	 $a=2h$ $\mu_{r,m}=1.5\,h/s_0(1.0\leqslant\mu_{r,m}\leqslant 2.0)$	
10	大跨屋面 ($l>100$ m)		1. 还应同时考虑第 2 项、第 3 项的积雪分布； 2. μ_r 按第 1 或 3 项规定采用

注:1.第 2 项单跨双坡屋面仅当坡度 α 为 20°～30°时,可采用不均匀分布情况。

2.第 4、5 项只适用于坡度 α 不大于 25°的一般工业厂房屋面。

3.第 7 项双跨双坡或拱形屋面,当 α 不大于 25°或 f/l 不大于 0.1 时,只采用均匀分布情况。

4.多跨屋面的积雪分布系数,可参照第 7 项的规定采用。

附录 E 轴心受压构件的稳定系数

一、a 类截面轴心受压构件的稳定系数

a 类截面轴心受压构件的稳定系数

λ/ε_k	0	1	2	3	4	5	6	7	8	9
0	1.000	1.000	1.000	1.000	0.999	0.999	0.998	0.998	0.997	0.996
10	0.995	0.994	0.993	0.992	0.991	0.989	0.988	0.986	0.985	0.983
20	0.981	0.979	0.977	0.976	0.974	0.972	0.970	0.968	0.966	0.964
30	0.963	0.961	0.959	0.957	0.954	0.952	0.950	0.948	0.946	0.944
40	0.941	0.939	0.937	0.934	0.932	0.929	0.927	0.924	0.921	0.918
50	0.916	0.913	0.910	0.907	0.903	0.900	0.897	0.893	0.890	0.886
60	0.883	0.879	0.875	0.871	0.867	0.862	0.858	0.854	0.849	0.844
70	0.839	0.834	0.829	0.824	0.818	0.813	0.807	0.801	0.795	0.789
80	0.783	0.776	0.770	0.763	0.756	0.749	0.742	0.735	0.728	0.721
90	0.713	0.706	0.698	0.691	0.683	0.676	0.668	0.660	0.653	0.645
100	0.637	0.630	0.622	0.614	0.607	0.599	0.592	0.584	0.577	0.569
110	0.562	0.555	0.548	0.541	0.534	0.527	0.520	0.513	0.507	0.500
120	0.494	0.487	0.481	0.475	0.469	0.463	0.457	0.451	0.445	0.439
130	0.434	0.428	0.423	0.417	0.412	0.407	0.402	0.397	0.392	0.387
140	0.382	0.378	0.373	0.368	0.364	0.360	0.355	0.351	0.347	0.343
150	0.339	0.335	0.331	0.327	0.323	0.319	0.316	0.312	0.308	0.305
160	0.302	0.298	0.295	0.292	0.288	0.285	0.282	0.279	0.276	0.273
170	0.270	0.267	0.264	0.261	0.259	0.256	0.253	0.250	0.248	0.245
180	0.243	0.240	0.238	0.235	0.233	0.231	0.228	0.226	0.224	0.222
190	0.219	0.217	0.215	0.213	0.211	0.209	0.207	0.205	0.203	0.201
200	0.199	0.197	0.196	0.194	0.192	0.190	0.188	0.187	0.185	0.183
210	0.182	0.180	0.178	0.177	0.175	0.174	0.172	0.171	0.169	0.168
220	0.166	0.165	0.163	0.162	0.161	0.159	0.158	0.157	0.155	0.154
230	0.153	0.151	0.150	0.149	0.148	0.147	0.145	0.144	0.143	0.142
240	0.141	0.140	0.139	0.137	0.136	0.135	0.134	0.133	0.132	0.131

二、b 类截面轴心受压构件的稳定系数

b 类截面轴心受压构件的稳定系数

λ/ε_k	0	1	2	3	4	5	6	7	8	9
0	1.000	1.000	1.000	0.999	0.999	0.998	0.997	0.996	0.995	0.994
10	0.992	0.991	0.989	0.987	0.985	0.983	0.981	0.978	0.976	0.973
20	0.970	0.967	0.963	0.960	0.957	0.953	0.950	0.946	0.943	0.939
30	0.936	0.932	0.929	0.925	0.921	0.918	0.914	0.910	0.906	0.903
40	0.899	0.895	0.891	0.886	0.882	0.878	0.874	0.870	0.865	0.861
50	0.856	0.852	0.847	0.842	0.837	0.833	0.828	0.823	0.818	0.812
60	0.807	0.802	0.796	0.791	0.785	0.780	0.774	0.768	0.762	0.757
70	0.751	0.745	0.738	0.732	0.726	0.720	0.713	0.707	0.701	0.694
80	0.687	0.681	0.674	0.668	0.661	0.654	0.648	0.641	0.634	0.628
90	0.621	0.614	0.607	0.601	0.594	0.587	0.581	0.574	0.568	0.561
100	0.555	0.548	0.542	0.535	0.529	0.523	0.517	0.511	0.504	0.498
110	0.492	0.487	0.481	0.475	0.469	0.464	0.458	0.453	0.447	0.442
120	0.436	0.431	0.426	0.421	0.416	0.411	0.406	0.401	0.396	0.392
130	0.387	0.383	0.378	0.374	0.369	0.365	0.361	0.357	0.352	0.348
140	0.344	0.340	0.337	0.333	0.329	0.325	0.322	0.318	0.314	0.311
150	0.308	0.304	0.301	0.297	0.294	0.291	0.288	0.285	0.282	0.279
160	0.276	0.273	0.270	0.267	0.264	0.262	0.259	0.256	0.253	0.251
170	0.248	0.246	0.243	0.241	0.238	0.236	0.234	0.231	0.229	0.227
180	0.225	0.222	0.220	0.218	0.216	0.214	0.212	0.210	0.208	0.206
190	0.204	0.202	0.200	0.198	0.196	0.195	0.193	0.191	0.189	0.188
200	0.186	0.184	0.183	0.181	0.179	0.178	0.176	0.175	0.173	0.172
210	0.170	0.169	0.167	0.166	0.164	0.163	0.162	0.160	0.159	0.158
220	0.156	0.155	0.154	0.152	0.151	0.150	0.149	0.147	0.146	0.145
230	0.144	0.143	0.142	0.141	0.139	0.138	0.137	0.136	0.135	0.134
240	0.133	0.132	0.131	0.130	0.129	0.128	0.127	0.126	0.125	0.124
250	0.123									

三、c 类截面轴心受压构件的稳定系数

c 类截面轴心受压构件的稳定系数

λ/ε_k	0	1	2	3	4	5	6	7	8	9
0	1.000	1.000	1.000	0.999	0.999	0.998	0.997	0.996	0.995	0.993
10	0.992	0.990	0.988	0.986	0.983	0.981	0.978	0.976	0.973	0.970
20	0.966	0.959	0.953	0.947	0.940	0.934	0.928	0.921	0.915	0.909
30	0.902	0.896	0.890	0.883	0.877	0.871	0.865	0.858	0.852	0.845
40	0.839	0.833	0.826	0.820	0.813	0.807	0.800	0.794	0.787	0.781
50	0.774	0.768	0.761	0.755	0.748	0.742	0.735	0.728	0.722	0.715
60	0.709	0.702	0.695	0.689	0.682	0.675	0.669	0.662	0.656	0.649
70	0.642	0.636	0.629	0.623	0.616	0.610	0.603	0.597	0.591	0.584
80	0.578	0.572	0.565	0.559	0.553	0.547	0.541	0.535	0.529	0.523
90	0.517	0.511	0.505	0.499	0.494	0.488	0.483	0.477	0.471	0.467
100	0.462	0.458	0.453	0.449	0.445	0.440	0.436	0.432	0.427	0.423
110	0.419	0.415	0.411	0.407	0.402	0.398	0.394	0.390	0.386	0.383
120	0.379	0.375	0.371	0.367	0.363	0.360	0.356	0.352	0.349	0.345
130	0.342	0.338	0.335	0.332	0.328	0.325	0.322	0.318	0.315	0.312
140	0.309	0.306	0.303	0.300	0.297	0.294	0.291	0.288	0.285	0.282
150	0.279	0.277	0.274	0.271	0.269	0.266	0.263	0.261	0.258	0.256
160	0.253	0.251	0.248	0.246	0.244	0.241	0.239	0.237	0.235	0.232
170	0.230	0.228	0.226	0.224	0.222	0.220	0.218	0.216	0.214	0.212
180	0.210	0.208	0.206	0.204	0.203	0.201	0.199	0.197	0.195	0.194
190	0.192	0.190	0.189	0.187	0.185	0.184	0.182	0.181	0.179	0.178
200	0.176	0.175	0.173	0.172	0.170	0.169	0.167	0.166	0.165	0.163
210	0.162	0.161	0.159	0.158	0.157	0.155	0.154	0.153	0.152	0.151
220	0.149	0.148	0.147	0.146	0.145	0.144	0.142	0.141	0.140	0.139
230	0.138	0.137	0.136	0.135	0.134	0.133	0.132	0.131	0.130	0.129
240	0.128	0.127	0.126	0.125	0.124	0.123	0.123	0.122	0.121	0.120
250	0.119									

四、d 类截面轴心受压构件的稳定系数

d 类截面轴心受压构件的稳定系数

λ/ε_k	0	1	2	3	4	5	6	7	8	9
0	1.000	1.000	0.999	0.999	0.998	0.996	0.994	0.992	0.990	0.987
10	0.984	0.981	0.978	0.974	0.969	0.965	0.960	0.955	0.949	0.944
20	0.937	0.927	0.918	0.909	0.900	0.891	0.883	0.874	0.865	0.857
30	0.848	0.840	0.831	0.823	0.815	0.807	0.798	0.790	0.782	0.774
40	0.766	0.758	0.751	0.743	0.735	0.727	0.720	0.712	0.705	0.697
50	0.690	0.682	0.675	0.668	0.660	0.653	0.646	0.639	0.632	0.625
60	0.618	0.611	0.605	0.598	0.591	0.585	0.578	0.571	0.565	0.559
70	0.552	0.546	0.540	0.534	0.528	0.521	0.516	0.510	0.504	0.498
80	0.492	0.487	0.481	0.476	0.470	0.465	0.459	0.454	0.449	0.444
90	0.439	0.434	0.429	0.424	0.419	0.414	0.409	0.405	0.401	0.397
100	0.393	0.390	0.386	0.383	0.380	0.376	0.373	0.369	0.366	0.363
110	0.359	0.356	0.353	0.350	0.346	0.343	0.340	0.337	0.334	0.331
120	0.328	0.325	0.322	0.319	0.316	0.313	0.310	0.307	0.304	0.301
130	0.298	0.296	0.293	0.290	0.288	0.285	0.282	0.280	0.277	0.275
140	0.272	0.270	0.267	0.265	0.262	0.260	0.257	0.255	0.253	0.250
150	0.248	0.246	0.244	0.242	0.239	0.237	0.235	0.233	0.231	0.229
160	0.227	0.225	0.223	0.221	0.219	0.217	0.215	0.213	0.211	0.210
170	0.208	0.206	0.204	0.202	0.201	0.199	0.197	0.196	0.194	0.192
180	0.191	0.189	0.187	0.186	0.184	0.183	0.181	0.180	0.178	0.177
190	0.175	0.174	0.173	0.171	0.170	0.168	0.167	0.166	0.164	0.163
200	0.162									

五、其他情况

当构件的 λ/ε_k 超出范围时,轴心受压构件的稳定系数应按下列公式计算。

(1) 当 $\lambda_n \leqslant 0.215$ 时,计算公式为

$$\varphi = 1 - \alpha_1 \lambda_n^2$$

$$\lambda_{\mathrm{n}}=\frac{\lambda}{\pi}\sqrt{f_{\mathrm{y}}/E}$$

（2）当 $\lambda_{\mathrm{n}}>0.215$ 时，计算公式为

$$\varphi=\frac{1}{2\lambda_{\mathrm{n}}^{2}}\left[(\alpha_{2}+\alpha_{3}\lambda_{\mathrm{n}}+\lambda_{\mathrm{n}}^{2})-\sqrt{(\alpha_{2}+\alpha_{3}\lambda_{\mathrm{n}}+\lambda_{\mathrm{n}}^{2})^{2}-4\lambda_{\mathrm{n}}^{2}}\right]$$

式中：α_{1}、α_{2}、α_{3}——系数，按下表采用。

系数 α_{1}、α_{2}、α_{3}

截面类别		α_1	α_2	α_3
a 类		0.41	0.986	0.152
b 类		0.65	0.965	0.300
c 类	$\lambda_{\mathrm{n}}\leqslant1.05$	0.73	0.906	0.595
	$\lambda_{\mathrm{n}}>1.05$		1.216	0.302
d 类	$\lambda_{\mathrm{n}}\leqslant1.05$	1.35	0.868	0.915
	$\lambda_{\mathrm{n}}>1.05$		1.375	0.432